ストリート
コーダー

~現場で生き残るための
プロのテクニック

Sedat Kapanoglu 著
高田 新山・秋 勇紀 訳
水野 貴明 監訳

Street
Coder

MANNING　秀和システム

注　意

1. 本書は内容において万全を期して制作しましたが、万一不備な点や誤り、記載漏れなど、お気づきの点がございましたら、出版元まで書面にてご連絡ください。

2. 本書の内容の運用による結果の影響につきましては、上記にかかわらず責任を負いかねます。あらかじめご了承ください。

3. 本書の全部または一部について、出版元から文書による許諾を得ずに複製することは禁じられています。

商標等

・本書に登場するシステム名称、製品名等は一般に各社の商標または登録商標です。

・本書に登場するシステム名称、製品名等は一般的な呼称で表記している場合があります。

・本書では©、TM、®マークなどの表示を省略している場合があります。

© 2025 SHUWA SYSTEM CO. ,LTD. Authorized translation of the English edition © 2022 Manning Publications. This translation is published and sold by permission of Manning Publications, the owner of all rights to publish and sell the same.

Japanese translation right arranged with MANNING PUBLICATIONS through Japan UNI Agency, Inc., Tokyo.

コンピュータの素晴らしい世界を私に紹介してくれた
兄、ムザファーに。

まえがき

　私は、独学のプログラマーとしてソフトウェア開発に熟達していく過程の中で、（読書以外の）さまざまな視点からの経験を積んできました。たとえば、ランダムな数値をメモリに書き込み、ただ単に停止して終了しないかどうかを観察して機械語を学ぼうとしたり、煙が充満したオフィスで夜を過ごしたり、高校生でありながら大学の研究室で密かに作業した後、真夜中のキャンパスをこっそりと抜け出したり、バイナリファイルの内容を読みながら、いくつかのバイトに触れるだけでコードの仕組みを魔法のように理解できることを願ったり、オペコード[訳注1]を暗記したり、ドキュメントが欠けていたために関数の引数の全順序の組み合わせを試して正しいものを見つけようとしたりと、多岐にわたります。

　2013年当時、イスタンブールで書店を経営していた友人のアジズ・ケディ[訳注2]から、私の経験をベースにしたソフトウェア開発に関する本の執筆に誘われました。それが、私自身の職業について本を書くことを初めて考えた瞬間でした。しかしその後、アジズが書店を閉めてロンドンに引っ越したため、すぐにその計画を棚上げしなければなりませんでした。

　私は、キャリアのスタートに立つ新しいチームメンバーに、経験不足を補いながら視野を広げることができる本を手渡したいというアイデアをずっと温めてきました。キャリアを積む前のソフトウェア開発に関する理解は、カリキュラム、先入観、ベストプラクティスによって大きく形作られます。新しくプログラマーになった人は、当然のことながら、蓄積した知識を重要な投資と考え、そこから大きく逸れたいとは思いません。

　ある時ふと、そのアイデアを実現する本を（とてもゆっくり）書こうと決意しました。私は、その想像上の本を**ストリートコーダー**と名付け、駆け出しの開発者の生活をもっと楽にするかもしれないアイデアを思いつくままに書き留め始めました。ただし、必ずしもベストプラクティスである必要もありませんでした。直面する問題について、より適切に考えられるようになるのであれば、悪しきプラクティス（実践）であっても構わなかったのです。文書はどんどん膨れ上がっていきましたが、あるタイミングでその本の存在を忘れてしまったのです。ある日、ロンドンから電話がかかってくるまでは。

　今回はアジズ・ケディではありませんでした。当時、彼はおそらく脚本の執筆で忙しかったでしょうし、今この文章を書いている間もきっと新しい脚本に取り組んでいるに違いありません。その電話は、Manning Publicationsのアンディ・ウォルドロンからの連絡でした。アンディは「本を執筆するとしたら、どんなアイデアがありますか？」と尋ねてきました。最初は何も思い浮かばず、少し時間を稼ぐために「では、あなたはどのようなアイデアをお持ちですか？」と質問を返そうとしていました。かなりお茶を濁していると、ふと閃きました。以前から取っていたメモと、その本に付けた**ストリートコーダー**という題名を思い出したのです。

　このタイトルは、私がストリート、つまり実際のソフトウェア開発の世界で、数多くの試行錯誤を通じて学んだことに基づいています。この試行錯誤により、ソフトウェア開発を1つの職人技として捉えるという、実用的で地に足のついた視点を得ることができました。本書は、私が経験した視点の変化を伝えることで、皆さんのキャリアを有利にスタートさせることを目的としています。

訳注1 プロセッサへの命令の識別番号。

訳注2 トルコ出身の映画脚本家。

謝 辞

本書は妻のギュニュズなしには実現しなかったでしょう。私が執筆で忙しい間、彼女は全てを背負ってくれました。ありがとう、愛してるよ。

本書の執筆への情熱を引き出してくれたアンドリュー・ウォルドロンにも感謝します。本書の執筆は素晴らしい経験でした。私は、「アンディがこっそりと家に忍び込んで本の内容を書き変えたのでは」と疑ったときでさえも、いつも寛大で理解を示してくれました。一杯奢らせてくれ、アンディ。

プログラミングの本の執筆について知っていること全てを教えてくれたデベロップメントエディターのトニ・アニトラと、私が最初に入稿したひどいバージョンに対しても忍耐強く親切に対応してくれたベッキー・ホイットニーに感謝します（まぁ、ひどかったのは、実際はアンディのせいだったのですが）。

技術レビューを担当してくれたフランシス・ブオントランポにも感謝します。彼女の技術的なフィードバックは、非常に建設的で的確でした。また、本書で共有するコードが実際に意味を成しているかを確認してくれたオーランド・メンデス・モラレスにも感謝します。

最初の草稿をレビューし、「読者が君のことを知っていれば、このジョークは面白いはずだ」といってくれた友人のムラト・ギルギンとヴォルカン・セヴィムにも感謝します。

ドナルド・クヌースには引用を許可していただき、本当に感謝しています。単に「OK」という短い返事でしたが、個人的に返信をいただけたのは幸運だったと思っています。また、フレッド・ブルックスにも感謝します。著作権法にはフェアユースの条項があり、許可を得るために毎日彼に電話したり、早朝3時に彼の家に忍び込んだりする必要がないことを教えてくれました。「警察を呼ぶ必要は本当になかったんだ、フレッド、ちょうど帰るところだったんだ！」そして、引用を快く許可してくれたレオン・バンブリックにも感謝します。

MEAP reader訳注1の皆さんにも感謝します。個人的には面識がなくても、信じられないほど詳細なフィードバックを書いてくれたジハット・イマモールには特に感謝しています。もちろん、全てのレビュアー、Adail Retamal、Alain Couniot、Andreas Schabus、Brent Honadel、Cameron Presley、Deniz Vehbi、Gavin Baumanis、Geert Van Laethem、Ilya Sakayev、Janek López Romaniv、Jeremy Chen、Jonny Nisbet、Joseph Perenia、Karthikeyarajan Rajendran、Kumar Unnikrishnan、Marcin Sęk、Max Sadrieh、Michael Rybintsev、Oliver Korten、Onofrei George、Orlando Méndez Morales、Robert Wilk、Samuel Bosch、Sebastian Felling、Tiklu Ganguly、Vincent Delcoigne、Xu Yangに感謝します。皆さんの提案が本書をよりよいものにしてくれました。

そして、最後に。私が自分で遊ぶおもちゃを作れることを教えてくれた父さん、ありがとう。

訳注1 Manning Early Access Program。詳しくは、https://www.manning.com/meap-programを参照。

本書について

本書『ストリートコーダー』は、ソフトウェア開発者の実務経験のギャップを埋めることを目指しています。よく知られたパラダイムを取り上げ、アンチパターンを提示し、一見すると望ましくないと思われる手法やあまり知られていない手法の中でも、現場……つまりプロの世界では役立つ実践方法を紹介しています。本書の目的は、疑問を持つ姿勢や実践的な考え方を身に付け、ソフトウェア開発のコストがGoogle検索とコードを書くことだけではないことを理解してもらうことにあります。また、平凡に見える作業が、実際にはそれにかかる時間以上に時間を節約できることも示しています。総じて、本書は読者の視点を転換させる1冊になることを目指しています。

● 本書の対象

本書は、伝統的な教育課程以外、例えば独学などでプログラミングを学んできた初級から中級のプログラマーを主な対象としています。特に、ソフトウェア開発のパラダイムやベストプラクティスについて、より広い視野を得たいと考えている人に最適です。例は、C#と.NETで書かれているため、それらの言語に経験があると読みやすくなりますが、本書は可能な限り言語やフレームワークに依存しない内容を目指しています。

● 本書の構成：ロードマップ

第1章　現場へ

プロとしての実務経験を通じて形成されるストリートコーダーの開発者像を紹介し、ストリートコーダーに必要な資質について説明します。

第2章　実践理論

実際のソフトウェア開発において理論の重要性と、データ構造とアルゴリズムに関心を持つべき理由について説明します。

第3章　役に立つアンチパターン

特定のアンチパターンや悪しきプラクティスが、実際には多くの状況で有用であったり、むしろ望ましい場合があることを説明します。

第4章　おいしいテスト

ユニットテストの謎めいた世界に取り組み、一見すると作業が増えるように思えても、実際にはコードを書く量や作業を減らす手助けとなる方法について説明します。

第5章 やりがいのあるリファクタリング

リファクタリングの手法や、それを簡単かつ安全に行う方法、そしてリファクタリングを避けるべきタイミングについて説明します。

第6章 セキュリティを精査する

基本的なセキュリティの概念と手法を紹介し、多くの一般的な攻撃に対する防御策を示します。

第7章 能動的な最適化

本格的な最適化手法を紹介し、ためらわずに早期に最適化することを推奨し、パフォーマンスの問題を解決するための体系的なアプローチについて説明します。

第8章 好まれるスケーラビリティ

コードをよりスケーラブルにするための手法を説明し、並列処理の仕組みとそのパフォーマンスおよび応答性への影響について取り組みます。

第9章 バグとともに生きる

バグやエラーの処理に関するベストプラクティスについて説明します。特に、エラーを処理しないことを推奨し、耐障害性のあるコードを書くための手法を紹介します。

●本書のコードについて

コードの多くは紹介されている概念の理解を助けることを目的としており、実際のトピックに焦点を当てるために実装の詳細が省略されていることがあります。完全に動作するコードは、GitHubのオンラインリポジトリ（https://github.com/ssg/streetcoder）およびManningのWebサイト（https://www.manning.com/books/street-coder）でプロジェクトが提供されており、ローカルで実行して試せます。ある例では、.NET Frameworkから移行するシナリオに焦点を当てており、このプロジェクトはWindows以外のマシンではビルドできない可能性があります。そのため、それ以外のプラットフォームでも問題なくビルドできるように、本書用の代替ソリューションファイルをリポジトリに用意しています。

本書には、番号付きのリストや通常のテキストに埋め込まれたソースコードの例が多数含まれています。どちらの場合も、ソースコードは普通のテキストと区別するためにこのように固定幅のフォント（fixed-width font like this）で表示されます。新しい機能が既存のコード行に追加される場合など、その章の前から変更されたコードを強調するために、**太字**で表示される場合もあります。

多くの場合、元のソースコードはリフォーマットされ、ページのスペースに合わせて改行やインデントの調整が行われています。また、コードが本文で説明されている際は、多くの場合、ソースコード内のコメントがリストから省略されています。多くのリストにはコード注釈が付いており、重要な概念を強調しています。

●liveBook ディスカッションフォーラム

『ストリートコーダー』を購入すると、Manningのオンライン読書プラットフォームであるliveBook
への無料アクセスが可能になります。liveBookの独自のディスカッション機能を使用すると、ブック
全体、または特定のセクションや段落にコメントを追加できます。自分用のメモを作成したり、
技術的な質問に答えたり、作成者やほかのユーザーからサポートを受けたりすることが簡単にで
きます。フォーラムにアクセスするには、https://livebook.manning.com/#!/book/street-coder/
discussionにアクセスしてください。Manningのフォーラムと行動規範の詳細については、https://
livebook.manning.com/#!/discussionで確認できます。

　Manningの読者への約束として、読者同士や、著者と会話ができる場所を提供します。著者の
フォーラムへの貢献は任意（そして無償）のもので、一定量の参加を約束するものではありません。
回答したいと思わせる質問をして、著者の興味を惹き付けて離さないようにすることをお勧めしま
す！　本書が発行される限り、フォーラムとその過去の議論のアーカイブは出版社のWebサイトか
らアクセスできます。

著者について

セダット・カパノールは、トルコのエスキシェヒル出身の独学のソフトウェア開発者であり、後にワシントン州シアトルのMicrosoftでWindowsコアOS部門のエンジニアとして働きました。彼のソフトウェア開発キャリアは30年にわたります。

セダットは、旧ユーゴスラビアからトルコに移住したボスニア人の両親のもとに生まれた5人兄弟の末っ子です。彼は「酸っぱい辞書」を意味する世界で最も人気のあるトルコのソーシャルプラットフォームの『Ekşi Sözlük』（https://eksisozluk.com/）を創設しました。1990年代には、コードを使った生成グラフィックや音楽プレゼンテーションを作成する国際的なデジタルアートコミュニティであるトルコのデモシーンでも活躍していました。

彼のBlueSkyの投稿（https://bsky.app/profile/ssg.dev）やプログラミングブログ（https://ssg.dev/）で彼の成果を見てみましょう。

カバーイラストについて

『ストリートコーダー』の表紙の人物には「Lépero」というキャプションが付けられており、これは「さすらい人」を意味します。このイラストは、クラウディオ・リナティ（1708～1832）が1828年に出版した「Trajes civiles, militares y religiosos de México」から引用されたものです。リナティはイタリアの画家かつリトグラフ作家であり、メキシコに初めてリトグラフ印刷所を設立しました。この本はメキシコ社会の民間、軍、宗教の衣装を描写しており、メキシコに関する初のカラー図版本の1つであり、外国人によって書かれた最初のメキシコに関する本でもあります。この本には、短い説明が添えられた48枚の手で彩色されたリトグラフが収められています。

このコレクションに含まれるバラエティ豊かな絵は、わずか200年前の世界の地域や町、村、近隣の様子が、いかに文化的に分断されていたのかを鮮明に思い起こさせてくれます。人々は互いに独立し、さまざまな方言や言語を話していました。街や田舎では、何を着ているのかを見るだけで、その人がどこに住んでいて、どんな職業や社会的地位を持っているを特定できました。

その後、私たちの服装は変化していき、当時は豊かだった地方ごとの多様性は後退していきました。町や地域、国は滅び、それぞれの大陸の住民を区別することも困難です。もしかしたら、私たちは文化的な多様性を引き換えに、より多彩な生活、より多彩でベースの異なる科学による発達した生活を得たのかもしれません。

コンピュータ書籍をそれぞれ区別することが難しい今の時代、Manningは、このようなコレクションの絵によって蘇らせた、何世紀も前の地域文化の豊かな多様性に基づいた表紙で、コンピュータビジネスの創意工夫とイニシアチブを称えています。

日本語版のためのまえがき

　ソフトウェア開発は主に技術的なものですが、私たち人間はそうではありません。私たちは感情的な存在で、私たちのモチベーションと効率は、感情、願望、影響、そしてインスピレーションによって左右されます。だからこそ、芸術的であれ技術的であれ、創造のプロセスにおいて芸術や文化に触れることが重要だと考えています。

　私はトルコで育ち、多様な文化から影響とインスピレーションを受けてきました。日本文化は、技術、映画、アニメ、ビデオゲームなどを通じて、私の人生の重要なパーツになりました。本書が何よりの証であり、本書のタイトルは、日本の人気ビデオゲーム『ストリートファイターII』からインスピレーションを得て名付けられたものなのです。私は子供の頃、今の秋葉原にあるのと変わらないアーケード機でこのゲームをプレイしていました。ただプレイしていただけではなく、将来のソフトウェア開発者として、そのゲームの細部へのこだわりにも注目していました。グラフィックス、アニメーション、UI、音楽、当時としては非常に先進的でした。後に、ストIIのプログラマーたちが、スプライトとタイルを再利用することで、あの巨大なプレイヤーのアニメーショングラフィックスをメモリに収めたという方法について読む機会がありました。彼らは非常に厳しい制約の下で、そのような技術的な驚異を成し遂げていたのです。

　また、アニメ『新世紀エヴァンゲリオン』の芸術的なスタイルは、私のUIデザインに影響を与えました。20年前、私はこのアニメのスタイルに倣ってネットワーク監視ツールを開発し、作品に登場する3つのAIの1つにちなんで「メルキオール」と名付けました。後にそのコードをオープンソース化しました。このアニメは、デザインのアイデアを与えてくれただけでなく、シリーズへの愛着から感情移入していたため、短期間でツールを開発する動機付けにもなりました。

　ソフトウェア開発が複雑になると、ツール、ベストプラクティス、デザインパターンに固執しはじめ、救世主のように見なしがちです。多くの場合、そういったものは大いに役立ちますが、時には足かせとなることもあります。本書は、そうしたパラダイムやプラクティスに疑問を抱かせることでその悪循環を断ち切り、創造のプロセスを真に理解することで効率性を高め、仕事とより深く向き合えるようになることを目指しています。プログラミングは、単にコードを書くだけではなく、技を極めることでもあります。そのため、ソフトウェアを素晴らしいものにし、より優れた開発者になるために何が必要かを真に理解するには、優れた作品からインスピレーションを得ることと、問いかける心構えが欠かせないのです。

　偶然にも、日本への旅行からわずか数週間後に、本書の日本語版が出版されるという心躍るニュースを聞きました。何十年にわたって日本文化に親しんできましたが、実際に日本を訪れたことで非常に深い影響を受け、必ずまた訪れたいと思っています。本当に刺激的でした。

　本書が、あなたが素晴らしいソフトウェア開発者の一員に加わるためのインスピレーションとなることを願っています。

サンフランシスコ、カリフォルニア

セダット・カパノール

監訳者まえがき

　本書を初めて手に取ったとき、私は「ああ、この本の著者は、自分とよく似ているな」と思いました。

　私も本書の著者と同じく、1980年代にBASICで初めてプログラムを書き、以降、飽きることなくコードを書き続けてきています。

　大学はコンピュータサイエンスに進めばよかったと今では思いますが、当時はいろいろと考えた挙句に有機化学と分子生物学を学び、修士論文こそバイオインフォマティクスの走りのようなことをやったものの、きちんとコンピュータサイエンスの基礎を学ぶことなく、とはいえ就職ではITの世界に舞い戻りました。それ以降は、開発現場で、まさにストリートコーダーとして研鑽を積んできました（その中でコンピュータサイエンスの重要性を感じ、30歳近くになってから、独学でコンピュータサイエンスの基礎を学びました）。

　それゆえ、本書に書かれている、現場ですぐに役立つ考え方、現実に即した手法、テスト、リファクタリング、最適化などのトピックは「そうだよね！」と思わず声に出してしまうようなことばかりで、非常におもしろく読むことができました。

　本書にはいろいろなトピックが詰め込まれていますが、どれも筆者が現場を切り抜けていく中で重要だと感じた事柄であり、我々も現場を切り抜けるために、今日から使える知識、本書の言葉を借りれば「現場の知恵」がたくさん詰まっています。

　世の中の開発のスタイルは、どんどん変化を遂げています。私がこれを書いている最新の変化は生成AIの登場によってもたらされました。生成AIのおかげで、自然言語で指示を出せば、ジュニアな開発者よりもキレイなコードを短期間で書いてくれるようになっています。

　今のところ、生成AIにはなく、我々が持っているものの1つが、現場でのリアルな経験です。もちろん、さまざまな文献から学習したAIは、それっぽいことを返しますし、落とし穴を避ける方法などもある程度は考えてはくれます。しかし、AIは実際にそれを経験したわけではありません。そして、現場の知恵を持つ我々は、過去の経験をクリエイティブに応用し、コードやシステムに潜む「匂い」を鋭く察知して、（少なくとも今のところは）AIがまだ対応することのできない問題に立ち向かうことができるのだと思います。

　皆さんも、探究心を持って、ぜひストリートコーダーとして、これからの世界を生き抜いていってください。

2025年1月

水野 貴明

訳者まえがき

本書を読み始めてすぐに、「もっと早くこの本と出会いたかった」と思いました。

私は、もともと異業種から独学でソフトウェアエンジニアとなり、現場（ストリート）に出てからも1人で開発する機会が多くありました。周りに質問できる相手がおらず、わからないことは書籍を読んだりインターネット検索したりして何とか解決策を見つけ出す日々です。もちろん、その経験が現在の私を形作っているため、そうした状況に身を置けたことは大変ありがたく思っています。しかし、常に「自分のやり方は本当に正しいのか」「何かが足りないのではないか？」という不安を常に抱えながら日々を過ごすのは辛いと感じることもよくありました。本書は、現場で必要なソフトウェアエンジニアとしての基本的な知識や実践方法が詰まっています。もし、あなたが私と同じようなキャリアを歩んでいるとしたら、本書を読むことで、現場で必要な要素を包括的に学び、私と同じような不安を軽減できるのではないかと思います。

また、ソフトウェアエンジニアの経験が2、3年の人にも、本書はお勧めであると考えています。さまざまな意見があるとは思いますが、ある程度の経験を経て開発に慣れてくると、できることが増え、学んだことを次々と活用できるようになり、さまざまな手法を適用したくなります。例えば私の場合、上で述べたように、書籍やインターネットを通じてデザインパターンやベストプラクティスを学び、それらを盲目的に信じてしまうことがよくありました。その結果、それらが現状に本当に適しているのかを考えるよりも、そうした知識の枠に現状を当てはめようとし、必要以上に複雑にしてしまうこともあったと感じています。本書は、そのような問題を防ぐため、状況に応じた判断の重要性と具体的な適用方法を示してくれます。

また、メンターとして、まだ経験の浅いソフトウェアエンジニアをサポートする立場の人にとっても読む価値があると思います。本書を通して、メンターとして自分が何を伝えるべきかについての洞察を得ることができるでしょう。

本書の翻訳は、多くの方の助けがなければ実現できませんでした。まず、水野貴明さんには細かく監訳していただきました。専門的な用語や文章の翻訳や訳注をつける際に、小出洋先生と堀川清之さんにご教授をいただきました。本当にありがとうございました。また、池田翔（@ikesyo）さん、上原毅さん、田中涼賀さんにレビューしていただきました。皆さま、本当にありがとうございました。また、株式会社秀和システムの西田雅典さん、スケジュール調整や添削、編集作業など、さまざまな面での多大な貢献、本当にありがとうございました。そして、この素晴らしい本をこの世に生み出した原著者であり、プログラミング界のストリートファイターであるセダットさんに感謝を捧げます。日本でお待ちしています。

最後に、今、本書を広げている読者の皆さまに深くお礼を申し上げます。

本編でも触れられているように、現場（ストリート）は予期せぬ出来事の連続です。そんな世界で生き残り続けるためにも、実践する際のリファレンスとして、そしてよりよいソフトウェアエンジニアとしてのキャリアを築いていくためのガイドとして、本書を長く活用していただけましたら幸いです。

2024年12月

高田 新山

目　次

まえがき …………………………………………………………………………… iv

謝辞 ………………………………………………………………………………… v

本書について …………………………………………………………………… vi

著者について …………………………………………………………………… ix

日本語版のためのまえがき …………………………………………………… x

監訳者まえがき ………………………………………………………………… xi

訳者まえがき …………………………………………………………………… xii

Chapter 1　現場（ストリート）へ　001

1.1　現場（ストリート）で大事なこと ……………………………………… **003**

1.2　ストリートコーダーとは？ …………………………………………… **004**

1.3　優れたストリートコーダー …………………………………………… **005**

　1.3.1　探究心がある …………………………………………………… 006

　1.3.2　結果主義であること …………………………………………… 007

　1.3.3　高いスループットを実現する ………………………………… 008

　1.3.4　複雑さと曖昧さを受け入れる ………………………………… 008

1.4　現代のソフトウェア開発における問題 ……………………………… **009**

　1.4.1　技術が多すぎる問題 …………………………………………… 011

　1.4.2　パラダイムの上を滑空する …………………………………… 011

　1.4.3　テクノロジーのブラックボックス …………………………… 013

　1.4.4　オーバーヘッドの過小評価問題 ……………………………… 014

　1.4.5　自分の仕事ではないという考え方 …………………………… 014

　1.4.6　つまらないことは素晴らしいこと …………………………… 015

1.5　本書で取り扱わないこと ……………………………………………… **015**

1.6　本書のテーマ …………………………………………………………… **016**

　まとめ ……………………………………………………………………… **016**

Chapter 2　実践理論　017

2.1　アルゴリズムの短期集中講座　018

　2.1.1　Big-Oは、よいに越したことはない　021

2.2　データ構造の中身　023

　2.2.1　文字列　025

　2.2.2　配列　028

　2.2.3　リスト　029

　2.2.4　リンクリスト　031

　2.2.5　キュー　032

　2.2.6　辞書　033

　2.2.7　ハッシュセット　036

　2.2.8　スタック　036

　2.2.9　コールスタック　037

2.3　なぜ型が重要なのか?　038

　2.3.1　型を重視する　039

　2.3.2　妥当性の証明　041

　2.3.3　むやみにフレームワークを使わず、賢く使う　047

　2.3.4　タイプを活用してタイポを防ぐ　052

　2.3.5　null許容型と非許容型　053

　2.3.6　コストなしのパフォーマンス改善　061

　2.3.7　参照型 vs 値型　063

まとめ　067

Chapter 3　役に立つアンチパターン　069

3.1　壊れてないなら、壊してみろ　070

　3.1.1　コードの硬直性に対処する　071

　3.1.2　素早く行動し破壊せよ　072

　3.1.3　境界を守ることの重要性　073

　3.1.4　共通機能の分離　074

　3.1.5　Webページの例　076

　3.1.6　負債を残さない　078

3.2	一からコードを書き直せ	**079**
3.2.1	消して書き直す	080

3.3	壊れていなくても修正する	**081**
3.3.1	未来に向かって突き進む	081
3.3.2	清潔さは読みやすさの次	084

3.4	重複せよ	**085**
3.4.1	再利用かコピーか？	091

3.5	自前主義	**093**

3.6	継承を使わない	**096**

3.7	クラスを使用しない	**099**
3.7.1	列挙型は最強！	099
3.7.2	構造体最高！	102

3.8	バッドコードを書いてみよう！	**107**
3.8.1	if/else を避ける	108
3.8.2	goto を使う	110

3.9	コードコメントを書かない	**114**
3.9.1	適切な名前を選ぶ	116
3.9.2	関数を活用する	117
	まとめ	**119**

Chapter 4　おいしいテスト　　121

4.1	テストの種類	**122**
4.1.1	手動テスト	122
4.1.2	自動テスト	123
4.1.3	危険な行為：本番環境でのテスト	124
4.1.4	適切なテスト方法の選択	125

4.2	不安をなくし、テストを愛する方法	**127**

4.3	TDD などの頭字語を使わない	**135**

4.4	自身のためにもテストを書こう	**137**

4.5	テスト対象の決定	**138**
4.5.1	境界を大事にする	138
4.5.2	コードカバレッジ	141

4.6	テストを書かない	....	144
	4.6.1 コードを書かない	....	144
	4.6.2 全てのテストを書かない	....	144
4.7	コンパイラにコードをテストさせる	....	145
	4.7.1 null チェックの排除	....	146
	4.7.2 範囲チェックの排除	....	149
	4.7.3 有効な値チェックの排除	....	152
4.8	テストの命名	....	155
	まとめ	....	156

Chapter 5 やりがいのあるリファクタリング 157

5.1	なぜリファクタリングをするのか？	....	158
5.2	アーキテクチャの変更	....	159
	5.2.1 コンポーネントの特定	....	162
	5.2.2 作業とリスクの見積もり	....	164
	5.2.3 偉業	....	165
	5.2.4 リファクタリングを簡単にするためのリファクタリング	....	166
	5.2.5 最終段階	....	174
5.3	信頼のおけるリファクタリング	....	175
5.4	リファクタリングすべきでない場合	....	177
	まとめ	....	178

Chapter 6 セキュリティを精査する 179

6.1	ハッカーの上を行く	....	180
6.2	脅威モデリング	....	182
	6.2.1 ポケットサイズの脅威モデル	....	184
6.3	安全な Web アプリを書く	....	187
	6.3.1 セキュリティを考慮した設計	....	187
	6.3.2 隠蔽によるセキュリティの有効性	....	188
	6.3.3 セキュリティメカニズムを自作しない	....	190
	6.3.4 SQL インジェクション攻撃	....	191

	6.3.5	クロスサイトスクリプティング	198
	6.3.6	クロスサイトリクエストフォージェリ（CSRF）	204

6.4 先に洪水を招いた者

	6.4.1	CAPTCHAを使用しない	206
	6.4.2	CAPTCHAの代替手段	208
	6.4.3	キャッシュを実装しない	208

6.5 シークレットの保管 ······ 209

	6.5.1	ソースコードでのシークレットの保管	210
	まとめ		218

Chapter 7 　能動的な最適化 　219

7.1 正しい問題を解決する ······ 220

	7.1.1	シンプルなベンチマーク	220
	7.1.2	パフォーマンス vs 応答性	224

7.2 遅さの解剖学 ······ 226

7.3 トップから始める ······ 228

	7.3.1	ネストされたループ	229
	7.3.2	文字列指向プログラミング	232
	7.3.3	「2b ¦¦ !2b」を評価する	233

7.4 ボトルネックの解消 ······ 234

	7.4.1	データを詰め込まない	235
	7.4.2	近場で買い物を済ませる	236
	7.4.3	依存関係のある処理を分離する	237
	7.4.4	予測可能にする	239
	7.4.5	SIMD	242

7.5 I/Oにおける1と0 ······ 244

	7.5.1	I/Oをより速くする	244
	7.5.2	I/Oをブロックしない	246
	7.5.3	古の方法	248
	7.5.4	モダンな async/await	249
	7.5.5	非同期I/Oの落とし穴	250

7.6 奥の手としてキャッシュを使う ······ 251

まとめ ······ 251

Chapter 8　好まれるスケーラビリティ　253

8.1　ロックを使わない　255
8.1.1　ダブルチェックロッキング　263
8.2　不整合を受け入れる　266
8.2.1　恐るべきNOLOCK　266
8.3　データベースコネクションのキャッシュを避ける　269
8.3.1　ORMを使うと?　273
8.4　スレッドを使わない　273
8.4.1　非同期コードの落とし穴　278
8.4.2　非同期によるマルチスレッド化　279
8.5　モノリスを尊重せよ　280
まとめ　282

Chapter 9　バグとともに生きる　283

9.1　バグを修正しない　285
9.2　エラー恐怖症　286
9.2.1　例外の嘘偽りのない真実　287
9.2.2　例外をcatchしない　289
9.2.3　例外からの回復力　293
9.2.4　トランザクション抜きでの回復力　298
9.2.5　例外 vs エラー　299
9.3　デバッグをしない　301
9.3.1　printf()デバッグ　302
9.3.2　ダンプの海へ　303
9.3.3　ラバーダックデバッグ上級編　307
まとめ　308

訳者あとがき　309

索引　311

Chapter 1

現場へ
ストリート

本章の内容
- 現場の現実
- ストリートコーダーとは？
- 現代のソフトウェア開発における問題
- 現場の知恵で問題を解決する方法

　私は幸運でした。初めてプログラムを書いたのは1980年代のことです。コンピュータを立ち上げ（1秒もかかりませんでした）、2行のコード[監訳注1]を書き、RUNと入力すれば……ほら！　画面いっぱいに自分の名前が表示されました。私はプログラミングの可能性にたちまち魅了されました。「2行でこんなことができるのなら、6行、いや20行ならどうなるのだろう！」と、9歳の私の脳はドーパミンで溢れ、その瞬間からプログラミングに夢中になりました。

[監訳注1] 当時のコンピュータには、BASICインタプリタが標準で搭載され、起動するとBASICが起動するのが普通だった。当時のBASICは、現代の構造化BASICと異なり、各行が行番号で始まり、GOTOやGOSUBを使って処理の流れをコントロールするものだった。著者が書いたのは、おそらく次のようなコードだろう。

```
10 PRINT "Sedat Kapanoglu"
20 GOTO 10
```

今日のソフトウェア開発は、格段に複雑化しています。1980年代のシンプルさとは比べ物になりません。当時、ユーザーとのインタラクションといえば「Press any key to continue」[監訳注2]と表示する程度でしたが、それでもキーボードの any を探すのに苦労するユーザーもいました。ウィンドウも、マウスも、Webページも、UI要素も、ライブラリも、フレームワークも、ランタイムも、モバイルデバイスもありませんでした。あったのは、基本的なコマンドと制限の多いハードウェア環境だけでした。

現在、私たちが経験しているあらゆるレベルの抽象化には、それぞれ根拠があります。私たちがマゾヒストだからではありません（Haskell[※注1]プログラマーは別として、ね）。そうした抽象化は、現代のソフトウェアの要件に対応するための唯一の方法で、不可欠なのです。プログラミングは、もはや画面に自分の名前で埋め尽くすだけのものではなくなりました。自分の名前は正しいフォントで表示され、ウィンドウ内に配置されて、ドラッグで移動したりサイズを変更したりしなければなりません。プログラムは視覚的にも美しく、コピー＆ペースト機能を備え、あらゆる名前を設定できるようにしなければなりません。場合によっては、名前をデータベースに、そしてクラウドにも保存する必要があるかもしれません。画面を自分の名前で埋め尽くすだけでは、もう物足りないのです。

幸いなことに、私たちには、大学、ハッカソン、ブートキャンプ、オンラインコース、**ラバーダック**など、こうした複雑さに対処するためのリソースがあります。

TIPS

ラバーダックデバッグとは、プログラミングの問題の解決策を見つけるための秘伝の技です。黄色いプラスチック製のアヒルに話しかけるプロセスが含まれます。これについては、デバッグの章で詳しく説明します。

私たちは、利用可能な全てのリソースを活用して準備を整えるべきですが、競争が激しく要求の厳しいソフトウェア開発のキャリア、すなわち**現場**（ストリート）では、自ら築き上げた基盤だけでは必ずしも十分とは限りません。

監訳注2 「続けるには好きなキーを押してください」という意味のこのメッセージは、1980年代のコンピュータプログラムでは非常によく見かけた「ユーザーの入力待ち」のメッセージ。もちろん「Any」というキーがあったわけではなく、これは英語圏で昔からよく語られるジョークである。

※注1 Haskellは、可能な限り多くの学術的概念を単一のプログラミング言語に詰め込むという挑戦のために作られた難解な言語。

1.1 現場で大事なこと

プロのソフトウェア開発の世界は、時として理不尽なものです。電話をかけても、毎回「誓って数日中に支払います！」と何か月も言い続ける顧客もいれば、給料を全く払わずに「儲かったら払う！」と言い張る雇用主もいます。オフィスの窓際の席を誰が手に入れるかは、まるで宇宙の摂理のように予測不可能な方法で決まります。デバッガを使って調査しようとした途端に再現しなくなるバグもあります。ソースコード管理システムすら使わないチームもあります。実に恐ろしいことです。しかし、あなたは現実に向き合わなければなりません。

現場には、たった1つだけ明確なことがあります。それは、スループットが最も重要だということです。洗練された設計、アルゴリズムの知識、高品質なコードなどは誰も気にしません。人々が重視するのは、一定期間内にどれだけの成果を出せるかだけなのです。大事だとは思っていなかったかもしれませんが、適切な設計、アルゴリズムの適切な使用、適切なコードは、スループットに大きく影響を与える可能性があり、多くのプログラマーはそれを見逃しています。このような問題は、通常、プログラマーと納期の間に立ちはだかる壁や摩擦と考えられています。そのような考え方は、鉄球と鎖でつながれたゾンビへと、あなたを変えてしまうでしょう。

実際には、あなたのコードの品質を気にする人たちがいます。それは同僚です。彼らは、あなたのコードの面倒を見たいわけではありません。あなたのコードが正しく動作し、理解しやすく、メンテナンスしやすいことを願っています。コードをリポジトリにコミットした時点で、それはチーム全体の資産となるため、これは「あなたがチームに対して持つべき責任」です。チームでは、チーム全体のスループットのほうが各メンバーのスループットよりも重要です。あなたが質の悪いコードを書けば、同僚の足を引っ張ることになるのです。あなたのコードの質の低下はチームに悪影響を及ぼし、チームのスピードダウンはプロダクトに悪影響を及ぼし、リリースされないプロダクトはあなたのキャリアに悪影響を及ぼします。

アイデアは一から考えるのが最も簡単で、その次に楽なのは設計です。だからこそ、適切な設計が重要になるのです。適切な設計とは、紙の上で見栄えがよいだけのものではありません。優れた設計は、頭の中で明確にイメージできるものです。設計を軽視し、その場しのぎでコードを書く人に出会うこともあるでしょう。そういった人たちは、自身の時間を大切にしていません。

同様に、適切なデザインパターンやアルゴリズムは、スループットを向上させます。スループットの向上に役立たないものは、使う価値がありません。ほとんど全ての作業の価値は数値化が可能なので、全てスループットの観点から測定できます。

質の悪いコードでもスループットの向上は可能ですが、それは開発の初期段階に限られます。顧客から変更要求があった途端、あなたはその杜撰なコードのメンテナンスに苦労することになります。本書では、自ら墓穴を掘っていることに気付き、気がおかしくなる前にそこから抜け出せる状況について説明していきます。

1.2　ストリートコーダーとは？

　Microsoftでは、採用時に、コンピュータサイエンス学部を卒業したばかりの新卒者と、ソフトウェア開発の実務経験が豊富な業界のエキスパートという2種類に分けて、候補者を検討しています。

　独学のプログラマーであれ、コンピュータサイエンスを学んだ人であれ、駆け出しの頃には共通して不足しているものがあります。それは、**現場の知恵**、つまり、実務上の優先順位を判断するための専門知識です。独学のプログラマーは、多くの試行錯誤を経験しているものの、正式な理論とそれを実践的なプログラミングへ応用するための知識が不足している可能性があります。一方、大学の卒業生は、理論についてはよく知っていても、実践力が不足しており、時には学んだことに疑問を持つ姿勢が欠けていることもあります。図1.1を見てください。

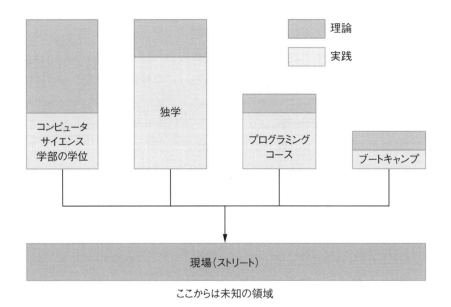

▲図1.1　さまざまな経緯からのキャリアのスタート

学校で学ぶ知識には、優先順位が付けられていません。重要度の高い順ではなく、学習指導要領で決められた順番で学習していきます。競争の激しい現場では、どの科目がどれだけ役に立つのか、全く見当も付かないでしょう。プロジェクトのタイムラインは、非現実的なものばかりです。せっかく入れたコーヒーも冷めてしまいます。世界最高のフレームワークでも、1週間分の作業を無駄にするようなバグが1つは潜んでいるものです。完璧に設計した抽象化も、顧客からの絶え間ない仕様変更のプレッシャーにさらされると崩れ去ってしまいます。コピー&ペーストでコードを手早くリファクタリングしても、設定値を1つ変更するだけで15か所も修正しなければならなくなります。

長年の経験を経て、あなたは曖昧さや複雑さに対処するためのスキルを身に付けていきます。独学のプログラマーは役に立つアルゴリズムをいくつか学び、大学の卒業生は最高の理論が必ずしも最も実用的ではないことを最終的には理解するでしょう。

ストリートコーダーとは、業界でソフトウェア開発の経験があり、「1週間分の仕事を午前中に終わらせろ」といってくる理不尽な上司の現実によって信念や理論が形成されてきた人のことです。何千行ものコードを失って全てを一から書き直さなければならなくなった経験を経て、あらゆるものを複数のメディアにバックアップすることを学んできました。サーバールームで燃えるハードディスクから発射されるCビーム^{訳注1}のきらめきを見たことがあったり、テストされていないコードを誰かがデプロイしたがために本番環境にアクセスしなければならなくなり、サーバールームのドアの前でシステム管理者と喧嘩したりしたこともあります。ソフトウェアを圧縮するコードを自身のソースコードでテストしたところ、全てが1バイトに圧縮されてしまい、結局そのバイトの値が255になってしまったことだってあります。このバイトを展開するアルゴリズムは、いまだ発明されていません。

あなたは卒業したばかりで仕事を探しているのかもしれませんし、プログラミングに魅力を感じてはいるものの、この先どうなるのかがわからないのかもしれません。ブートキャンプを終えて就職活動をしつつも、自分の知識のギャップに不安を感じているのかもしれません。プログラミング言語を独学で習得したとしても、自分のスキルツールベルト^{訳注2}に何が足りないのかわからないのかもしれません。ようこそ、現場へ。

1.3 優れたストリートコーダー

現場での信頼、名誉、忠誠心に加えて、理想的なストリートコーダーは、次のような資質も備えています。

訳注1 映画『ブレードランナー』に出てくる兵器。2つで十分ですよ。
訳注2 工具や作業道具を腰に下げて作業する際に使用するベルト。

- 探究心がある
- 結果主義（人事用語では「成果主義」という）である
- 高いスループットを実現できる
- 複雑さと曖昧さを受け入れる

優れたソフトウェア開発者は、単なる優れたコーダーではない

優れた同僚となるためには、コンピュータにビットとバイトを入力する以上のスキルが必要です。優れたコミュニケーション能力、建設的なフィードバックを提供する能力、真摯に批判を受け入れる能力が必要です。リーナス・トーバルズ[※注2]でさえ、コミュニケーション能力を高める必要性を認めています。ただし、そのようなスキルは本書の範囲外です。友達を作りましょう。

1.3.1 探究心がある

独り言をつぶやくことは、せいぜい奇妙に思われる程度でしょう。特に自問自答している質問に答えがない場合は、そうかもしれません。しかし、疑問を持ち、自問自答し、広く受け入れられている概念を分析することで、あなたの視野を広げることができます。

多くの書籍やソフトウェアの専門家、さらにはスラヴォイ・ジジェク[※注3]でさえ、批判的で探究心を持つことの重要性を強調しています。しかし、そのように主張する人のほとんどは、実際に活用できるものを提供してはくれません。本書では、広く知られているテクニックやベストプラクティスを例に挙げ、それらが謳われているほど効果的ではない場合があることについて説明します。

テクニックを批判したからといって、それが役に立たないといっているわけではありません。それどころか、あなたの視野が広がり、状況によってはより適切な別のテクニックを見出せるようになるはずです。

本書の目標は、全てのプログラミングテクニックを端から端まで網羅することではなく、ベストプラクティスの扱い方、メリットに基づく優先順位の付け方、そして代替アプローチの長所と短所をどのように比較検討するかについての視点を提供することです。

※注2　リーナス・トーバルズは、LinuxやGitの生みの親であり、プロジェクトの有志が技術的に間違っている場合は、彼らを罵倒しても構わないという信念を持っている。

※注3　スラヴォイ・ジジェクは、例外なく世界の全てを批判せざるを得ないという症状に苦しむ現代の哲学者。

1.3.2 結果主義であること

あなたが世界最高のプログラマーで、ソフトウェア開発の複雑さを理解し、最適な設計ができたとしても、リリースもせず、プロダクトを世に出していなければ、全てが無意味です。

ゼノンのパラドックス[注4]によると、最終目標に到達するには、まず中間地点に到達する必要があります。さらに、中間地点に到達するには4分の1の地点に到達する必要があり、そこに到達するためには（以下同様……）であるため、これはパラドックスなのです。ゼノンは重要な点を指摘しています。最終プロダクトを完成させるには、最終的な期日と、その間のマイルストーンにも間に合わせる必要があります。そうでなければ、最終目標には到達できません。結果主義とは、マイルストーン主義、進捗主義でもあるということです。

> 「プロジェクトが1年遅れるなんて、どうして？……1日1日を大切に」
> —— フレデリック・ブルックス『人月の神話』[訳注3]

結果を出すということは、時として、コードの品質、洗練さ、技術的な卓越性を犠牲にすることを意味します。こうした視点を持ち、自分が何のために、誰のために行っているのかを常に意識することが重要です。

コードの品質を犠牲にすることは、プロダクトの品質を犠牲にすることではありません。要件が明確に定義され、適切がテストを実施されるのであれば、全てをPHP[注5]で記述することだってできます。ただし、質の悪いコードは、最終的にあなたの足かせとなり、将来的に多大な労力を要することになるでしょう。それは、コードカルマ[訳注4]と呼ばれています。

本書で学ぶテクニックの中には、結果を出すための意思決定に役立つものもあります。

[注4] ゼノンは何千年も前に生きていたギリシャ人で、イラッとするような質問をし続けた。当然のことながら、彼の著作は現世に何も残っていない。

[訳注3] 『人月の神話 新装版』（フレデリック・P・ブルックスJr 著／滝沢 、牧野 祐子、富澤 昇 訳／丸善出版／ISBN978-4-621-06608-9)

[注5] PHPは、かつてはプログラミング言語の設計の悪例としてよく引用されていた。私が聞いたところでは、PHPはプログラミングのジョークの的であった頃から大きく進歩し、今では素晴らしいプログラミング言語になっているそうだ。しかし、まだブランドイメージの問題は残っている。

[訳注4] 「カルマ」とは、よいことにせよ悪いことにせよ、自分の行ったことは必ず自分に返ってくるという考え方。つまり、「コードカルマ」とは、難のあるコードを書けば、その「悪いカルマ」が自分に返ってきて、結局のところ、将来的に苦労することになるといったニュアンス。

1.3.3 高いスループットを実現する

　開発スピードに最も影響を与える要素は、経験、明確で適切な仕様、そしてメカニカルキーボードです。……最後のは冗談です。実際のところ、メカニカルキーボードは開発スピードの向上に全く役立ちません。ただ見た目がかっこよく、同僚をイライラさせるのに最適なだけです。実際のところ、タイピングスピードは開発スピードに全く役立ちません。タイピングに自信があると、むしろ必要以上に複雑なコードを書いてしまう傾向があります。

　他人の失敗や絶望から学ぶことで、ある程度の専門知識を得ることができます。本書では、そうした事例を紹介しています。得られたテクニックと知識によって、より少ないコードでより速く意思決定を行えるようになり、技術的負債を最小限に抑えられるため、半年前に書いたコードの解読に何日も費やす必要がなくなります。

1.3.4 複雑さと曖昧さを受け入れる

　複雑さは恐ろしいものですが、曖昧さはそれ以上です。なぜなら、曖昧さは、自分がどのくらい警戒すべきかさえもわからず、それがさらに恐怖を助長するからです。

　曖昧さに対処することは、Microsoftの採用担当者が面接でよく尋ねる重要なスキルの1つです。例えば、「ニューヨークにはバイオリン修理店がいくつありますか？」「ロサンゼルスにはガソリンスタンドがいくつありますか？」「大統領には何人のシークレットサービスのエージェントがいて、彼らのシフトはどうなっていますか？　彼らの名前を挙げて、できればホワイトハウスの設計図上で彼らの歩行経路を示してください」といったように、仮説的な質問を伴います[訳注5]。

　このような問題を解決するコツは、問題について自分が把握している情報を全て明確にし、それらの事実に基づいて概算を出すことです。例えば、ニューヨークの人口と、その人口の中でバイオリンを演奏している可能性のある人の数から始めることができます。そうすれば、市場の規模と、市場がどの程度の競争に耐えられるかのアイデアが得られます。

　同様に、機能の開発にかかる時間の見積もりなど、未知のパラメータを含む問題に直面した場合は、知っていることに基づいて常に概算の近似値を算出できます。既知の情報を最大限活用することで、曖昧な部分を最小限まで削減できます。

　興味深いことに、複雑さに対処する方法も似ています。非常に複雑に見えるものでも、

訳注5　このように、正確なデータがなくても、論理的な思考と近似値を用いて、ある量の概算値を算出する手法を「フェルミ推定」と呼ぶ。「フェルミ推定」は、こういった概算を得意としていたエンリコ・フェルミ（物理学者でノーベル物理学賞の受賞者）に由来している。

より管理しやすく、複雑さが小さく、最終的にはより単純な部品に分割できます。

　明確にすればするほど、より多くの未知のものに取り組めます。本書で学ぶテクニックは、こうした点を明確にし、曖昧さと複雑さに取り組む自信を高めてくれるでしょう。

1.4 現代のソフトウェア開発における問題

　複雑性の増大、無数の抽象化層、「Stack Overflow」のモデレーション[訳注6]に加えて、現代のソフトウェア開発には、ほかにも課題があります。

- 技術が多すぎる。プログラミング言語、フレームワーク、そしてライブラリが多すぎる。npm（Node.js フレームワークのパッケージマネージャー）に文字列の末尾にスペース文字を追加するためだけの「left-pad」というライブラリがあったことを考えると、その多さは明らかである
- パラダイム主導であるため、保守的である。多くのプログラマーは、プログラミング言語、ベストプラクティス、デザインパターン、アルゴリズム、データ構造を古代宇宙人の遺物のように扱い、その仕組みを理解しようとしない
- 技術が自動車のように不透明化している。かつては自分で車を修理できた。しかし、エンジンの進化が進んだころには、ボンネットの下に見えるのは金属製のカバーだけになった。まるで、開けた者に呪いの霊を解き放つファラオの墓の蓋のようなものだ。ソフトウェア開発技術も同様である。今ではほとんどがオープンソースになっているが、ソフトウェアの複雑さが増大したため、新しい技術は1990年代のバイナリコードをリバースエンジニアリングするよりも難解になっているように感じる
- 桁違いに多くのリソースを自由に使えるため、コードのオーバーヘッドを誰も気にしない。シンプルなチャットアプリを新たに開発した？　フル機能のWebブラウザを同梱してみてはどうだろうか？　それなら時間の節約になるし、ギガバイト単位のメモリを使用しても誰も気にしないだろ？
- プログラマーは自分の担当範囲に集中し、それ以外の部分は無視する。それも当然のことだ。自身の生活のために仕事をする必要があり、学習に時間を割く暇はない。私はこれを「食事する開発者の問題」[訳注7]と呼んでいる。こういった束縛によって、プロダクトの品質に影響を与える多くのことを見逃してしまう。Web開発者は、

訳注6　プログラミングに関するオンラインコミュニティ「Stack Overflow」では、コミュニティのルールを守るために、投稿された質問や回答を監視するモデレーターを選び、ルールに違反する投稿を削除している。

訳注7　原文は「Dining Developers Problem」で、並行プログラムや分散システムにおける資源の競合とデッドロックの問題を説明するための古典的な例である「Dining Philosophers Problem」（食事する哲学者の問題）に掛けている。

たいていはWebの下位にあるネットワークプロトコルの仕組みを知らない。不必要に長い証明書チェーンのような些細な技術的な問題が、Webページの読み込み速度を低下させる可能性があることを知らず、ページの読み込みが遅いのは仕方がないと諦め、受け入れてしまっている

- 教えられてきたパラダイムのせいで、同じことを繰り返したり、コピー＆ペーストしたりするような単純作業に対する抵抗感がある。DRY※注6な解決策を見つけることが期待されているのだ。このような文化は、自分自身と自分の能力に疑念を抱かせ、生産性を低下させる

npmとleft-padの物語

npmは、過去10年間でJavaScriptライブラリのパッケージエコシステムの事実上の標準となりました。誰でもnpmエコシステムに独自のパッケージを提供でき、ほかのパッケージでもそれらを利用できるため、大規模プロジェクトの開発が容易になりました。アゼル・コジュルもパッケージ開発者の1人でした。left-padは、彼がnpmエコシステムに貢献した250個のパッケージのうちの1つに過ぎませんでした。その機能は、文字列の末尾にスペースを追加し、常に固定サイズになるようにするという、とても些細なものでした。

ある日、彼はnpmから、同名企業からクレームがあったため、「Kik」という彼のパッケージの1つを削除したというメールを受け取りました。npmは、アゼルのパッケージを削除し、その名前をほかの企業に譲渡することに決めたのです※注8。これに激怒したアゼルは、left-padを含め、全てのパッケージをnpmから削除してしまいました。問題は、世界中の何百もの大規模プロジェクトが、直接的または間接的にこのパッケージを使用していたことです。彼の行動により、これらのプロジェクトは全て停止してしまいました。これはまさに大惨事であり、プラットフォームへの信頼に関するよい学びとなりました。

この話の教訓は、現場（ストリート）は予期せぬ出来事に満ちているということです。

本書では、あなたが退屈だと感じていたかもしれない基本概念の見直し、実用性とシンプルさを優先すること、長年疑問視されてこなかった信念への異議申し立て、そして最も重要なこととして、私たちが行う全てのことに対して疑問を持つことなど、現代のソフトウェア開発における問題への解決策を提案します。まず疑問を持つことが重要です。

※注6 「Don't Repeat Yourself（繰り返すな）」。何行もあるコードを関数でラップするのではなく繰り返すと、たちまちカエルに変身してしまうという迷信。

訳注8 Kik Interactiveはカナダの企業で、Kikは同社が公開するメッセンジャーアプリである。

1.4.1 技術が多すぎる問題

　最高の技術を常に探し求めるのは、たいてい「銀の弾丸」[訳注9]という幻想から生じています。私たちは、生産性を桁違いに向上させる技術がどこかにあると信じていますが、そんなものはありません。例えば、Python[※注7]はインタプリタ言語で、コードをコンパイルする必要はなく、すぐに実行できます。また、変数を宣言する際に型を指定する必要がないため、素早くコーディングできます。ということは、PythonはC#よりも優れた技術なのでしょうか？　必ずしも、そうではありません。

　型の指定やコンパイルを行わないため、ミスを見逃してしまいます。つまり、テスト中や本番環境でしかミスを発見できないことになり、これはコードをコンパイルするよりもはるかにコストがかかります。ほとんどの技術は、生産性を向上させるものではなく、トレードオフの関係にあります。生産性を向上させるのは、どの技術を使用しているかではなく、その技術とテクニックにどれだけ精通しているかです。確かに優れた技術は存在しますが、それが桁違いの差を生み出すことはなかなかありません。

　私が1999年に初めてインタラクティブなWebサイトを開発しようとしたとき、Webアプリの書き方が全くわかりませんでした。最初に最高の技術を探そうとしていたら、VBScriptやPerlを独学することになっていたでしょう。しかし、当時私が最も慣れていたPascal[※注8]を使いました。Pascalは、Webアプリ開発には最も適さない言語の1つですが、うまくいきました。もちろん問題もありました。フリーズが発生すると、カナダのどこかのサーバーのメモリ上でプロセスが動き続けてしまい、そのたびにサービスプロバイダーに電話して、物理サーバーの再起動を依頼しなければならなかったのです。それでも、Pascalは使い慣れた言語だったので、すぐにプロトタイプを作成できました。何か月もかけて開発と学習を積み重ねてから思い描いたWebサイトを立ち上げるのではなく、わずか3時間でコードを書いてリリースしました。

　以降では、自分のスキルツールベルトに用意したツールを、もっと効率的に活用できる方法を紹介していきましょう。

1.4.2 パラダイムの上を滑空する

　私が最初に学んだ**プログラミングパラダイム**は、1980年代の構造化プログラミングでした。構造化プログラミングとは、行番号やGOTO文を使いつつ、血と汗と涙を流すので

訳注9　ソフトウェア開発の分野では、プログラマーの生産性を劇的に向上させる魔法のような技術やツールを「銀の弾丸」と呼ぶ。フレデリック・ブルックスが論文の中で、「ソフトウェア開発には銀の弾丸などない」と述べたことに由来している。

※注7　Pythonは、実用的なプログラミング言語のフリをしてるけど、実は皆でホワイトスペース（空白）を増やそうとしているだけなのだ。

※注8　Ekşi Sözlükの初期のソースコードはGitHubで公開されている（https://github.com/ssg/sozluk-cgi）。

はなく、関数やループなどの構造化されたブロックでコードを書く手法です。これにより、パフォーマンスを犠牲にせず、コードの可読性とメンテナンス性が向上しました。構造化プログラミングがきっかけで、私はPascalやCなどの言語に興味を持つようになりました。

　構造化プログラミングを学んでから少なくとも5年後、次のパラダイムに出会いました。オブジェクト指向プログラミング（OOP：Object Oriented programming）です。当時、コンピュータ雑誌は、この話題で持ち切りでした。構造化プログラミングよりもさらに優れたプログラムを作成することを可能にする、まさに次世代の技術だったからです。

　OOPの後も5年ごとに新しいパラダイムが登場すると思っていましたが、実際には、さらに頻繁に現れ始めたのです。1990年代には、Javaの登場によりJITコンパイル[※注9]されたマネージドプログラミング言語[訳注10]、JavaScriptによるWebスクリプティング、そして1990年代後半にかけて徐々に主流になりつつあった関数型プログラミングが登場しました。

　そして2000年代に入ります。その後10年間で、**N層アプリケーション**という用語が使われるようになりました。ファットクライアント、シンクライアント、ジェネリクス、MVC／MVVM／MVPなどが次々登場し、非同期プログラミングは、PromiseとFuture、そして最終的にはリアクティブプログラミングへと広がっていきました。マイクロサービス、LINQとパターンマッチング、イミュータビリティなど、より多くの関数型プログラミングの概念が主流の言語に取り込まれました。まさにバズワードの嵐です。

　デザインパターンやベストプラクティスについて、まだ触れていません。ほぼ全てのテーマについて、無数のベストプラクティス、ヒント、コツがあります。ソースコードのインデントにタブとスペースのどちらを使用すべきかについては、明らかにスペースが正解ですが、今でもタブを擁護する**声明**が存在します[※注10]。

　私たちは、パラダイム、パターン、フレームワーク、ライブラリを採用すれば問題が解決されると考えがちです。現在、直面している問題の複雑さを考えると、それは的外れなことではありません。しかし、これらのツールを盲目的に採用すると、将来的にさらに多くの問題を引き起こす可能性があります。学習すべき新しいドメイン知識や独自のバグが混入することで、かえって開発スピードが低下する可能性があります。それらを導入することで、設計変更を余儀なくされることもあります。本書は、「パターンを正しく使用してい

※注9　JIT、ジャストインタイムコンパイル。Javaの開発元であるSun Microsystemsによって作られた神話で、実行中にコードをコンパイルすると、実行時にオプティマイザがより多くのデータを収集するため高速になるというもの。今でも神話のままである。

訳注10　JVMといった特定のランタイムによってメモリなどが管理（マネージド）される言語。

※注10　私は、タブとスペースの議論について、実用的な観点から書いている：https://medium.com/@ssg/tabs-vs-spaces-towards-a-better-bike-shed-686e111a5cce

る」「パターンを用いて探究的に取り組んでいる」「コードレビューで使える適切な反論が
用意できている」といった自信を与えてくれます。

1.4.3 テクノロジーのブラックボックス

フレームワークやライブラリはパッケージで提供されます。ソフトウェア開発者は、それ
らをインストールし、ドキュメントを読み、使用します。しかし、通常はそのフレームワー
ク自体の仕組みを知りません。アルゴリズムやデータ構造も同様です。辞書データ型は
キーと値を保持するのに便利なので多用されますが、それが及ぼす影響については理解し
ていません。

パッケージエコシステムやフレームワークを無条件に信頼すると、重大なミスにつなが
りかねません。同じキーで項目を追加するとキーの探索パフォーマンスがリストと変わら
なくなることを知らなかったせいで、デバッグに何日も費やすことになるかもしれません。
単純な配列で済むところにC#のジェネレータを使用すれば、理由もわからずにパフォー
マンスを大幅に低下させてしまいます。

1993年のある日、友人がサウンドカードを持ってきて「君のパソコンに取り付けてほし
い」と頼んできました。そう、当時はパソコンからまともな音を出すためには追加のカー
ドが必要でした。そうしなければ、ピーという音しか聞こえなかったのです^{監訳注3}。ともか
く、私はそれまでパソコンの蓋を開けたことがなく、壊してしまうのではないかと不安で
した。私は彼に「代わりにやってくれないか」と頼みました。すると友人は「仕組みを知る
ためには、蓋を開けなければならない」といったのです。

この言葉は心に響きました。なぜなら、私の不安は能力不足ではなく無知から来てい
ることを理解させてくれたからです。蓋を開けて自分のパソコンの中身を見ると、私は
ほっとしました。中にはボードが2、3枚入っているだけでした。サウンドカードはスロット
の1つに差し込まれていました。私にとって、パソコンは、もはや謎の箱ではなくなったの
です。私はその後、美術学校の生徒にコンピュータの基礎を教える際に、このテクニック
を使いました。マウスを開けて、ボールを見せたのです。当時のマウスにはタマが付いて
いました。おっと、これは誤解を招く表現でしたね。私はパソコンの蓋を開けて「ほら、
怖くないだろう。ボードとスロットがあるだけだ」と生徒たちに見せました。

これは後に、私が新しく複雑なものに取り組む際のモットーとなりました。私は箱を
開けることを恐れなくなり、たいていは箱を開ければ複雑さの全体像を把握できました。
そして、その複雑さは、常に私が恐れていたよりも、はるかに小さいものでした。

監訳注3 当時は、マザーボードには基本的にCPUとメモリが搭載されているだけで、デバイス（グラフィックやハード
ディスクすら）やポート（シリアルポートやパラレルポート）を使うためには追加のカードが必要だった。

同様に、ライブラリ、フレームワーク、コンピュータの仕組みを知ることは、その上に構築されたものを理解する際に非常に役立ちます。箱を開けて部品を見ることで、箱を正しく使えるのです。最初からコードを読んだり、何千ページもある理論書を読んだりする必要はありませんが、少なくとも、どの部品がどこにあって、それがユースケースにどのような影響を与えるかを知っておくべきです。

だからこそ、本書で取り上げるトピックの中には、基礎的なものや下位層のものがあります。それは、箱を開けて仕組みを見ることで、上位層でのプログラミングのためのよりよい意思決定をできるようにするためです。

1.4.4 オーバーヘッドの過小評価問題

クラウドベースのアプリが日々増えていることをうれしく思っています。費用対効果が高いだけではなく、私たちのコードの実際のコストを理解するための現実的なチェック機能を果たしてくれるからです。コード上の判断ミス1つごとに追加料金が発生すると、オーバーヘッドが急に気になり始めるのです。

一般に、フレームワークやライブラリは、オーバーヘッドを回避するのに役立ち、有用な抽象化となります。しかし、全ての意思決定プロセスをフレームワークに委ねることはできません。時には、自ら判断しなければならず、その際にはオーバーヘッドを考慮する必要があります。大規模なアプリでは、1ミリ秒でも節約できれば貴重なリソースを取り戻せるので、オーバーヘッドはさらに重要です。

ソフトウェア開発者の最優先事項は、オーバーヘッドの排除ではありません。しかし、状況に応じてオーバーヘッドをどのように回避できるかを知り、その視点をツールとして持っておくことは、自分自身に加えて、Webページのスピナー※注11を見ながら待っているユーザーの時間の節約に役立ちます。

本書では、オーバーヘッドを最優先事項とせずとも、簡単にオーバーヘッドを回避できるシナリオと例を数多く紹介します。

1.4.5 自分の仕事ではないという考え方

複雑さに対処する方法の1つは、自分の責任範囲、つまり自分が所有するコンポーネントや書いたコード、引き起こしたバグ、そして時にはオフィスのキッチンの電子レンジの中で爆発したラザニアだけに集中することです。これは、最も時間効率のよい仕事のやり方のように聞こえるかもしれませんが、万物がそうであるように、全てのコードもお互いに結び付いています。

※注11　スピナーは、現代のコンピュータにおける砂時計カーソルに相当するものである。古の時代、コンピュータはそれを使ってあなたを無限に待たせていた。スピナーはその現代版で、円を描きながら無限に回転し続ける。ユーザーのフラストレーションを抑えるための気休めに過ぎない。

特定の技術やライブラリの機能、依存関係の仕組み、それらとのつながり方を理解することで、コードを書く際によりよい意思決定を行えます。本書の例は、自分の領域だけではなく、その依存関係や自分の担当コンフォートゾーンを超えた問題へ目を向けるための視点も提供します。そうした問題が自身のコードの運命を左右することがわかるようになるでしょう。

1.4.6 つまらないことは素晴らしいこと

ソフトウェア開発について教えられてきた全ての原則は、1つの忠告に集約されます。それは、「仕事に費やす時間を減らす」ことです。コピー＆ペーストや、少しだけ変更を加えた同じコードを最初から書くといった、単純作業の繰り返しは避けましょう。何より、時間がかかりますし、メンテナンスが非常に困難です。

単純作業が全て悪いわけではありません。コピー＆ペーストでさえ、全てが悪いわけではありません。これらに対しては強い偏見がありますが、教えられてきたベストプラクティスよりも効率的に行う方法があります。

さらに、あなたが書く全てのコードが、実際のプロダクトのコードに使用されるわけではありません。プロトタイプの開発用に書かれたコードもあれば、テスト用に書かれたコード、実際のタスクに向けたウォーミングアップとして書かれたコードもあります。本書では、こうしたシナリと、その活用方法について説明します。

1.5 本書で取り扱わないこと

本書は、プログラミング、アルゴリズム、その他いかなるテーマについての包括的なガイドではありません。私は特定のトピックの専門家だとは思っていませんが、ソフトウェア開発においては十分な専門知識を持っています。本書の大半の内容は、有名で人気のある素晴らしい書籍には載っていない情報で構成されています。プログラミング学習の入門書としては全く不向きです。

経験豊富なプログラマーは、すでに十分な知識を持ち、ストリートコーダーになっているため、本書から得られるものは少ないかもしれません。とはいえ、いくつかの洞察には驚くこともあるでしょう。

また、本書はプログラミングの書籍を楽しく読めるようにするための実験でもあります。プログラミングをまずは楽しい実践として紹介したいと思います。本書は肩の力を抜いて書かれているので、気楽に読んでください。本書を読んで、よりよい開発者になれたと感じ、そして楽しく読めたと思っていただけたのであれば、私は本書が成功したと考えるでしょう。

1.6 本書のテーマ

本書では、次のテーマが繰り返し登場します。

- 現場で生き残るために必要な最低限の基礎知識。網羅的なものではないが、以前は退屈だと思っていた分野に興味を持つきっかけになるかもしれない。これらは、通常、意思決定の核として役立つ知識である
- 有名な、あるいは一般的に受け入れられているベストプラクティスやテクニックを、特定の状況下では効果的なアンチパターンとして提案する。これらについて読めば読むほど、プログラミングの慣習を批判的に考えるための第六感が研ぎ澄まされる
- CPUレベルの最適化のトリックなど、一見関係のないプログラミングテクニック。これらを直接的に使用しなくても、より上位層での意思決定やコードの記述に影響を与える可能性がある。内部構造を「箱を開ける」ように理解することには計り知れない価値がある
- 生産性の向上に役立つかもしれない、日々のプログラミング作業で役立つと私が感じているテクニック。爪を噛む、上司に見つからないようにするなど

こうしたテーマは、プログラミングに関するトピックに対して新たな視点を提供し、「退屈な」テーマへの理解を変え、おそらく特定の固定観念に対する考え方を変える可能性があります。そして、あなたの仕事をより楽しいものにしてくれるはずです。

まとめ

- プロのソフトウェア開発の「現場（ストリート）」では、正規の教育では教えられていない、優先順位が低い、もしくは独学では完全に抜け落ちてしまっているスキルセットが求められる
- 新しいソフトウェア開発者は、理論を重視するか、完全に無視するかのどちらかの傾向がある。最終的にはちょうどよい落としどころを見つけることになるが、適切な視点を身に付けることで、そこに到達するまでの時間を短縮できる
- 現代のソフトウェア開発は、数十年前と比べてはるかに複雑になっている。単純に動くアプリを開発するだけでも、さまざまなレベルで膨大な知識が必要とされる
- プログラマーは、ソフトウェアを作成することと学習することのジレンマに直面する。これは、トピックをより実用的な方法で捉え直すことで克服できる
- 何に取り組んでいるのかが明確ではない場合、プログラミングは単調で退屈な作業になり、生産性が低下する。自分が何をしているのかを深く理解することで、より大きな喜びが得られるだろう

《Chapter》

実践理論

2

Chapter 2
実践理論

本章の内容

- **なぜコンピュータサイエンスの理論があなたの生き残りに関わるのか**
- **型を有効活用する方法**
- **アルゴリズムの特性を理解する**
- **データ構造と、あなたの両親が教えてくれなかったその奇妙な性質[訳注1]**

　広く信じられていることに反して、プログラマーは人間です。プログラマーは、ソフトウェア開発の実践に関して、ほかの人と同じような認知バイアスを持っています。型を使わないこと、正しいデータ構造に気を遣わないこと、そして、アルゴリズムはライブラリの作者だけのものであると考えることについて、これらの正の側面を過大評価しがちです。

　あなたも例外ではありません。あなたは、期限通りに、質の高いプロダクトを、笑顔で納品することが期待されています。よくいわれるように、プログラマーとは、コーヒーを入力として受け取り、ソフトウェアを出力する生物です。最悪な方法でコードを書き、コピー&ペーストを繰り返し、Stack Overflowで見つけたコードを流用し、データ保存にプレーンテキストファイルを使用し、魂がまだNDA[※注1]に支配されていなければ悪魔と取引することもできます。あなたの仕事のやり方を気にしているのは同僚だけで、その他の全ての

訳注1　後半の原文は「their weird qualities that your parents didn't tell you about」で、性教育に関する情報を扱った書籍や記事のタイトルとしてよく使われている「Things your parents never told you about sex」をもじったもの。

※注1　NDA（Non Disclosure Agreement：秘密保持契約）は、従業員が「ここだけの話ですが…」と会話を始めない限り、仕事について話すのを禁ずる契約。

人は、きちんと動く優れたプロダクトを求めているのです。

　理論は、難解で現実に即していないと感じる人が多いでしょう。アルゴリズム、データ構造、型理論、Big-O記法、多項式計算量などは複雑で、ソフトウェア開発とは無関係に思えるかもしれません。既存のライブラリやフレームワークは、最適化され、十分にテストされた方法で、こうしたことに対応しています。特に情報セキュリティや納期が厳しい状況では、アルゴリズムをスクラッチから実装することは推奨されません。

　では、なぜ理論を気にする必要があるのでしょうか？　それは、コンピュータサイエンスの理論を理解することで、アルゴリズムやデータ構造をスクラッチから構築できるのみならず、それらをいつ使用すべきかを適切に判断できるようになるからです。トレードオフを決定する際のコストを理解したり、今書いているコードのスケーラビリティの特性を理解したりするのに役立ち、先を見通せるようになります。データ構造やアルゴリズムをスクラッチから実装することはおそらくないでしょうが、その仕組みを知ることで、効率的な開発ができるようになり、あなたが現場で生き残る可能性は高まるはずです。

　本書では、学習中に見落としがちな理論の重要な部分、すなわちデータ型の知られざる側面、アルゴリズムの計算量、データ構造の内部動作などについて説明します。型、アルゴリズム、データ構造についての予備知識がなくても、本章を読めば、このテーマに興味を持てるでしょう。

2.1　アルゴリズムの短期集中講座

　アルゴリズムとは、問題を解決するための一連のルールと手順です。私のTEDトークに来てくれてありがとう[訳注2]。もっと複雑な定義を期待していましたよね？　例えば、配列の要素を調べ、とある数値が含まれているかどうかを確認することもアルゴリズムであり、かつ単純なものです。

```
public static bool Contains(int[] array, int lookFor) {
  for (int n = 0; n < array.Length; n++) {
    if (array[n] == lookFor) {
      return true;
    }
  }
  return false;
}
```

訳注2　いう必要がないことをあえていったときに使う皮肉を交えた表現。

私がこのアルゴリズムを発明していたら、**セダットのアルゴリズム**と呼ばれたかもしれ
ませんが、これはおそらく最初に考案されたアルゴリズムの1つでしょう。特に優れている
わけではありませんが、正しく機能し、合理的です。それがアルゴリズムにおける重要な
点の1つです。つまり、アルゴリズムはニーズに合わせて機能すればよいわけです。奇跡を
起こす必要はありません。食洗機で食器を洗うときも、一定の手順に従っています。アル
ゴリズムがあるからといって、それが必ずしも優れているわけではありません。

　とはいえ、ニーズ次第で、より賢いアルゴリズムが存在する可能性はあります。先ほど
のコード例では、リストに正の整数のみが含まれていることがわかっている場合、正の数
値以外に特別な処理を追加できます。

```csharp
public static bool Contains(int[] array, int lookFor) {
  if (lookFor < 1) {
    return false;
  }
  for (int n = 0; n < array.Length; n++) {
    if (array[n] == lookFor) {
      return true;
    }
  }
  return false;
}
```

　こうすることで、負の数値での呼び出し頻度によっては、アルゴリズムを大幅に高速化
できます。最良の場合、関数が常に負の数値またはゼロで呼び出され、配列に数十億の
整数が含まれていても即座に返ってきます。最悪の場合、関数は常に正の数値で呼び出
され、余分なチェックが1回追加されるだけです。C＃にはuintと呼ばれる符号のな
い整数型が存在するため、ここではその型が役に立ちます。uintを使うことで負の数
が入る可能性を排除でき、そのルールに違反した場合はコンパイラがチェックするため、
パフォーマンスの問題は発生しません。

```csharp
public static bool Contains(uint[] array, uint lookFor) {
  for (int n = 0; n < array.Length; n++) {
    if (array[n] == lookFor) {
      return true;
    }
  }
  return false;
}
```

アルゴリズムを変更するのではなく、型の制約によって正の数値の要件を満たすようにしました。しかし、データの性質によっては、さらに高速化できます。データに関する情報は、ほかにあるでしょうか？ 配列はソートされているでしょうか？ ソートされているのであれば、数値の位置について多くの推測が可能になります。数値を配列内の任意の要素と比較することで、膨大な数の要素を簡単に除外できるのです（図2.1参照）。

▲図2.1　ソート済みリストでは、1回の比較で要素の片側を除外できる

　例えば、探している数値が3で、それを5と比較した場合、探している数値は5の右側には存在しないことがわかるため、リストの右側にある全ての要素を直ちに除外できます。
　したがって、リストの中央から要素を選択すると、比較後にリストの少なくとも半分を確実に除外できます。残りの半分にも同じロジックを適用し、そこで中間点を選択し……と繰り返します。つまり、8つの要素を持つソート済み配列の中にその値が存在するかどうかを判断するには、最大で3回比較するだけで済むのです。さらに重要なのは、1,000個の要素を持つ配列にその値が存在するかどうかを判断するには、最大で約10回の検索しか必要ないということです。これが、半分ずつ処理することで得られるパワーです。実装は、リスト2.1のようになります。基本的に、中央の場所を順次特定し、探している値がどちらに該当するかに応じて残りの半分を除外します。式は「(start + end)/2」とすることもできますが、startとendの値が大きい場合、「start + end」がオーバーフローして正しくない中間点が見つかる可能性があります。そのため、長くはなりますが、より入念な形にして、次のリストのように式を書くと、オーバーフローを回避できます。

▼リスト2.1　バイナリサーチによるソート済み配列の検索

```
public static bool Contains(uint[] array, uint lookFor) {
  int start = 0;
  int end = array.Length - 1;
  while (start <= end) {
    int middle = start + ((end - start) / 2);    ← オーバーロードを防ぎつつ、
    uint value = array[middle];                     中間点を探す
    if (lookFor == value) {
      return true;
    }
    if (lookFor > value) {
```

```
      start = middle + 1;  ◀━━━━━┑ 左半分の範囲を削除
    } else {
      end = middle - 1;  ◀━━━━━┑ 右半分の範囲を削除
    }
  }
  return false;
}
```

　ここでは、**セダットのアルゴリズム**よりもはるかに高速なバイナリサーチを実装しました。バイナリサーチが単純な反復よりも高速になる仕組みを想像できるようになったので、人々が崇めるBig-O記法について考え始めることができます。

2.1.1　Big-Oは、よいに越したことはない

　開発者にとって、増加を理解することは非常に重要なスキルです。大きさでも数でも、何かがどれだけ速く増加するかを知っていれば、この先どうなるのかを予測でき、時間をかけすぎる前にどのような問題に直面するのかを把握できます。特に、何も進展していないのにゴールがどんどん遠ざかっているような場合に役立ちます。

　Big-O記法は、その名の通り、増加を表すための単なる記法であり、誤解されやすい側面も持ち合わせています。初めてO(N)を見たとき、私はそれがただ数値を返す通常の関数だと思いました。しかし、そうではありません。これは、数学者が増加を説明する手段であり、アルゴリズムの規模の程度を大まかなイメージとして提供してくれるものです。全ての要素を順番に調べる方法（別名：**セダットのアルゴリズム**）は、配列内の要素数に線形的に比例して操作回数が増えます。これをO(N)と表記し、Nは要素数を表します。O(N)を見てもアルゴリズムが実際に何ステップかかるかはわかりませんが、線形に増加することはわかります。これによって、データサイズに応じたアルゴリズムの性能特性を推測できます。そして、どの時点で問題が発生する可能性があるかを事前に見極めることができるのです。

　私たちが実装したバイナリサーチの計算量は、$O(\log_2 n)$です。対数（log）がわからない人のために説明すると、対数は指数の逆であり、対数的な計算量は、お金が絡む場合を除けば、実に素晴らしいものです。この例では、私たちのソートアルゴリズムが魔法のように対数的な計算量を持っていたとすれば、50万個の要素を持つ配列をソートするのに、わずか18回の比較しか必要としません。対数が、私たちのバイナリサーチの実装を優れたものにしているのです。

Big-O記法は、計算ステップの増加、つまり**時間計算量**を測定するためだけに使用されるのではなく、メモリ使用量の増加、つまり**空間計算量**を測定するためにも使用されます。とあるアルゴリズムは高速かもしれませんが、私たちのソートの例のように、メモリ使用量が多項式的に増加する可能性があります。この違いを理解することが重要です。

TIPS

一般的な認識とは異なり、$O(N^x)$ は指数関数的な計算量を意味するものではありません。これは多項式的な計算量を表しており、確かによくはありませんが、$O(x^n)$ で表される指数関数的な量ほど悪くはありません。たった100個の要素（n=100）で、$O(N^2)$ は1万回反復しますが、$O(2^n)$ は30桁の気が遠くなるような（読み上げることもできない）回数の反復が必要になります。指数関数的な計算量よりもさらに悪い階乗の計算量もありますが、順列や組み合わせの計算以外でそれを使用するアルゴリズムを見たことがありません。おそらく、そういった非効率なアルゴリズムを実用化できる人がいなかったからでしょう。

Big-O記法はアルゴリズムの計算量の増加を表すものなので、表記の中で最も大きな増加を示す関数が最も重要です。そのため、Big-Oにおいて、$O(N)$ と $O(4N)$ は等価です。一方、$O(N.M)$（ドットは乗算演算子）は、NとMの両方が増加する場合は、事実上 $O(N^2)$ となることもあるため、等価ではない可能性があります。$O(N.logN)$ は $O(N)$ よりもわずかに悪いですが、$O(N^2)$ ほど悪くはありません。

一方、$O(1)$ は素晴らしいです。これは、アルゴリズムの性能特性が、与えられたデータ構造の要素数に関係ないことを意味し、**定数時間**とも呼ばれています。

反復処理をして、データベース内の全てのレコードを検索する機能を実装したとします。つまり、アルゴリズムはデータベース内のレコード数に比例して線形的に増加するということです。データ保存にソロバンを使用していると仮定し、各レコードへのアクセスに1秒かかるとします。つまり、60個のレコードを含むデータベースで検索すると、最大で1分かかるということです。これが $O(N)$ の計算量です。表2.1に示したように、チームのほかの開発者は、さまざまなアルゴリズムを考え出すことができます。

検索アルゴリズム	計算量	60行の中からレコードを 見つけるまでの時間
リサのおじさんがガレージに持っている自作の量子コンピュータ	O(1)	1秒
バイナリサーチ	O(log N)	6秒
線形検索（プレゼンテーションの1時間前に上司から依頼されたため）	O(N)	60秒
インターンが誤って2つのforループをネストさせた	O(N^2)	1時間
Stack Overflowから適当にコピー＆ペーストしたコード。検索中にチェスの問題の解答も見つけようとするが、面倒なのでその開発者はその部分を削除しようとしなかった	O(2^N)	36.5億年
実際のレコードを見つけるのではなく、特定の方法でソートしたときに目的のレコードを構成する並びを見つけようとする。幸い、その開発者はもうここでは働いていない	O(N!)	宇宙の終わり、しかし、猿がシェイクスピアの作品を打ち出す前[訳注3]

▲表2.1　計算量がパフォーマンスに及ばす影響

　どのデータ構造とアルゴリズムを使用するかを適切に判断するために、Big-O記法でアルゴリズムの実行速度とメモリ使用量の増加がどのように説明されるかを理解しておく必要があります。アルゴリズムを実装する必要がない場合でも、Big-Oに精通しておきましょう。計算量に注意してください。

2.2　データ構造の中身

> *初めに虚無ありき。始めの電気信号がメモリ上の始めのビットに至りしとき、データ生まるる。データは原初はただ自在に浮遊するバイトに過ぎざりき。其れらのバイトが集いしければ、構造作りいだしき。*
>
> —創世記 0:1

　データ構造とは、データを配置する方法のことです。人々は、データが特定の方法で配置されると、より便利になることを発見しました。紙切れに書かれた買い物リストは、各項目が別々の行にあれば読みやすくなります。掛け算の九九は、グリッド形式のほうが便利です。データ構造の仕組みを理解することは、より優れたプログラマーになるために

訳注3　「無限の猿定理」と呼ばれるもので、猿が無限の時間をかけてタイプライターを打ち続ければ、シェイクスピアの作品を再現できるというもの。

不可欠です。その理解は、内部構造を覗き込み、仕組みを調べることから始まります。

配列を例に挙げてみましょう。プログラミングにおける配列は最も単純なデータ構造の1つであり、その要素はメモリ上に連続して配置されます。次のような配列があるとしましょう。

```
var values = new int[] { 1, 2, 3, 4, 5, 6, 7, 8 };
```

図2.2のように、メモリ内でどのように配置されているかを想像できるでしょう。

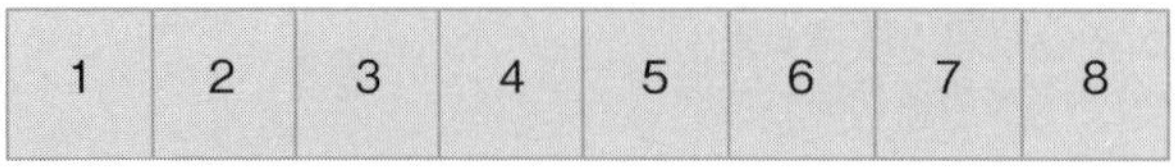

| 1 | 2 | 3 | 4 | 5 | 6 | 7 | 8 |

▲図2.2　配列の記号的な表現

実際のところ、.NETの全てのオブジェクトには、図2.3のように特定のヘッダ、仮想メソッドテーブルへのポインタ、長さ情報が含まれているため、このようにはなっていません。

▲図2.3　メモリ内の配列の実際のレイアウト

RAMは整数で構成されていないため、図2.4で示されているように、RAM内での配置方法を見ると実際の形に近くなります。低レベルの概念に親しんでもらうため、あえてこの図を示しています。こうしたことを理解することは、あらゆるレベルのプログラミングに役立ちます。

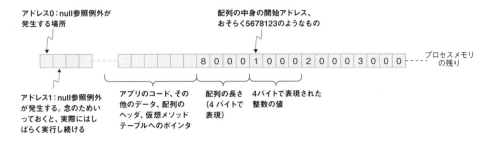

▲図2.4　プロセスのメモリ空間と配列

　最新のOSの仕組み上、各プロセスには専用のメモリ領域が割り当てられているため、これは実際のRAMの外観とは異なります。ただし、独自のOSやデバイスドライバの開発でも始めない限り、このメモリレイアウトを常に意識して作業することになります。
　要するに、データの配置方法によって、処理の速度や効率が変わってくるということです。基本的なデータ構造とその内部動作について知ることが重要です。

2.2.1　文字列

　文字列は、プログラミングの世界において最も人間にとって親しみやすいデータ型といえるかもしれません。文字列はテキストを表し、たいていは人間が読むことができます。ほかのデータ型のほうが適切な場合は文字列を使用すべきではありませんが、文字列は不可欠で便利な存在です。文字列を使用する際は、自明であるとはいえない基本的な事実をいくつか知っておく必要があります。
　使用方法や構造は配列に似ていますが、.NETの文字列は**不変**（immutable：イミュータブル）です。**不変性**（immutability）とは、データ構造の内容が初期化後に変更できないことを意味します。人々の名前を結合して、カンマ区切りの1つの文字列を作成したいとします。ここでは、20年前にタイムスリップしたと仮定して、これを実現するほかのよい方法がないものとします。

```
public static string JoinNames(string[] names) {
  string result = String.Empty;
  int lastIndex = names.Length - 1;
  for (int i = 0; i < lastIndex; i++) {
    result += names[i] + ", ";
  }
  result += names[lastIndex];
  return result;
}
```

stringを初期化しなかった場合、デフォルト値はnull。nullチェックを行っていれば、ここでnullが検出されていたはず

最後の要素のインデックス

こうすることで、文字列の末尾にカンマが付かないようにしている

一見すると、resultという文字列の変数があり、実行中に同じ文字列を変更している
ように見えるかもしれませんが、そうではありません。resultに新しい値を代入するた
びに、メモリ内に新しい文字列が作成されます。.NETは、新しい文字列の長さを決定
し、新しいメモリを割り当て、ほかの文字列の内容を新しく構築されたメモリにコピーし
て返します。これは非常にコストのかかる操作であり、文字列とガベージコレクションの
対象となるデータの量が増えるにつれてコストも増加します。

　フレームワークには、この問題を回避するためのツールが用意されています。これら
のツールは、パフォーマンスを意識しない場合でもコストをかけずに利用できるので、
パフォーマンス向上のためにロジックを変更したり、複雑な処理を行ったりする必要は
ありません。その1つがStringBuilderで、これを使用して最終的な文字列を構築し、
ToStringを呼び出して一度に取得できます。

```csharp
public static string JoinNames(string[] names) {
  var builder = new StringBuilder();
  int lastIndex = names.Length - 1;
  for (int i = 0; i < lastIndex; i++) {
    builder.Append(names[i]);
    builder.Append(", ");
  }
  builder.Append(names[lastIndex]);
  return builder.ToString();
}
```

　StringBuilderは、文字列を拡張するたびにメモリの再割り当てとコピーを行うので
はなく、内部で連続したメモリブロックを使用します。そのため、通常は一から文字列を
構築するよりも効率的です。

　もちろん、より慣用的で短い解決策は昔から存在していましたが、必ずしもあなたの
ユースケースに適しているとは限りません。

```csharp
String.Join(", ", names);
```

　文字列の連結は、必要な合計の長さを計算した後にバッファを1つだけ割り当てるた
め、文字列の初期化時には通常は問題ありません。例えば、加算演算子を使用して氏名
の間にスペースを入れて結合する関数がある場合、複数のステップではなく、一度に1つ
の新しい文字列を作成するだけです。

```
public string ConcatName(string firstName, string middleName,
  string lastName) {
    return firstName + " " + middleName + " " + lastName;
}
```

「firstName + " "」が最初に新しい文字列を作成し、次にmiddleNameを使用して新しい文字列の作成などを行っていると仮定すると、これは非効率的に見えるかもしれません。しかし、実際には、コンパイラが全ての文字列の長さの合計をもとに新しいバッファを割り当て、全ての文字列を一度に返すString.Concat()関数を一度だけ呼び出すように変換します。したがって、依然として処理は高速です。ただし、ifやループを間に挟んで複数回に分けて文字列を連結する場合、コンパイラは最適化できません。文字列の連結が適切な場合とそうでない場合を理解する必要があります。

とはいえ、不変性は破ることができない聖なる封印ではありません。文字列を直接変更したり、ほかの不変な構造体を変更したりする方法があります。そのほとんどは、安全ではないコードか何かしらの超越した存在が関係しています。ただし、.NETランタイムが文字列の重複を排除し、ハッシュコードなどの一部のプロパティはキャッシュされるため、通常は推奨されません。内部実装は不変性の特性に大きく依存しています。

文字列関数はデフォルトで現在の**カルチャ**で動作しますが、アプリがほかの国で動作しなくなった場合、苦い思いをする可能性があります。

メモ

カルチャ(一部のプログラミング言語ではロケールとも呼ばれる)は、文字列のソート、正しい形式での日付／時刻の表示、テーブルへの食器の配置など、地域固有の操作を実行するための一連のルールです。現在のカルチャは、通常はOSの設定に基づきます。

カルチャを理解することで、文字列操作をより安全かつ高速にできます。例えば、指定されたファイル名に.gif拡張子が含まれているかどうかを検出するコードを考えてみましょう。

```
public static bool IsGif(string fileName) {
  return fileName.EndsWith(".gif");
}
```

ご覧のように、私たちは賢いのです。拡張子が.GIFや.Gifのような大文字と小文字が混ざった文字列を処理するために、まずは文字列を小文字に変換します。問題は、全ての言語で小文字が同じように扱われるわけではないということです。例えば、トルコ語では、「I」の小文字は「i」ではなく、「ı」（「ドットなしI」とも呼ばれる）です。つまり、この例のコードは、トルコやアゼルバイジャンなどの一部の国では正しく動作しないのです。そして、文字列を小文字にすることで、実際には新しい文字列を作成しています。これは、すでに学習したように非効率的です。

　.NETには、一部の文字列メソッドに、**ToLowerInvariant**などのカルチャに依存しないバージョンが用意されています。また、カルチャへの非依存や序数に基づく比較[訳注4]のオプションを選択できる、**StringComparison**を受け取る同じメソッドのオーバーロードも提供しています。これによって、同じ機能をより安全で高速な方法で実装できます。

```
public bool isGif(string fileName) {
  return fileName.EndsWith(".gif",
    StringComparison.OrdinalIgnoreCase);
}
```

　このメソッドを使用することで、新しい文字列の作成を回避し、現在のカルチャとその複雑なルールに依存しない、カルチャセーフで高速な文字列比較ができます。`StringComparison.InvariantCultureIgnoreCase`も使用できますが、序数に基づく比較とは異なり、ファイル名やその他のリソース識別子で問題が発生する可能性のあるドイツ語のウムラウトや書記素[訳注5]を、ラテン語のそれらに対応するもの（ßとssなど）として扱うなど、いくつかの変換ルールが追加されます。このため、ファイル名やリソース識別子を扱う際に問題が発生する可能性があります。序数に基づく比較では、変換を伴わずに文字のバイト値を直接比較します。

2.2.2　配列

　メモリ上での配列の構造については、すでに見てきました。配列は、要素数が配列のサイズを超えて増加しない範囲で複数の要素を保持するのに実用的です。配列は静的な構造体であり、サイズを拡張したり変更したりできません。より大きな配列が必要な場合は、新しい配列を作成し、古い配列の内容をしなければなりません。また、配列について知っておくべきことがいくつかあります。

訳注4　序数に基づく比較とは、変換を伴わずに文字のバイト値を直接比較する方法である。これは、カルチャに依存しない比較方法であり、大文字と小文字を区別しない。例えば、「a」と「A」は同じ文字として扱われる。

訳注5　文字や記号など、書記言語（書き言葉）を構成する最小の単位のこと。

配列は、文字列とは異なり、可変（mutable：ミュータブル）です。これは、配列の特性であり、要素の内容を自由に操作できるということです。実際に、配列を不変にするのは非常に難しく、インターフェイスの候補としては不適切です。次のプロパティについて考えてみましょう。

```
public string[] Usernames { get; }
```

　このプロパティにはセッターがありませんが、型が配列であるため変更できます。したがって、次のような操作を防ぐことはできません。

```
Usernames[0] = "root";
```

　これは、たとえクラスを使用するのが自分自身だけであっても、問題を複雑にしてしまう可能性があるということです。絶対に必要な場合を除き、状態を変更できるようにすべきではありません。諸悪の根源は、nullではなく状態です。アプリの状態が少なければ少ないほど、問題は少なくなります。

　目的に合わせて、最小限の機能を持つ型を使用するようにしてください。要素を順番に処理するだけであれば、IEnumerable<T>を使用します。繰り返しアクセス可能なカウントも必要な場合は、ICollection<T>を使用します。LINQの拡張メソッド.Count()は、IReadOnlyCollection<T>をサポートする型に対して特別な処理を行うため、IEnumerableに対して使用した場合でも、キャッシュされた値が返される可能性があります。

　配列は、関数のローカルスコープ内で使用するのが最適です。それ以外の目的では、IEnumerable<T>に加えて、IReadOnlyCollection<T>、IReadOnlyList<T>、ISet<T>など、より適した型またはインターフェイスの公開を検討してください。

2.2.3　リスト

　リストは、StringBuilderの仕組みと同様に、徐々に少しずつ拡張可能な配列のように動作します。ほとんど全ての場所で、配列の代わりにリストを使用できます。しかし、各インデックスに対して、配列は直接アクセスしますが、リストでは**仮想呼び出し**を行うため、不要なパフォーマンスの低下が発生します。

　オブジェクト指向プログラミングには、**ポリモーフィズム**と呼ばれる優れた機能が備わっています。これは、インターフェイスを変更せずに、オブジェクトが基礎となる実装に応じて動作を変えられることを意味します。例えば、IOpenableインターフェイス型の変

数aがあるとすると、a.Open()は割り当てられたオブジェクトの型に応じて、ファイルかネットワーク接続のどちらかを開きます。これは、**仮想メソッドテーブル**（略して**vtable**）という、呼び出される仮想関数を具体的な型の関数に割り当てたテーブルをオブジェクトの先頭で保持することによって実現されています。この仕組みによって、Openは同じ型を持つ全てのオブジェクトで同じエントリに割り当てられますが、テーブル内の実際の値を調べるまでは、どこにつながっているかはわかりません。

　具体的に何を呼び出しているのかがわからないため、**仮想呼び出し**と名付けられています。仮想呼び出しには、仮想メソッドテーブルからメソッドを追加で検索する必要があるため、通常の関数呼び出しよりも少し遅くなります。数回の関数呼び出しでは問題にならないかもしれませんが、アルゴリズム内で実行されると、オーバーヘッドが指数関数的に増加する可能性があります。そのため、初期化後にリストのサイズが大きくなることがない場合、ローカルスコープにおいては、リストではなく配列を使用することをお勧めします。

　こうした詳細について考えることはほとんどないかもしれません。違いがわかれば、配列がリストよりも適している場合があることに気付くでしょう。

　リストはStringBuilderに似ています。どちらも動的にサイズを拡張するデータ構造ですが、リストの拡張の仕組みのほうが効率的ではありません。リストは、拡張する必要があると判断するたびに、より大きなサイズの新しい配列を割り当て、既存の内容をその配列にコピーします。一方、StringBuilderは、メモリの塊を連続でつなげたままにしているため、コピー操作は必要ありません。リストのバッファ領域は、バッファの限界に達すると拡張されますが、新しいバッファのサイズは毎回2倍になるため、だんだんと拡張する必要が減っていきます。これは、特定のタスクにおいて汎用的なクラスよりも特化したクラスを使用するほうが効率的であることを示すよい例です。

　また、容量を指定することで、リストを高パフォーマンスにすることもできます。リストに容量を指定しないと、リストは空の配列から始まり、数個の要素を格納できる容量に増やします。そして、容量がいっぱいになると2倍になります。リストの作成時にあらかじめ容量を設定しておけば、不要なメモリの拡張とコピー操作を完全に回避できます。リストに含めることができる要素の最大数があらかじめわかっている場合は、このことを覚えておいてください。

　とはいえ、不要なメモリオーバーヘッドを引き起こす可能性があるため、根拠もなくリストの容量を指定するのは止めましょう。常に意識的に決定してください。

2.2.4 リンクリスト

リンクリストは、要素がメモリ内に連続して配置されておらず、各要素が後続の要素のアドレスを指しているリストです。このデータ構造は、挿入や削除操作をO(1)の計算量で行えるため、パフォーマンス面において有用です。メモリ内のどこにでも格納できるため、インデックスを使用して個々の要素にアクセスできず、そのための計算もできません。とはいえ、リストの先頭または末尾にアクセスすることが主な用途の場合や、要素を列挙する必要がある場合には、挿入や削除操作と同じように高速に動作します。しかし、リンクリストに要素が存在するかどうかを確認するのは、配列やリストと同様にO(N)の操作です。図2.5にリンクリストのメモリレイアウトのサンプルを示します。

▲図2.5　リンクリストのメモリレイアウト

リンクリストが、常に通常のリストよりも高速であるといいたいわけではありません。リストのようなメモリブロック全体の一括割り当てではなく、各要素に個別にメモリを割り当てたり、追加で各要素のメモリを参照したりするようにすると、パフォーマンスの低下につながることもあります。

キューやスタック構造が必要になるたびにリンクリストが必要になるかもしれませんが、.NETではすでに用意されています。そのため、システムプログラミングに携わっていない限り、就職の際の面接を除けば、日常業務でリンクリストを使用する必要はありません。残念ながら、面接官はリンクリストを使ったパズルのような質問を好むので、リンクリストに精通することは依然として重要です。

> **まあ、リンクリストを反転させる機会はきっとないのだけど**
>
> 面接でコーディングの質問に答えることは、ソフトウェア開発職に就くための通過儀礼です。コーディングの質問のほとんどには、いくつかのデータ構造とアルゴリズムが関わっています。リンクリストもそのうちの1つであるため、リンクリストを反転したり、バイナリツリーを反転したりするように求められることがあるかもしれません。
>
> 実際の仕事でこうしたことをすることはおそらくないはずですが、面接官に敬意を表していうと、面接官はあなたが自身で行っていることを理解しているかどうかを確認するために、データ構造とアルゴリズムに関する知識をテストしているのです。適切な場所で適切なデータ構造を使用する必要がある場合に、適切な決定を下

> せることを確認しようとしています。また、あなたの分析的思考と問題解決能力を
> テストしているので、声に出して考え、思考プロセスを面接官と共有することが重
> 要です。
>
> 　面接で必ずしも正解を出す必要はありません。面接官は、特定の基本的な概念
> に対して情熱や知識を持ち、たとえ迷っても解決策を見出そうとする姿勢を重視し
> ています。
>
> 　例えば、私は、Microsoftの候補者へのコーディングの質問に続いて、候補者が
> 書いたコードにバグがないかを見つけてもらう追加のステップを設けることがよくあ
> りました。こうした質問が候補者を安堵させたのです。なぜなら、バグは存在するも
> のであり、コードにおけるバグの有無で評価されるのではなく、バグを特定する方法
> に基づいて評価されているのだと、候補者に感じてもらえたからです。
>
> 　面接は、適切な人材を見つけるだけではなく、一緒に働きたいと思う人材を見つ
> けることでもあります。好奇心旺盛で、情熱的で、粘り強く、気さくで、本当に面接
> 官の仕事に役立つ人材であることが重要です。

　リンクリストは、メモリ効率が優先されたプログラミング初期の頃によく使われていました。リストを拡張する必要があるという理由だけでは、キロバイト単位のメモリを割り当てる余裕がなかったのです。メモリストレージを厳密に管理する必要があり、それにはリンクリストは理想的なデータ構造でした。また、挿入や削除操作は、対象となるノードへの参照を知ってさえいればO(1)という魅力的な特性を持つことから、OSのカーネルでは依然としてよく使用されています。

2.2.5 キュー

　キューは、文明の進歩を象徴している最も典型的なデータ構造です。リスト内の要素を挿入された順序で読み取ることができます。キューは、次に読み取る要素の位置と新しい要素を挿入する位置を別々に保持するだけで、単純な配列として実装可能です。昇順の数値をキューに追加すると、図2.6のようになります。

▲図2.6　キューの大まかなレイアウト

MS-DOS時代のPCのキーボードバッファ[訳注6]は、押されたキーの情報を格納するために単純なバイト配列を使用していました。このバッファにより、ソフトウェアの動作が遅かったり応答しなかったりした場合でも、キー入力の情報が失われるのを防いでいました。バッファがいっぱいになると、BIOSがビープ音を鳴らし、これ以上、キー入力を記録できないことを知らせていました。幸いなことに、.NETにはQueue<T>クラスが用意されており、実装の詳細やパフォーマンスを気にすることなく使用できます。

2.2.6 辞書

辞書は、**ハッシュマップ**または**キーバリュー（値）形式**とも呼ばれ、最も便利で最もよく使用されるデータ構造の1つです。私たちは、その機能を「当たり前のもの」と思っています。辞書は、キーとバリューを格納できるコンテナです。キーを使用して一定時間（O(1)時間）でバリューを取得できます。つまり、データの取得が非常に高速なのです。なぜ、こんなに速いのでしょうか？　いったい、どんな魔法を使っているのでしょうか？

魔法は**ハッシュ**という言葉にあります。**ハッシュ化**とは、任意のデータから単一の数値を生成することです。生成される数値は決定論的でなければなりません。つまり、同じデータからは常に同じ数値が生成されなければなりませんが、必ずしも一意である必要はありません。ハッシュ値を計算するには、さまざまな方法があり、オブジェクトのハッシュ化ロジックは、GetHashCodeの実装に含まれています。

ハッシュは便利です。なぜなら、毎回同じ値が得られるので、そのハッシュ値を検索に利用できるからです。例えば、考えられる限りの全てのハッシュ値を含む配列がある場合、インデックスを使用して検索できます。ただし、このような配列は、各intが4バイトのメモリ領域を使い、約40億通りの値をとることができるため、辞書ごとに約16ギガバイトを必要とします。

辞書は、非常に小さな配列をメモリに割り当て、ハッシュ値は均等に分布するという前提に基づいて動作します。また、ハッシュ値そのものを検索するのではなく、「ハッシュ値を配列の長さで割った余り」を検索します。例えば、整数キーを持つ辞書が、キーのインデックスを保持するために6つの要素を持つ配列を割り当て、整数のGetHashCode()メソッドがそのインデックスを返すだけだとします。ある要素がどこにマップされているかを見つけるための式は、配列のインデックスが0から始まるため、単純に「value % 6」となります。1から6までの数値の配列は、図2.7のように分布します。

訳注6 キーボードに入力された内容を保存しておく一時的な記憶領域。

▲図2.7　辞書内の要素の分布

　辞書が容量の限界に到達した場合、どうなるでしょうか？　もちろん重複します。そのため、辞書は重複する要素を動的に拡張するリストに保持します。キーが1から7までの要素を格納している場合、配列は図2.8のようになります。

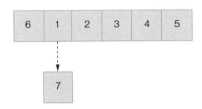

▲図2.8　辞書内の重複する要素のストレージ

　なぜこのような話をしているのでしょうか？　それは、辞書のキー検索のパフォーマンスは、通常はO(1)ですが、リンクリストの検索のオーバーヘッドはO(N)だからです。つまり、重複する数が増えるにつれ、検索のパフォーマンスは低下するということです。例えば、GetHashCode関数が常に4を返すような場合を考えてみましょう[注2]。

```
public override int GetHashCode() {
  return 4; // 公正なサイコロの出目によって選ばれた
}
```

　つまり、要素を追加すると、辞書の内部構造が図2.9のようになるということです。

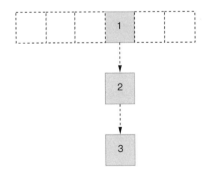

▲図2.9　GetHashCode()メソッドの実装に失敗した辞書の構造

※注2　素晴らしいxkcdのランダム数の漫画（https://xkcd.com/221/）に触発された。

ハッシュ値が適切でない場合、辞書はリンクリストと変わらなくなり、場合によっては、辞書内部で衝突する要素を処理するオーバーヘッドによって、リンクリストよりもパフォーマンスが低下することさえあります。ここから、最も重要なポイントが見えてきます。GetHashCode関数の結果は、できるだけ一意である必要があるということです。ハッシュ値の衝突が多発すると辞書のパフォーマンスが低下し、アプリ全体のパフォーマンス低下につながり、ひいては会社全体の損失、最終的にはあなた自身の損失につながります。「釘足らずば国滅ぶ[訳注7]」です。

　場合によっては、一意のハッシュ値を計算するために、クラス内の複数のプロパティの値を組み合わせる必要があります。例えば、GitHubのリポジトリ名はユーザーごとに一意です。つまり、どのユーザーも同じ名前のリポジトリを持つことができ、リポジトリ名自体では一意になりません。名前だけを使用すると衝突が増えることになるため、複数の値を組み合わせたハッシュ値が必要です。同様に、Webサイトでトピックごとに一意の値がある場合も、同じ問題が発生します。

　ハッシュ値を効率的に組み合わせるには、それぞれの値の範囲を知り、ビット単位の表現を理解する必要があります。加算や単純なOR/XOR演算などの演算子を使用するだけでは、想像よりもはるかに多くの衝突が発生する可能性があります。そのような場合、ビットシフトも使用する必要があるでしょう。適切なGetHashCode関数では、ビット演算を使用して、32ビットで表現できる整数の範囲全体に適切に分散させます。

　このような操作のコードは、安っぽいハッカー映画のハッキングシーンのように見えるかもしれません。概念に精通している人であっても、こうしたコードは謎めいており、理解するのが困難です。基本的には、32ビット整数の1つを16ビット回転させて、最下位のバイトを中央に移動し、その値ともう1つの32ビット整数をXOR演算（^）することで、衝突の可能性を大幅に減少させています。見た目は次のようになります。まあ恐ろしい。

```
public override int GetHashCode() {
  return (int)(((TopicId & 0xFFFF)<< 16)
    ^ (TopicId & 0xFFFF0000 >> 16)
    ^ PostId);
}
```

　幸いなことに、.NET Coreと.NET 5の登場により、衝突の可能性が最も低い方法でハッシュ値を組み合わせる処理が、HashCodeクラスによって抽象化されました。2つの値を組み合わせるには、次のような操作を行うだけです。

訳注7　些細なことが大きな影響を及ぼすこと。バタフライ効果。マザーグースの童謡「釘がないので蹄鉄が打てない」に由来する。

```
public override int GetHashCode() {
  return HashCode.Combine(TopicId, PostId);
}
```

　ハッシュコードは、辞書のキーだけではなく、セットなどのデータ構造でも使用されます。ヘルパー関数を使用すると適切なGetHashCodeを極めて簡単に書けるため、これを使わない手はありません。要チェックです！

　どのような場合に辞書を使用すべきではないのでしょうか？　単にキーと値のペアを順番に処理するだけであれば、辞書を使用するメリットは特にありません。むしろ、パフォーマンスの低下を招く可能性さえあります。その場合は、代わりにList<KeyValuePair<K,V>>の使用を検討してください。これにより、不要なオーバーヘッドを回避できます。

2.2.7　ハッシュセット

　セットは配列やリストに似ていますが、一意の値しか含めることができません。配列やリストよりも優れている点は、ハッシュベースのマップのおかげで、辞書のキーのようにO(1)の検索パフォーマンスを実現できることです。つまり、特定の配列またはリストに項目が含まれているかどうかを何度も確認する必要がある場合、セットを使用するほうが速い可能性があります。.NETではハッシュセットと呼ばれます。

　ハッシュセットは検索と挿入が速いため、積集合や和集合の演算にも適しており、こうした操作を行うメソッドも提供されています。ハッシュセットのメリットを享受するためには、やはりGetHashCode()の実装に注意が必要です。

2.2.8　スタック

　スタックは、LIFO（Last In, First Out：後入れ先出し）方式のキューです。状態を保存し、保存された逆の順序で復元する場合に便利です。現実の世界で運輸局（DMV：Department of Motor Vehicles）[訳注8]のオフィスを訪れると、スタックのような手順を踏む必要があることがあります。最初に5番窓口に行くと、窓口の職員が書類を確認し、支払いが不足していることがわかると、13番窓口に案内されます。13番窓口の職員は、書類に写真が不足していることに気づき、今度は写真撮影のために47番窓口に案内されます。その後、13番窓口に戻り、領収書を受け取ってから、運転免許証を受け取るために5番窓口に戻る必要があります。この窓口の移動順序は、スタックの動作（LIFO）と同じような仕組みですが、スタックのほうがDMVの手続きよりもずっと効率的です。

訳注8　日本の運転免許センターのようなところ。

スタックは配列で表現できます。配列との違いは、新しい要素をどこに配置し、次の要素をどこから読み取るかです。昇順で数字を追加してスタックを作成した場合、図2.10のようになります。

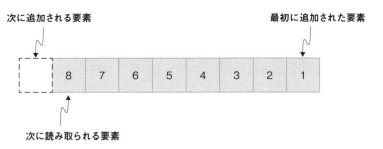

▲図2.10　スタックの大まかな構造

一般に、スタックへの追加は**プッシュ**、スタックからの次の値の読み取りは**ポップ**と呼ばれます。スタックは、手順を逆に辿る際に便利です。例外発生時の場所や実行経路を示すコールスタックには、すでに馴染みがあるかもしれません。関数は、スタックを使用して実行が完了した後に戻る場所を把握しています。関数を呼び出す前に、戻りアドレス[訳注9]がスタックに追加されます。そして、関数が呼び出し元に戻る際に、スタックにプッシュされた最後のアドレスが読み取られ、CPUはそのアドレスから実行を続けます。

2.2.9　コールスタック

コールスタックは、呼び出された関数が実行完了後に戻る場所を知るために、戻りアドレスを格納するデータ構造です。**スレッド**ごとに1つのコールスタックがあります。

全てのアプリは、1つ以上の独立したプロセスで実行され、プロセスによってメモリとリソースが分離できます。全てのプロセスは、1つ以上のスレッドを持ちます。スレッドは実行の単位です。全てのスレッドは、OS上で互いに並行して実行されます。これが**マルチスレッド**と呼ばれる所以です。4コアのCPUしかない場合でも、OSは何千ものスレッドを並行して実行できます。これは、多くのスレッドは何かが完了するのを待機していることがほとんどで、待機中に空いたスロットをほかのスレッドで埋めて、全てのスレッドが並行して実行されているように見せることができるからです。これにより、単一のCPUでもマルチタスクが可能になります。

訳注9　スタックフレームに含まれる情報の1つで、サブルーチン内の処理の実行を終えたあと、呼び出し元の続きの命令に戻るためのメモリアドレス情報。

かつてのUNIXシステムでは、プロセスがアプリケーションリソースのコンテナである
と同時に、実行単位でもありました。このアプローチはシンプルで洗練されていました
が、ゾンビプロセス[訳注10]のような問題を引き起こしました。これに対して、スレッドは軽量
で、実行している関数の有効期間に紐付いているため、そのような問題はありません。

全てのスレッドには、独自のコールスタックとして一定量のメモリが割り当てられてい
ます。従来、スタックはプロセスメモリ空間の上から下に向かって、つまりメモリ空間の端
（**上**）からおなじみのヌルポインタであるアドレス0（**下**）に向かって増加します。要素を
コールスタックにプッシュすることは、要素をスタックに配置し、**スタックポインタ**を減ら
すことを意味します。

あらゆるよいものには全て限りがあるように、スタックにも限界があります。スタックは
サイズが固定で、そのサイズを超えると、CPUはStackOverflowExceptionを発生さ
せます。これは、関数の中で誤って自分自身を呼び出したときなどに遭遇するものです。
スタックは非常に大きいため、通常のケースでは上限を心配する必要はありません。

コールスタックは、戻りアドレスだけでなく、関数のパラメータとローカル変数も保持し
ます。ローカル変数は使用するメモリが非常に少ないため、割り当てや解放などのメモリ
管理の追加手順が不要なこともあり、スタックを使用すると非常に効率的です。スタック
は高速ですが、サイズは固定されており、スタックを使用する関数と同じ寿命を持ちます。
関数から戻るとスタック領域は解放されます。そのため、少量のローカルデータのみを格
納するのが理想です。その結果、C#やJavaなどのマネージドランタイム[訳注11]は、クラス
データをスタックに保存せず、参照のみを保存します。

これが、特定のケースで値型が参照型よりもパフォーマンスが優れているもう1つの理
由です。値型は、ローカルに宣言されている場合のみにスタックに配置され、コピーに
よって受け渡されます。

2.3　なぜ型が重要なのか？

プログラマーはデータ型を当然のものと考えています。JavaScriptやPythonのような
動的型付け言語では、各変数の型を決定するような複雑な処理を扱う必要がないため、
プログラマーはより速く作業できると主張する人もいます。

訳注10　終了しているが、何らかの理由でプロセステーブルに残ってしまったプロセス。

訳注11　メモリ管理やガベージコレクションなど、低レベルの処理を自動的に管理してくれるプログラムの実行環境。

> **注意**
>
> **動的型付け**とは、プログラミング言語における変数やクラスのメンバーのデータ型が実行時に変更できることを意味します。JavaScriptは動的型付け言語であるため、変数に文字列を代入した後、同じ変数に整数を代入できます。C#やSwiftのような静的型付け言語ではできません。これについては、後ほど詳しく説明します。

確かに、コード内の全ての変数、全てのパラメータ、そして全てのメンバーに型を指定するのは面倒です。しかし、より速く開発するためには、包括的なアプローチを取る必要があります。速く開発するということは、単にコードを書くことだけではなく、それをメンテナンスすることでもあります。解雇されたばかりだとメンテナンスなんてどうでもよくなるかもしれませんが、そうではない限り、ソフトウェア開発は、短距離走ではなくマラソンのように長期的な取り組みなのです。

開発において、早期に失敗することはベストプラクティスの1つです。データ型は、コーディングにおける開発の摩擦[訳注12]に対する最も初期の防御策の1つです。型を使うことで早期に失敗し、問題が大きくなる前に修正できます。文字列と整数を誤って混同しないという明らかなメリットのほかにも型を活用できます。

2.3.1 型を重視する

ほとんどのプログラミング言語には型があります。BASICのような最も単純なプログラミング言語でさえ、文字列と整数という型がありました。一部の方言では、実数をサポートしているものもあります。Tcl、REXX、Forthなど、**型なし**と呼ばれる言語もいくつかあります。これらの言語は、単一の型（通常は、文字列か整数）のみを扱います。型について考える必要がないため、コードは書きやすくなりますが、その代償として、作成されたプログラムは遅くなり、バグが発生しやすくなります。

基本的に、型は妥当性を自動的にチェックしてくれるものなので、基礎となる型システムを理解することは生産性の向上に非常に役立ちます。プログラミング言語が型をどのように実装するかは、インタプリタ方式かコンパイラ方式かによって大きく異なります。

- Python や JavaScript のような**インタプリタ言語**では、コンパイル手順を必要とせずに、テキストファイル内のコードをすぐに実行できる。この即時性のため、変数は柔軟な型を持つ傾向がある。整数が割り当てられた変数に文字列を代入したり、

訳注12 ここでは、プログラマーがコードを簡単かつ迅速に構築するのを妨げるものを摩擦と指している。

文字列と数値を加算したりもできる[監訳注1]。これらの言語は、型の実装方法から、一般に**動的型付け**言語と呼ばれる。インタプリタ言語は型宣言が不要であるため、コードをより速く記述できる

- **コンパイラ言語**は、より厳密な傾向がある。厳密さの程度は、言語設計者がプログラマーにどれだけの苦痛を与えたいかによって異なる。例えば、Rust言語は、プログラミング言語の**ドイツ工学**[訳注13]と考えることができる。非常に厳格で完璧主義であるため、エラーを未然に防ぐことができる。C言語もドイツ工学と考えることができるが、どちらかというとフォルクスワーゲンに似ている。つまり、厳密さを緩和する余地が残されているおり、後で代償を支払うことになる可能性がある。どちらの言語も静的型付けであり、一度変数が宣言されると、その型は変更できないが、RustはC#のように**強く型付けされている**と呼ばれ、C言語は**弱く型付けされている**と見なされている

　型付けが**強い**か**弱い**かはかは、異なる型の変数を相互に代入する際の言語の柔軟性を表しています。その点において、C言語は柔軟で、ポインタを整数に代入したり、その逆もできます。一方、C#は厳密で、ポインタや参照と整数に互換性はありません。表2.2は、さまざまなプログラミング言語が、これらのカテゴリのどこに分類されるかを示しています。

	静的型付け 変数の型を実行時に変更できない	動的型付け 変数の型を実行時に変更できる
強い型付け 異なる型を相互に代入できない	C#、Java、Rust、Swift、Kotlin、TypeScript、C++	Python、Ruby、Lisp
弱い型付け 異なる型を相互に代入できる	Visual Basic、C	JavaScript、VBScript

▲**表2.2**　プログラミング言語の型の厳密さの分類

　厳密なプログラミング言語にイライラすることがあります。Rustのような言語は、人生の意味やなぜ私たちが宇宙に存在するのかを疑問に思わせるほどです。必要に応じて型を宣言し、明示的に変換することは、かなり面倒に思えるかもしれません。例えば、

監訳注1　数値と文字列の加算はJavaScriptでは可能であるが、Pythonには暗黙の型変換はないので、例外が発生する。

訳注13　ドイツにおけるものづくりのように、勤勉さ、正確さ、効率性を兼ね備えていることの比喩。

JavaScriptでは、全ての変数、引数、メンバーに型を宣言する必要はありません。多くのプログラミング言語が型なしで動作するのに、なぜ私たちは明示的に型を使う負荷を自ら強いるのでしょうか?

答えは簡単です。型を使うことで、より安全で、速く、メンテナンスしやすいコードを書けるからです。変数の型を宣言したり、クラスに注釈を付けたりするのに費やした時間は、デバッグやパフォーマンスの問題解決に費やす時間が減ることで取り戻せます。

明白なメリット以外にも、型には細かいメリットがいくつもあります。それらについて見ていきましょう。

2.3.2 妥当性の証明

妥当性の証明は、型を事前に定義することによる、あまり知られていないメリットの1つです。投稿文字数が制限されているおかげで、一言以上書くのが面倒だからと非難されることのないマイクロブログプラットフォームを開発しているとしましょう。この架空のマイクロブログプラットフォームでは、投稿内で「@」という接頭辞を付けてほかのユーザーに言及したり、「#」という接頭辞と投稿の識別子を付けてほかの投稿に言及したりできます。検索ボックスに投稿の識別子を入力して、投稿を取得することもできます。検索ボックスに@という接頭辞を付けてユーザー名を入力すると、そのユーザーのプロフィールが表示されます。

こうしたユーザー入力は、検証に関する一連の新たな問題をもたらします。ユーザーが#という接頭辞の後に文字を入力したら、どうなるでしょうか? 許可されているよりも長い数値を入力したらどうなるでしょうか? こうしたシナリオは当然解決されていると思うかもしれませんが、通常は、不正な入力を予期していないコードパスのどこかで例外がスローされ、アプリはクラッシュします。これはユーザーにとって最悪の体験です。何が問題なのかも、次に何をすべきかもわかりません。サニタイズ[訳注14]せずにその入力内容を表示してしまうと、セキュリティ上の問題になることさえもます。

データの検証は、コード全体にわたる妥当性を証明するものではありません。クライアント側で入力を検証できますが、サードパーティアプリなどが検証なしでリクエストを送信してくるかもしれません。Webリクエストを処理するコードを検証できますが、APIコードなど、別のアプリが必要な検証なしにサービスコードを呼び出す可能性があります。同様に、データベースのコードは、サービス層やメンテナンスタスクなど、複数のソースか

訳注14 「消毒」「衛生化」を意味する言葉だが、ここではテキストデータ上の不正な文字を一般的な文字に変換する処理のことを指す。

らリクエストを受け取ることがあるため、データベースに適切なレコードが挿入されていることを確認する必要があります。図2.11は、アプリが入力を検証すべきであろうポイントを示しています。

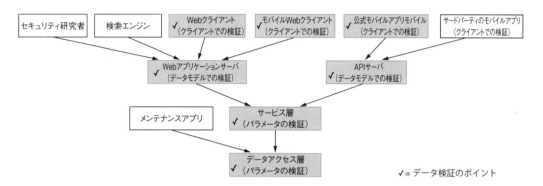

▲図2.11　検証されていないデータソースと、繰り返しデータを検証する必要がある場所

　結果として、コード内の複数の場所で入力を検証することになり、検証の一貫性を保つ必要もあります。識別子が-1の投稿や、「' OR 1=1--」という名前のユーザープロフィール（これは、基本的なSQLインジェクション攻撃で、セキュリティに関する章で説明する）が作成されるような事態は避けなければなりません。

　型は、妥当性を引き継ぐことが可能です。ブログ投稿の識別子に整数を渡したり、ユーザー名に文字列を渡したりする代わりに、オブジェクトの作成時にその入力を検証するクラスまたは構造体を使用することで、無効な値が含まれるのを回避できます。これは、シンプルですが強力です。投稿の識別子をパラメータとして受け取る関数は、整数ではなくPostIdクラスを要求します。こうすることで、コンストラクタで最初に検証すれば、その後も妥当性を引き継げます。整数であれば検証が必要ですが、PostIdであればすでに検証済みです。次のコードスニペットにあるように、検証なしにPostIdを作成できないため、その内容を確認する必要はありません。このコードスニペットでPostIdを構築する唯一の方法は、そのコンストラクタを呼び出すことです。コンストラクタは、値を検証し、失敗した場合は例外をスローします。つまり、無効なPostIdインスタンスを構築できません。

```
public class PostId
{
  public int Value { get; private set; }  ◀── 外部からは値を変更できない
  public PostId(int id) {  ◀── コンストラクタのみが
    if (id <= 0) {           オブジェクトを作成できる
```

```
      throw new ArgumentOutOfRangeException(nameof(id));
   }
   Value = id;
 }
}
```

コード例のスタイル

　中括弧（{}）の配置は、タブ対スペースの次に、プログラミングにおいて意見が分かれる話題であり、いまだに決着がついていません。ほとんどのC系の言語、特にC#とSwiftでは、私はオールマンスタイルを好みます。オールマンスタイルでは、全ての中括弧は独立した行に配置されます。Swiftは公式に1TBS（One True Brace Style、別名「改良K＆Rスタイル」）の使用を推奨しており、開き中括弧は宣言と同じ行に配置されます。しかし、1TBSは窮屈すぎるため、ブロック宣言の後に空白行を追加する必要があると感じる人が今でも存在します。空白行を追加すると、事実上、オールマンスタイルになりますが、人々はそれを認めようとしないのです。

　C#では、オールマンスタイルがデフォルトで、全ての中括弧が独立した行に配置されます。私は、1TBSやK＆Rよりもはるかに読みやすいと思っています。ちなみに、Javaは1TBSです。

　本書では、組版の制約により、コードを1TBSスタイルでフォーマットしていますが、C#を使用する場合は、読みやすいだけでなく、C#で最も一般的なスタイルであるオールマンスタイルを使用することをお勧めします。

　ただし、クラスや構造体を使用する場合、私が示した例ほど簡単ではありません。例えば、同じ値を持つ2つの異なるPostIdオブジェクトを比較しても、デフォルトでは参照のみを比較し、クラスの内容自体は比較しないため、期待通りに動作しません（参照と値については、本章の後半で説明する）。期待通りに動作させるには、補助のための仕組みを整える必要があります。そのための簡単なチェックリストは次の通りです。

- 一部のフレームワークの関数やライブラリがクラスの2つのインスタンスの比較に依存している可能性があるため、少なくともEqualsメソッドのオーバーライドを実装する必要がある
- 等価演算子（==および!=）を使用して値を比較する場合は、クラスで**演算子のオーバーロード**を実装する必要がある

- Dictionary<K,V> をキーとしてクラスを使用する場合は、GetHashCode メソッドをオーバーライドする必要がある。ハッシュと辞書の関係については、本章の後半で説明する
- String.Format などの文字列フォーマット関数は、ToString メソッドを使用して、出力に適したクラスの文字列表現を取得する

必要な場合のみに演算子をオーバーロードする

演算子のオーバーロードは、プログラミング言語における ==、!=、+、- などの演算子の動作を変更する方法です。演算子のオーバーロードについて学んだ開発者は、やりすぎた結果、「db += record」といった構文でテーブルにレコードを挿入するために+=演算子をオーバーロードするなど、無関係なクラスに対して奇妙な動作をする独自の言語を作成する傾向があります。このようなコードの意図を理解することは、ほとんど不可能です。また、ドキュメントを読まなければ、その演算子がオーバーロードされているのかどうかさえもわからないでしょう。どの演算子が型をオーバーロードされているかを探すためのIDEの機能はありません。むやみに演算子のオーバーロードを使うような人にはならないでください。あなた自身もそれが何をしているのかを忘れてしまい、後で後悔することになります。演算子のオーバーロードは、等価性の判定や型変換が必要な場合のみに使用してください。必要ないのに、そのような実装に時間を浪費しないでください。

いくつかの例では、演算子のオーバーロードを使用しています。これは、クラスをそれ自身が表す値と意味的に同等に扱えるようにするために必要だからです。例えば、クラスは、それが表す数値と同じように、==演算子で比較できることが求められます。

リスト2.2は、あらゆる等価性比較のシナリオで正しく動作するように必要な機能を備えたPostIdクラスを示しています。文字列フォーマットとの互換性を持たせ、デバッグ時に値の確認を容易にするために、ToString() メソッドをオーバーライドしました。値自体がint型に完全に収まるため、GetHashCode() メソッドをオーバーライドしてValueを直接返すようにしています。一意の値が必要な場合や、この値に基づいて検索を行いたい場合に、このクラスのコレクションにおける等価性比較が正しく機能するように、Equals() メソッドをオーバーライドしました。最後に、値に直接アクセスすることなくPostIdインスタンスを直接比較できるように、==演算子と!=演算子をオーバーライドしました。

> **注意**
>
> 値を表すためだけの不変クラスは、一般に**値型**と呼ばれます。俗称を知っておくことはよいことですが、それにこだわる必要はありません。重要なのは、その有用性です。

▼**リスト2.2** 値をカプセル化したクラスの完全な実装

```csharp
public class PostId
{
  public int Value { get; private set; }
  public PostId(int id) {
    if (id <= 0) {
      throw new ArgumentOutOfRangeException(nameof(id));
    }
    Value = id;
  }
  public override string ToString() => Value.ToString();
  public override int GetHashCode() => Value;
  public override bool Equals(object obj) {
    return obj is PostId other && other.Value == Value;
  }
  public static bool operator ==(PostId a, PostId b) {
    return a.Equals(b);
  }
  public static bool operator !=(PostId a, PostId b) {
    return !a.Equals(b);
  }
}
```

System.Objectのオーバーライド、アロー構文を使用

等価演算子のオーバーロード

アロー構文

　アロー構文はC# 6.0で導入された機能で、単一のreturn文を持つ通常のメソッド構文と同等です。コードが読みやすくなるのであれば、アロー構文を選択できますが、アロー構文を使うことの善し悪しが問題なのではありません。読みやすいコードが正しく、読みにくいコードが間違っているのです。

```csharp
public int Sum(int a, int b) {
  return a + b;
}
```

　上のコードは、次と同等です。

```csharp
public int Sum(int a, int b) => a + b;
```

　通常は不要ですが、クラスをソートや比較を行うコンテナに格納する場合は、次の2つの機能を追加で実装しなければなりません。

- 等価性だけでは順序を決定するには不十分であるため、IComparable を実装して順序を付ける方法を提供する必要がある。リスト2.1では、識別子に順序は必要ないので使用していない
- 値を不等号演算子（<、>、<=、>=）で比較する場合は、関連する演算子のオーバーロードも実装する必要がある

　単に整数を渡すだけで済む場合と比べると手間がかかりますが、大規模なプロジェクト、特にチームで作業している場合には効果的です。これについては、次のセクションで詳しく説明します。

　必ずしも新しい型を作成しなくても、検証コンテキストを活用できます。継承を使用して、共通のルールを持つ特定のプリミティブ型[訳注15]を含むベースの型を作成できます。例えば、ほかのクラスに適用できる汎用的な識別子型を作成できます。リスト2.1のPostIdクラスの名前をDbIdに変更し、全ての型をそこから派生させることが可能です。

　PostId、UserId、TopicIdなど、新しい種類の識別子が必要な場合は、DbIdを継承し、必要に応じて拡張できます。こうすることで、同じ種類の識別子のさまざまな型を作成し、ほかの識別子と明確に区別できます。また、クラスにコードを追加して、それぞれの識別子に特化した機能を持たせることも可能です。

```csharp
public class PostId: DbId {          ◄
  public PostId(int id): base(id) { }
}
public class TopicId: DbId {         ◄    継承を使って同じ種類の
  public TopicId(int id) : base(id) { }    新しいバリエーションを作る
}
public class UserId: DbId {          ◄
  public UserId(int id): base(id) { }
}
```

訳注15　C#ではプリミティブ型のことを組み込み型と呼ぶが、本書ではプリミティブ型とする。

設計の要素ごとに個別の型を設けることで、DbId型のような識別子を異なる用途で併用する場合でも、意味的に分類しやすくなります。また、関数に誤った型を渡してしまうことも防ぎます。

注意

問題の解決策を見つけたときは、その解決策を使用しない場合についても、必ず検討しておきましょう。この識別子型を再利用するシナリオも例外ではありません。単純なプロトタイプでは、このような手の込んだ作業は必要ないかもしれませんし、カスタムクラスすら必要ない場合もあります。同じ種類の値を頻繁に関数へと渡し、検証が必要かどうかを忘れてしまうような場合は、クラスにカプセル化して渡すほうがよいでしょう。

カスタムデータ型は、プリミティブ型よりも設計の意図を明確に伝えることができるため強力です。また、繰り返しの検証が不要になり、バグの防止にも役立ちます。これには、実装の手間をかけるだけの価値があります。さらに、使用しているフレームワークがすでに必要な型を提供している場合もあります。

2.3.3 むやみにフレームワークを使わず、賢く使う

.NETは、ほかの多くのフレームワークと同様に、あまり知られていなかったり、無視されていたりする特定のデータ型のための便利な抽象化を提供しています。URL、IPアドレス、ファイル名、日付などの独自のテキストベースの値は、文字列として保存されます。ここでは、そのような既製の型のいくつかと、どのように活用できるかを見ていきます。

これらのデータ型に対する.NETベースのクラスについてはすでに知っているかもしれませんが、扱いやすいという理由で文字列のほうを好むかもしれません。文字列の問題点は、検証されている保証がないことです。関数は、与えられた文字列がすでに検証されているかどうかがわからないため、不注意によるエラーや不要な再検証が発生し、パフォーマンスの低下につながります。このような場合、特定のデータ型に対して既製のクラスを使用するほうが適切です。

持っている道具がハンマーだけだと、どんな問題も釘に見えてしまいます。文字列もそうです。文字列はコンテンツを格納するための優れた汎用ストレージであり、解析、分割、結合、操作が非常に簡単でとても魅力的です。しかし、この文字列への過信が、車輪の再発明につながることがあります。文字列で処理を始めると、全く不要な場合でも、文字列処理関数で全てを行ってしまいがちです。

次の例を考えてみましょう。スーパーカリフラジリスティックエクスピアリドーシャス[訳注16]という短縮URLを提供する企業の検索サービスを作成するタスクが割り当てられました。この企業は、謎の財政難に陥っており、あなたはまさにオビ＝ワン[訳注17]のような「最後の希望」です。このサービスの仕組みは、次のようなものです。

1. ユーザーが次のような長いURLを入力する

```
https://llanfair.com/pwllgw/yngyll/gogerych/wyrndrobwll/llan/tysilio/gogo/goch.html
```

2. サービスはURLの短縮コードと新しい短縮URLを作成する

```
https://su.pa/mK61
```

3. ユーザーが短縮URLにアクセスすると、元の長いURLにリダイレクトされる

実装する必要がある関数は、短縮URLから短縮コードを抽出する必要があります。まず、文字列ベースのアプローチを見てみましょう。

```csharp
public string GetShortCode(string url)
{
  const string urlValidationPattern =
    @"^https?://([\w-]+.)+[\w-]+(/([\w- ./?%&=])?$";    ← 正規表現：文字列の解析やオカルト儀式に使用される
  if (!Regex.IsMatch(url, urlValidationPattern)) {
    return null;    ← 無効なURL
  }
  // 最後のスラッシュ以降を取得
  string[] parts = url.Split('/');
  string lastPart = parts[^1];    ← C#8.0で導入された構文：最後から2番目の要素を参照
  return lastPart;
}
```

このコードは問題ないように見えますが、想定されている仕様に基づくと、すでにバグが含まれています。URLの検証パターンは不完全で、無効なURLを許可しています。また、URLパスに複数のスラッシュ（/）が含まれる可能性を考慮していません。さらに、URLの最後の部分を取得するためだけに、文字列の配列を不必要に作成しています。

訳注16 映画『メリー・ポピンズ』の劇中で歌われる楽曲の名前。

訳注17 映画『スター・ウォーズ』シリーズに登場するキャラクターの名前。

> **注意**
>
> バグは、仕様と異なる場合だけに存在します。仕様がない場合、バグだと主張することができません。そのため、企業は「ああ、それは仕様通りの機能です」とバグを片付けて、プレスリリースで取り上げられるようなスキャンダルを回避できます。仕様書のために文書を作成する必要はありません。仕様は、「これは、この機能の本来の動作ですか?」という質問に答えられる限り、頭の中だけに存在していても構わないのです。

さらに重要なのは、コードからロジックが明らかではないことです。よりよいアプローチは、.NET FrameworkのUriクラスを活用することで、次のようになります。

```
public string GetShortCode(Uri url)  ◀──────┤ 期待値が明確
{
  string path = url.AbsolutePath;  ◀──────┤ ママ、見て!  正規表現がないよ!
  if (path.Contains('/')) {
    return null;  ◀──────┤ 無効なURL
  }
  return path;
}
```

今回は、文字列の解析を自分で行う必要がなく、関数が呼び出されたときにはすでに処理されています。stringをUriにしただけで、コードはわかりやすくなり、より簡単に書けます。解析と検証はコードの前段階で行われるため、デバッグも容易です。本書ではデバッグに関して1つの章を割いていますが、最良のデバッグとは、そもそもデバッグする必要がないことです。

int、string、floatなどのプリミティブなデータ型に加えて、.NETはコードで利用できる多くの便利なデータ型を提供しています。IPAddressは、検証が組み込まれているだけはでなく、IPv6もサポートしているため、IPアドレスを格納するための文字列よりも優れた選択肢です。信じられないかもしれませんが、このクラスには、ローカルアドレスを定義するための便利なメンバーも存在します。

```
var testAddress = IPAddress.Loopback;
```

このように、ループバックアドレス[訳注18]が必要になるたびに「127.0.0.1」を書く必要がなくなるため、作業スピードが向上します。さらに、IPアドレスに誤りがあった場合、文字列よりも早く検出できます。

似たような型の1つがTimeSpanです。名前の通り、期間を表します。期間は、ソフトウェアプロジェクトのほぼ全ての場面、特にキャッシュや有効期限のメカニズムで使用されます。期間はコンパイル時定数[訳注19]として定義される傾向があります。最悪の方法は、次のようなものです。

```
const int cacheExpiration = 5; // 分
```

キャッシュの有効期限の単位が「分」であることはすぐにはわかりませんし、ソースコードを見ないと単位を知ることはできません。少なくとも、名前に単位を組み込むほうがよいでしょう。そうすれば、同僚や将来のあなた自身がソースコードを見なくても、その型がわかります。

```
public const int cacheExpirationMinutes = 5;
```

このほうがよいのですが、別の関数において、同じ期間を異なる単位にして使う必要がある場合は、変換する必要があります。

```
cache.Add(key, value, cacheExpirationMinutes * 60);
```

これは余計な作業です。忘れずに行う必要がありますし、エラーが発生しやすくなります。この場合の60の値を誤入力してしまうと、最終的に間違った値になり、デバッグに何日も費やすことになったり、こうした単純な計算ミスが原因で不必要にパフォーマンスの最適化を試みたりする可能性があります。

そういった点で、TimeSpanは優れています。どんな期間でもTimeSpan形式で表さない理由はありません。たとえパラメータとしてTimeSpanを受け入れない関数で使うとしてもです。

```
public static readonly TimeSpan cacheExpiration = TimeSpan.FromMinutes(5);
```

訳注18 コンピュータネットワークにおいて、自分自身のコンピュータを指すIPアドレス。

訳注19 コードがコンパイルされる時点でその値が決まっており、実行時に変更されることがない定数。

なんと美しいのでしょう！　この宣言から期間であることがわかります。ほかの場所では、その単位を知る必要もありません。TimeSpanを受け取る関数には、そのまま渡せばよいのです。関数が特定の単位、例えば分を整数として受け取る場合は、代わりに次のように呼び出せます。

```
cache.Add(key, value, cacheExpiration.TotalMinutes);
```

このようにすれば、分に変換されます。素晴らしいですね！

DateTimeOffsetと同じような、便利な型はほかにもたくさんあります。これは、DateTimeのように特定の日時を表しますが、タイムゾーン情報も含まれているため、コンピュータまたはサーバーのタイムゾーン情報が突然変更されてもデータが失われることはありません。実際、DateTimeOffsetはDateTimeと容易に相互変換できるため、常にDateTimeよりもDateTimeOffsetを使用することをお勧めします。さらに、演算子のオーバーロードのおかげで、TimeSpanとDateTimeOffsetの間で算術演算子を使用することもできます。

```
var now = DateTimeOffset.Now;
var birthDate =
    new DateTimeOffset(1976, 12, 21, 02, 00, 00,
        TimeSpan.FromHours(2));
TimeSpan timePassed = now - birthDate;
Console.WriteLine($"生まれてから{timePassed.TotalSeconds}秒経過！");
```

> **注意**
>
> 日付と時刻の処理は非常にデリケートな概念であり、特にグローバルなプロジェクトでは不具合が発生しやすいものです。そのため、ジョン・スキートのNoda Time[訳注20]など、不足しているユースケースをカバーするサードパーティ製のライブラリが存在します。

.NETは、まるでスクルージおじさん[訳注21]が飛び込んで泳ぐ金貨の山のようなものです。私たちの生活を楽にする素晴らしいユーティリティがたくさんあります。これらについて学ぶことは無駄で退屈に感じられるかもしれませんが、文字列を使用したり、独自の実装を考え出したりするよりもはるかに効率的です。

訳注20　https://nodatime.org/

訳注21　ディズニーのキャラクターで、金持ちのアヒルのスクルージ・マクダックのこと。

2.3.4 タイプを活用してタイポを防ぐ

　コードコメントを書くのは面倒な作業であり、私は本書の後半でこの作業に反対する議論を展開します。キーボードを私に投げつける前に、その議論を読んでください。ただし、コードコメントがなくても、コードを十分にわかりやすくできます。型（タイプ）はコードを説明するのに役立つのです。

　広大なダンジョンのようなプロジェクトのコードベースで、次のようなコードに出くわしたとしましょう。

```
public int Move(int from, int to) {
  // ... ここには大量のコードがある
  return 0;
}
```

　この関数は、一体、どのような処理をしているのでしょうか？　何が移動しているのでしょうか？　どのようなパラメータを受け取り、どのような結果を返しているのでしょうか？　とにかく、型がないと曖昧です。コードを理解しようとしたり、この関数を含むクラスを調べたりもできますが、時間がかかります。もっと適切な名前が付けられていれば、作業はもっと楽なはずです。

```
public int MoveContents(int fromTopicId, int toTopicId) {
  // ... ここには大量のコードがある
  return 0;
}
```

　かなりよくなりましたが、それでもどんな結果が返ってくるのかは、わからないままです。エラーコードなのか、移動されたアイテムの数なのか、移動操作で競合した結果として新たに生成されたトピックIDなのか……。コードコメントに頼らずに、この情報を伝えるにはどうすればよいでしょうか？　もちろん、型を使います。次のコードスニペットについて考えてみましょう。

```
public MoveResult MoveContents(int fromTopicId, int toTopicId) {
  // ... ここにはまだ大量のコードがある
  return MoveResult.Success;
}
```

少しわかりやすくなりました。move 関数の結果が int 型であることはすでにわかっていたので、それほど多くの情報が追加されたわけではありません。しかし、MoveResult 型が実際に何をしているのかは、Visual Studio や Visual Studio Code で F12 を押す[訳注22]だけで、簡単に確認できるようになりました。

```
public enum MoveResult
{
  Success,
  Unauthorized,
  AlreadyMoved
}
```

かなりわかりやすくなりました。メソッドの API がわかりやすくなっただけでなく、クラス内の定数や、ハードコードされた整数値というさらにひどいケースの代わりに、明確な MoveResult.Success が表示されるため、関数内の実際のコード自体も改善されています。クラス内の定数とは異なり、列挙型は、渡すことができる値を制限し、独自の型名を持つため、意図を明確にできます。

この関数は整数型のパラメータを受け取るため、パブリック API である以上、何らかの検証を組み込む必要があります。検証がコード全体に散在していることから、internal またはプライベートコードでも検証が必要になる可能性があることがわかります。元のコードに検証ロジックがあれば、なおよいでしょう。

```
public MoveResult MoveContents(TopicId from, TopicId to) {
  // ... ここにはまだ大量のコードがある
  return MoveResult.Success;
}
```

ご覧のように、型はコードを適切な場所へ整理し、理解しやすくすることに役立ちます。コンパイラは、型が正しく記述されているかどうかをチェックするため、タイプミス（タイポ）を防ぐこともできます。

2.3.5 null 許容型と非許容型

遅かれ早かれ、全ての開発者は NullReferenceException に遭遇します。null の発明者として著名なトニー・ホーアは、自身の発明を「10億ドルの過ち」と呼んでいますが、全く希望がないわけではありません。

訳注22　「定義に移動」機能のショートカットキー。文字通り、関数や変数といった要素の定義位置にジャンプする。

nullの簡単な歴史

null（一部の言語ではnil）は、値がないこと、あるいはプログラマーの無関心を象徴する値です。通常は、値ゼロと同義です。値ゼロのメモリアドレスはメモリ内の無効な領域を意味するため、最新のCPUはこの無効なアクセスをキャッチし、わかりやすい例外メッセージに変換できます。nullアクセスがチェックされなかった中世コンピューティング時代では、コンピュータがフリーズしたり、破損したり、再起動したりしていました。

問題は、nullそのものにあるわけではなく、「コード内で値が存在しないことを表現する必要がある」ということです。nullには存在意義があるのです。問題は、デフォルトで全ての変数にnullを代入でき、予期せずnull値が代入されたかどうかがチェックされないことです。その結果、最も予期しない場所でnullが代入され、最終的にクラッシュするのです。

JavaScriptは、型システムにも多くの問題を抱えているにもかかわらず、nullとundefinedという2つの異なるnullが存在しています。nullは値が存在しないことを、undefinedは変数に値が設定されていないことを表します。確かに、これはキツいですよね。しかし、JavaScriptはこういうものだと受け入れるしかありません。

C# 8.0では、**null許容（nullable）参照**という新機能が導入されました。これは、デフォルトで参照にnullを代入できなくするという一見単純な変更です。それだけです。しかし、null許容参照は、ジェネリックの導入以来、C#言語におけるおそらく最も重要な変更です。null許容参照に関する全ての機能は、この中心的な変更に関連しています。

紛らわしいのはその名前で、C# 8.0以前から参照型はすでにnull許容でした。プログラマーがその意味をよりよく理解できるように、**非null許容（non-nullable）参照**と呼ぶべきでした。**null許容値型**が導入された経緯を考えると、そのように命名された理屈は理解できますが、多くの開発者は、これが目新しいものだとは思わないかもしれません。

全ての参照がnull許容だった頃、参照を受け入れる全ての関数は、有効な参照値とnullの2つの異なる値を受け取ることができました。しかし、null値を想定していない関数は、値を参照しようとしてクラッシュしました。

参照型のデフォルトを非nullにしたことで、この状況は一変しました。呼び出し元と呼び出し先のコードが同じプロジェクト内に存在する限り、関数はnullを受け取ることがなくなります。次のコードについて考えてみましょう。

```
public MoveResult MoveContents(TopicId from, TopicId to) {
  if (from is null) {
    throw new ArgumentnullException(nameof(from));
  }
  if (to is null) {
    throw new ArgumentnullException(nameof(to));
  }
  // ……ここに実際のコードが続く
  return MoveResult.Success;
}
```

ヒント

上記のコード内の「is null」という構文は、見慣れないかもしれません。私は、Microsoftのシニアエンジニアによる Twitter での議論を読んでから、「x == null」の代わりに最近使うようになりました。どうやら is 演算子はオーバーロードできないため、常に正しい結果を返すことが保証されているようです。同様に、「x != null」の代わりに「x is object」という構文を使用できます。null 非許容チェックはコード内の null チェックの必要性を排除しますが、例えばライブラリを公開している場合など、外部コードから null 値で呼び出される可能性は依然としてあります。そのような場合は、明示的に null チェックを行う必要があるかもしれません。

結局、コードはクラッシュするのに、なぜnullチェックをするのでしょう?

　関数の冒頭で引数の null チェックをしないと、関数は null 値を参照するまで実行され続けます。つまり、レコードが中途半端に書き込まれるような望ましくない状態で停止したり、停止せずとも気付かないうちに無効な操作を実行したりしてしまう可能性があります。できるだけ早くエラーを発生させ、未処理の状態を避けることは常によい考えです。クラッシュは恐れるべきものではなく、バグを見つけるチャンスなのです。

　早期にエラーを発生させれば、例外のスタックトレースはより明確になります。どのパラメータが関数のエラーを引き起こしたかを正確に把握できるはずです。

　全ての null 値をチェックする必要はありません。オプショナル (null 許容の言い換え) な値を受け取っている場合、null はその意図を表現する最も簡単な方法です。これについては、エラーハンドリングに関する章で詳細に説明します。

nullチェックは、プロジェクト全体またはファイルごとに有効にできます。新規プロジェクトでは、最初から正しいコードを書くように促されるため、プロジェクト全体で有効にすることを常にお勧めします。そうすることで、バグ修正に費やす時間を削減できます。ファイルごとに有効にするには、ファイルの先頭に「#nullable enable」という行を追加します。

プロのヒント

このあとのスニペットにもあるように、コンパイラディレクティブの有効／無効の設定を行う際、その逆の文字列ではなく、常に対応する箇所にrestoreと書いて終了するようにしてください。こうすることで、グローバルの設定に影響を与えません。これは、グローバルプロジェクトの設定を調整する際に役立ちます。こうしないと、コンパイラからの貴重なフィードバックを見逃してしまう可能性があります。

---

nullチェックが有効になっている場合、コードは次のようになります。

```
#nullable enable
public MoveResult MoveContents (TopicId from, TopicId to) {
  // ……ここに実際のコードが続く
  return MoveResult.Success;
}
#nullable restore
```

本番環境でMoveContents関数をnull値またはnull許容値で呼び出そうとすると、ランダムにエラーが発生するのではなく、すぐにコンパイラの警告が表示され、コードを実行する前にエラーを特定できます。警告を無視して続行することもできますが、決してそうすべきではありません。

null許容参照を使用すると、これまでのように簡単にクラスを宣言できないため、最初は面倒に感じるかもしれません。受信者の名前とメールを受け取って結果をデータベースに保存するという、カンファレンスの登録Webページを開発しているとしましょう。このクラスには、広告ネットワークから渡される任意形式の文字列であるキャンペーンソース[訳注23]フィールドがあります。文字列に値がない場合は、広告からではなく、ページに直接アクセスされたということです。次のようなクラスを作成してみましょう。

訳注23 広告がどこで表示されたかを示すために使用されるパラメータ。

```
#nullable enable
class ConferenceRegistration
{
  public string CampaignSource { get; set; }
  public string FirstName { get; set; }
  public string? MiddleName { get; set; }   ◀──────┤ ミドルネームはオプショナル
  public string LastName { get; set; }
  public string Email { get; set; }
  public DateTimeOffset CreatedOn { get; set; }   ◀──────
}                                                          DBにレコード作成日を
#nullable restore                                          持つと監査に役立つ
```

　スニペット内のクラスをコンパイルしようとすると、null非許容として宣言された全ての
文字列、つまりMiddleNameとCreatedOn以外の全てのプロパティに対してコンパイラ
が警告を表示します。

```
Non-nullable property '...' is uninitialized. Consider declaring the property
as nullable.
```

　MiddleNameはオプショナルであるため、MiddleNameをnull許容として宣言しまし
た。そのため、コンパイルエラーは発生しません。

注意

文字列がオプショナルであることを示すために、空文字を使用しないでください。
そのためにはnullを使用してください。空文字では、同僚があなたの意図を理解す
ることはできません。空文字は有効な値でしょうか、それともオプショナルでしょう
か？　判断できません。しかし、nullであれば明確です。

空文字について

　開発者としてのキャリアにおいて、オプショナルであることを示す以外の目的で
空文字を宣言する必要が生じることがあります。その場合、空文字の表記に「""」
を使わないでください。テキストエディタ、テストランナーの出力ウィンドウ、CIの
Webページなど、コードを表示できる環境は多岐にわたるため、単一のスペースを
含む文字列「" "」と間違えやすいからです。既存の型を活用するために、String.
Emptyを使用して空文字を明示的に宣言してください。コーディング規約で許可さ
れているのであれば、小文字のstring.Emptyを使用することもできます。コード
で意図を明確に伝えましょう。

一方、CreatedOnは構造体なので、コンパイラは、デフォルト値であるゼロで初期化します。そのため、コンパイルエラーは発生しませんが、こうした状況を避けたい場合もあります。

開発者がコンパイルエラーを修正しようとする際、まず行うべきは、コンパイラが提示する提案を適用することです。先ほどの例では、プロパティをnull許容として宣言することでしたが、そうすると当初の意図とズレてしまいます。氏名もオプショナルにしたくなりますが、そうすべきではありません。しかし、どのようにオプショナルの意味合いを表現するかを考える必要があります。

プロパティをnull許容にしたくない場合は、いくつかの質問を自問する必要があります。まず、「プロパティにデフォルト値はあるか？」です。

答えが「はい」の場合は、インスタンス生成時にデフォルト値を設定できます。これによって、コードを読む際に、クラスの振る舞いを明確に理解できます。キャンペーンソースのフィールドにデフォルト値が存在する場合は、次のように表現できます。

```
public string CampaignSource { get; set; } = "organic";
public DateTimeOffset CreatedOn { get; set; } = DateTimeOffset.Now;
```

これによってコンパイラの警告が解消され、コードの意図がほかの開発者にも明確に伝わります。

ただし、氏名はオプショナルにすることも、デフォルト値を持つこともできません。デフォルト値として「John」や「Doe」を設定しようとしないでください。代わりに「このクラスをどのように初期化したいですか？」と自問してください。

絶対に無効な値が設定されないように、クラスをカスタムコンストラクタで初期化したい場合は、コンストラクタでプロパティ値を割り当てて、「private set」として宣言すれば変更不可能にできます。これについては、不変性に関するセクションで詳しく説明します。次に示すように、コンストラクタでnullのデフォルト値を持つオプショナルのパラメータを使用して、省略可能を示すこともできます。

▼リスト2.3　不変クラスの例

```
class ConferenceRegistration
{
  public string CampaignSource { get; private set; }
  public string FirstName { get; private set; }
  public string? MiddleName { get; private set; }
  public string LastName { get; private set; }
  public string Email { get; private set; }
  public DateTimeOffset CreatedOn { get; private set; } = DateTime.Now;
```

全プロパティが
private set

```
public ConferenceRegistration(
  string firstName,
  string? middleName,
  string lastName,
  string email,
  string? campaignSource = null) {     ← nullをデフォルト値として
  FirstName = firstName;                 省略可能であることを示す
  MiddleName = middleName;
  LastName = lastName;
  Email = email;
  CampaignSource = campaignSource ?? "organic";
  }
}
```

「でも、面倒だよ」という泣き言が聞こえてきそうです。確かに、不変クラスを作成するには手間がかかります。幸いなことに、C#チームは、C# 9.0で**レコード型**という新しい構造を導入し、これを大幅に簡単にしました。ただし、C# 9.0を使用できない場合は、「バグを減らしたいのか？ それとも、バグなんか気にせずさっさと片付けたいのか？」の二択から決断しなければなりません。

救世主、レコード型

C# 9.0でレコード型が導入され、不変クラスの作成が非常に簡単になりました。リスト2.3のクラスは、次のようなコードで簡単に表現できます。

```
public record ConferenceRegistration(
  string CampaignSource,
  string FirstName,
  string? MiddleName,
  string LastName,
  string Email,
  DateTimeOffset CreatedOn);
```

パラメータリストで指定した引数と同じ名前のプロパティが自動的に生成され、プロパティが不変になるため、レコードコードはリスト2.3に示されているクラスと全く同じように動作します。また、通常のクラスのようにレコードブロックの本体にメソッドや追加のコンストラクタを追加することもできます。セミコロンで宣言を終了する必要はありません。ガチでヤバいです。かなり時間の節約になります。

これは難しい決断です。私たち人間は、将来の出来事のコストを推定するのが非常に苦手で、通常はごく近い未来のことしか考えられないためです。私が本書を書けているのも、新型コロナウイルスのパンデミックによるサンフランシスコの外出禁止令に従っているからです。人類は、中国の武漢における小規模な感染拡大が、世界的なパンデミックに発展することを予見できませんでした。私たちは見積もりが苦手なのです。この事実を受け入れましょう。

次のことを考えてみてください。このコンストラクタを作成するだけで、nullチェックが欠落したり、不適切な状態によって引き起こされる一連のバグを排除したりできます。あるいは、そのまま放置して、報告されるたびに全てのバグに対処することもできます。バグレポートを書いたり、イシュートラッカーにイシューを登録したり、PMと話し合ったり、該当するバグを選別して修正したり……結局、同じ種類の別のバグに遭遇して「もうたくさんだ、セダットの言う通りにしよう」と決めるまで、こうしたことを繰り返すことになるかもしれません。どちらの道を選びますか？

前述したように、これはコードのある部分でどれだけのバグが発生するかを予測する一種の直感が必要です。提案を盲目的に適用するべきではありません。将来の**動向**、つまりコードの変更量を把握する必要があります。将来的にコードが変更される頻度が多いほど、バグが発生しやすくなります。

しかし、全てを考慮した上で、「いや、これで問題ない。わざわざ手間をかけるほどでもない」と判断したとしましょう。その場合は、null許容チェックを維持しつつ、次のようにフィールドを事前に初期化することで、ある程度のnull安全性を確保できます。

```
class ConferenceRegistration
{
  public string CampaignSource { get; set; } = "organic";
  public string FirstName { get; set; } = null!;
  public string? MiddleName { get; set; }
  public string LastName { get; set; } = null!;
  public string Email { get; set; } = null!;
  public ÐateTimeOffset CreatedOn { get; set; }
}
```

新しいコンストラクタの
「null!」に注目

!演算子は、コンパイラに対して「自分が何をしているかは理解している」ことを明確に伝えます。この場合、「このクラスを作成した直後に、これらのプロパティを必ず初期化する。初期化しなかった場合は、null許容チェックが全く機能しなくても構わない」ということを意味します。基本的に、これらのプロパティをすぐに初期化する約束を守れば、継続的にnull安全性を保証できます。

これは、チーム全員がこの点について同意するとは限らず、ほかのメンバーがプロパティを後で初期化しようとする可能性があるため、危険を伴う選択です。リスクを管理できると思うのであれば、この方法を使い続けることもできます。Entity Frameworkなど、デフォルトのコンストラクタと変更可能なプロパティをオブジェクトに要求するライブラリでは、！演算子を使わざるを得ない場合もあります。

> ### Maybe<T> は死んだ。Nullable<T> 万歳！
>
> 以前のC#のnull許容型は、コンパイラのサポートによる妥当性チェックがなく、ミスがあるとプログラム全体がクラッシュしたため、オプショナルの値を表現する方法としてはよくないものと見なされていました。そのため、多くの開発者はnull参照例外のリスクを回避するため、Maybe<T>またはOption<T>と呼ばれる独自のオプショナル型を実装していました。C# 8.0では、null値に対するコンパイラの安全チェックが標準となり、独自のオプショナル型を実装する時代は正式に終わりを告げました。コンパイラは、null許容型を独自の実装よりも効率的にチェックでき、最適化を適切に行えます。また、演算子やパターンマッチングによる言語からの構文サポートも得られます。Nullable<T>万歳！

null許容チェックは、書いているコードの意図を考えるのに役立ちます。値が本当にオプショナルであるべきか、それともオプショナルである必要がないかが明確になります。バグを減らし、より優れた開発者にしてくれるのです。

2.3.6　コストなしのパフォーマンス改善

プロトタイプの作成時にパフォーマンスを第一に考えるべきではありませんが、型、データ構造、アルゴリズムのパフォーマンス特性を大まかに理解しておくと、迅速な開発につながります。これらを知らなくても高速なコードを書くことができますが、より汎用的な型ではなく、用途に特化した型を使用することで、隠れたところで役に立つのです。

既存の型は、より効率的なストレージを**コストをかけずに**利用できます。例えば、有効なIPv6文字列は最大39文字で、IPv4アドレスは少なくとも7文字です。つまり、文字列ベースのストレージは14 ～ 130バイトを占有し、オブジェクトヘッダを含めると30 ～ 160バイトになります。一方、IPAddress型はIPアドレスをバイト列として保持するので、20 ～ 44バイトしか使用しません。図2.12は、文字列ベースのストレージとより「ネイティブ」なデータ構造のメモリレイアウトの違いを示しています。

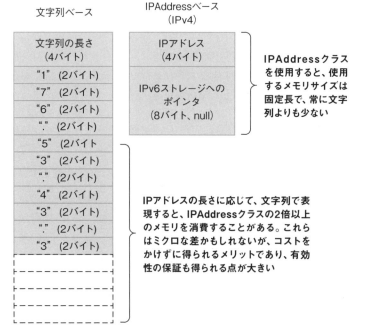

▲図2.12　データ型のストレージの違い（共通オブジェクトヘッダを除く）

　大した違いはないように見えるかもしれませんが、これがコストをかけずに得られるメリットであることを忘れないでください。IPアドレスが長くなるほど、より多くのスペースを節約できます。また、値の妥当性も保証してくれるため、コード全体で渡されたオブジェクトが有効なIPアドレスを保持している確証が得られるのです。さらに、型はデータの背後にある意図も表現するため、コードが読みやすくなります。

　一方で、タダほど高いものはないことは誰もが知っています。では、ここでの落とし穴は何でしょうか？　いつ使うべきではないのでしょうか？　はい、文字列をバイトに分解する際の文字列解析に小さなオーバーヘッドがあります。コードの一部は、文字列がIPv4アドレスかIPv6アドレスかを判断し、最適化されたコードを使用してそれに応じて解析します。ただし、解析時に文字列の検証も行われるため、それ以外のコードでの再検証が不要となり、この解析のオーバーヘッドは実質的に相殺されます。最初から正しい型を使用することで、渡された引数が正しい型であることを確認するオーバーヘッドを回避できるのです。最後に、正しい型を優先することで、値型を使用することが有益な場合に値型を活用することもできます。値型のメリットについては、次のセクションで詳しく説明します。

　パフォーマンスとスケーラビリティの関係は単純ではありません。例えば、データストレージの最適化は、「第7章　能動的な最適化」で説明するように、場合によってはパ

フォーマンスの低下につながる可能性があります。しかし、特定の型を使用することの全てのメリットを考えると、ほとんどの場合、データに特化した型を使用するのが賢明です。

2.3.7 参照型 vs 値型

参照型と値型の違いは、主に型のメモリへの格納方法にあります。簡単にいうと、値型の内容はコールスタックに格納されるのに対し、参照型は**ヒープ**に格納され、コールスタックにはデータへの参照だけが格納されます。コードでは、次のように表されます。

```
int result = 5;                              ← プリミティブな値型
var builder = new StringBuilder();           ← 参照型
var date = new DateTime(1984, 10, 9);        ← 構造体は全て値型
string formula = "2 + 2 = ";                 ← プリミティブな値型
builder.Append(formula);
builder.Append(result);
builder.Append(date.ToString());             ← 数学的には恥ずかしいものが出
Console.WriteLine(builder.ToString());          力される
```

intのようなプリミティブ型を除いて、Javaは値型を持ちません。C#では、さらに独自の値型を定義できます。参照型と値型の違いを知ることで、適切な用途に適切な型を使用できるようになり、追加コストなしで効率的なプログラマーになれます。その上、習得するのも難しくありません。

参照は、マネージド**ポインタ**[訳注24]に似ています。ポインタはメモリのアドレスです。私は、図2.13に示されているように、メモリを非常に長いバイト配列としてイメージします。

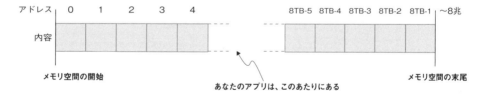

▲図2.13　最大8TBまでアドレス指定可能な64ビットプロセスのメモリレイアウト

これは、RAMの全てではなく、単一プロセスのメモリレイアウトに過ぎません。物理RAMの内容はこれよりもはるかに複雑に思えますが、各プロセスに対して整然とした連続したメモリ領域を表示することで、OSはRAMが乱雑であるという事実を隠蔽してい

訳注24　ガベージコレクションなどでメモリが自動管理される環境で使用される特定のポインタ型。

ます。このメモリ領域は、実際にはRAM上に存在しない可能性もあります。だからこそ、**仮想メモリ**と呼ばれているわけです。2020年の時点では、8TBものRAMを搭載しているコンピュータは存在しませんが、64ビットのOSでは8TBのメモリにアクセスできます。1990年代に1MBメモリを搭載していた私の古いパソコンを笑うように、きっと未来の誰かがこれを見て笑うことでしょう。

なぜ8TBなのか？　64ビットプロセッサは16エクサバイトまでアドレス指定できると思ってたのに！

　確かにその通りです。ユーザー空間を制限しているのは、主に実用的な理由からです。より小さいメモリ範囲の仮想メモリマッピングテーブルを作成すると、消費するリソースが減り、OSの処理速度が向上します。例えば、プロセスを切り替えるにはメモリ全体を再マッピングする必要があり、アドレス空間が大きいとマッピングの処理速度は低下します。8TBのRAMが一般的になれば、将来的にユーザー空間の範囲を拡大することになると思われますが、それまでは8TBが限界です。

　ポインタは、基本的にメモリ上のアドレスを指し示す数値です。実際のデータの代わりにポインタを使用するメリットは、非常にコストのかかる不要なコピーを避けられることです。アドレス、つまりポインタを渡すだけで、ギガバイト単位のデータを関数間で受け渡しできます。そうでなければ、関数を呼び出すたびにギガバイト単位のメモリをコピーしなければなりません。ポインタを使用することで、アドレスを指す数値をコピーするだけで済みます。

　もちろん、ポインタそのものよりも小さいサイズのデータにポインタを使用するのは意味がありません。32ビット整数（C#のint）は、64ビットシステムのポインタの半分のサイズです。したがって、int、long、bool、byteなどのプリミティブ型は全て値型として扱われるため、アドレスへのポインタではなく、値が関数に直接渡されます。

　参照はポインタと同義ですが、そのデータへのアクセスが.NETランタイムによって管理されている点が異なります。参照のアドレスを知ることもできません。この仕組みによって、ガベージコレクタは、必要に応じて参照が指し示すメモリをユーザーに気付かれることなく移動できます。C#でもポインタを使用できますが、それはメモリ安全ではないコンテキストのみで可能です。

ガベージコレクション

　プログラマーはメモリの割り当てを追跡し、使い終わったら割り当てられたメモ

リを解放（デアロケート）する必要があります。これを怠ると、アプリのメモリ使用量が常に増加します（メモリリークとも呼ばれる）。メモリの割り当てと解放を手動で行うと、バグが発生しやすくなります。プログラマーはメモリの解放を忘れたり、さらにひどいと、すでに解放されたメモリを解放しようとする可能性があり、これは多くのセキュリティバグの根本原因となります。

　手動メモリ管理の問題に対する初期の解決策の1つは、参照カウントでした。これは原始的な形のガベージコレクションです。メモリの解放をプログラマーに任せるのではなく、割り当てられたオブジェクトごとに、ランタイムが秘密のカウンタを保持します。特定のオブジェクトへの参照ごとにカウンタが増加し、オブジェクトを参照する変数がスコープ外に出るたびにカウンタが減少します。カウンタがゼロに達すると、そのオブジェクトを参照する変数がなくなったことを意味するため、解放されます。

　参照カウントは多くのシナリオでうまく機能しますが、いくつかの問題点があります。参照がスコープ外になるたびにメモリを解放するためパフォーマンスがよくありません。これは、例えば関連するメモリブロックをまとめて解放するよりも一般的に効率が劣ります。また、循環参照[訳注25]の問題を引き起こし、プログラマー側でこれを回避するための特別な作業と注意が必要になります。

　次に、ガベージコレクション、正確には**マークアンドスイープ方式**について説明します。参照カウントもガベージコレクションの一種であるため、これ以降は、より厳密な名前を使用します。ガベージコレクションにおいて、参照カウントと手動メモリ管理の間にはトレードオフがあります。ガベージコレクションでは、個別の参照カウントは保持されません。代わりに、別のタスクがオブジェクトツリー全体を調べて、参照されなくなったオブジェクトを見つけ、それらをガベージ（不要なオブジェクト）としてマークします。ガベージはしばらく保持され、一定の閾値を超えて増加すると、ガベージコレクタが動作し、未使用のメモリを一度に解放します。こうすることで、メモリを解放する操作のオーバーヘッドと、微小なメモリ解放によるメモリ断片化を軽減できます。さらに、カウンタを保持しないため、コードの実行速度も向上します。Rust言語では、**借用チェッカー（Borrow Checker）**と呼ばれる新しいメモリ管理機能も導入されました。これによって、コンパイラは割り当てられたメモリが不要になるタイミングを正確に追跡できます。メモリ割り当ての実行時のオーバーヘッドはなくなりますが、その代わりに、特定の形式でコードを書き、正しいやり方を理解するまでに数多くのコンパイルエラーと格闘することになります。

訳注25　2つ以上のオブジェクトが互いに参照し合っていて、参照カウントがゼロにならずメモリを解放できない状態。

C#では、**構造体（struct）**と呼ばれる複雑な値型を使用できます。構造体の定義はクラスと非常によく似ていますが、クラスとは異なり、常に値として渡されます。つまり、ある構造体を関数に渡すと、その構造体のコピーが作成され、その関数がその値を別の関数に渡すと、また別のコピーが作成されます。構造体は、常にコピーされるのです。次の例を考えてみましょう。

▼リスト2.4　不変性の例

```csharp
struct Point
{
  public int X;
  public int Y;
  public override string ToString() => $"X:{X},Y:{Y}";
}

static void Main(string[] args) {
  var a = new Point() {
    X = 5,
    Y = 5,
  };
  var b = a;
  b.X = 100;
  b.Y = 200;
  Console.WriteLine(b);
  Console.WriteLine(a);
}
```

このプログラムはコンソールに何を表示すると思いますか？　aをbに代入すると、ランタイムはaの新しいコピーを作成します。つまり、bを変更しても、aではなく、aの値を持つ新しい構造体が変更されるということです。Pointがクラスだったら、どうなるでしょうか？　その場合、bはaと同じ参照を持ち、aの内容を変更すると、同時にbも変更されます。

値型が存在するのは、ストレージとパフォーマンスの両方において、参照型よりも効率的な場合があるためです。参照よりも小さいサイズの型の場合、値渡しのほうが効率的であることについては先に説明しました。また、参照型は間接参照をもう一段階発生させます。参照型のフィールドにアクセスする必要があるたびに、.NETランタイムは、まず参照の値を読み取ります。次に、参照が指し示すアドレスに移動し、そこから実際の値を読み取る必要があります。値型の場合、ランタイムは値を直接読み取るため、アクセスは高速です。

まとめ

- コンピュータサイエンスの理論は退屈に感じられるかもしれないが、基礎の理論を理解すれば、より優れた開発者になることができる

- 型は、静的型付け言語における**ボイラープレート**として一般的に捉えられているが、実際にはコードの記述量を削減するためにも活用できる

- .NETは特定のデータ型に対して適切で効率的なデータ構造を提供しており、コードの実行速度と信頼性を容易に向上させることができる

- 型を活用することで、コードの意図が明確になり、コメントの記述量を削減できる

- C# 8.0で導入されたnull許容参照機能を使用すると、コードの信頼性が大幅に向上し、アプリのデバッグ時間を短縮できる

- 値型と参照型の違いは重要であり、これを理解することでより効率的な開発者になれる

- 文字列は、その内部動作を理解することで、より効果的に活用できるようになる

- 配列は処理が高速で便利だが、パブリックAPIに適しているとは限らない

- リストはサイズの拡張が必要な場合には最適だが、中身を動的に拡張する予定がない場合は、配列のほうが効率的である

- リンクリストはニッチなデータ構造だが、その特性を理解することで、辞書のトレードオフについての理解が深まる

- 辞書は高速なキー検索に最適だが、そのパフォーマンスはGetHashCode()の実装の正しさに依存する

- 一意の値のリストは、HashSetを使用することで高速な検索が可能になる

- スタックは、処理手順を遡る際に最適なデータ構造だが、容量に制限がある

- コールスタックの仕組みを理解することは、値型と参照型がパフォーマンスに与える影響を理解するのにも役立つ

《Chapter》

3

役に立つアンチパターン

本章の内容

- 有効活用できる既知のバッドプラクティス
- 本当は役に立つアンチパターン

プログラミングに関する文献には、ベストプラクティスやデザインパターンが数多く掲載されています。中には、議論の余地がないように思われ、異論を唱えると白い目で見られるものさえあります。こうした考えは、やがてドグマ化し、疑問視されることはほとんどなくなってしまうのです。時折、誰かがこれらについてブログ記事を書き、それが「Hacker News」[注1]のコミュニティに受け入れられれば、その批判は妥当と認められ、新しいアイデアへの扉が開かれることもあります。そうでなければ、議論の余地さえもありません。もし、私がプログラミングの世界に1つだけメッセージを送らなければならないとしたら、「教えられてきたあらゆるもの、つまり有用性、理由、メリットに対して疑問を持て」と伝えるでしょう。

※注1 　Hacker Newsは、誰もが何でも意見を述べることができるテックニュース共有プラットフォーム。https://news.ycombinator.com/

ドグマ、つまり不変の法則は、私たちの中に盲点を生み出し、固執すればするほど、その盲点は大きくなります。こうした盲点は、特定のユースケースでは有用となるかもしれない技術を覆い隠してしまうかもしれません。

アンチパターン、つまり**バッドプラクティス**は、もちろん悪評高いものですが、だからといって放射性物質のように避けるべきだというわけではありません。ここでは、ベストプラクティスよりも役に立つアンチパターンをいくつか紹介します。そうすることで、ベストプラクティスや優れたデザインパターンを、それらがどのように役立ち、どのような場合に役に立たないかをより深く理解した上で活用できるようになります。盲点によって何を見落としているのか、そこにどのようなお宝が隠されているのかが見えてくることでしょう。

3.1　壊れてないなら、壊してみろ

　私がこれまで働いた会社で最初に覚えたことの1つは、（トイレの場所の次に）コードの変更、別名**コードチャーン**（code churn）を何としても避けることでした。変更を加えるたびに、正常に動作している機能を壊してしまうバグ、つまり**リグレッション**（regression）を引き起こすリスクが伴います。バグは発生した時点でコストがかかっており、新機能の一部で発生した場合は修正に時間もかかります。リグレッションの場合は、バグのある新機能をリリースするよりもさらに悪く……つまりは後退するということになります。バスケットボールでシュートを外すのはバグで、自分のゴールにシュートを決めて、実質的に相手に得点を与えるのはリグレッションです。ソフトウェア開発において、時間は最も重要なリソースであり、時間を失うことは最も深刻なペナルティとなります。リグレッションは最も多くの時間を失わせます。リグレッションを避け、コードを壊さないようにすることが合理的なのです。

　しかし、変更を避けることは、最終的には難しい問題に発展する場合もあります。なぜなら、新しい機能のために何かを壊して作り直す必要がある際に、その機能の開発に抵抗を感じてしまう可能性があるからです。既存のコードを慎重に扱い、既存のコードに触れることなく全てを新しいコードに追加することに慣れてしまうかもしれません。既存のコードに手を加えないように努力すると、新しいコードをより多く作成せざるを得なくなり、結果としてメンテナンスするコードの量が増えてしまうのです。

　既存のコードを変更しなければならない場合は、さらに厄介です。この場合、問題を避けて通ることはできません。既存のコードの変更は、特定の実装と密接に結び付いており、それを変更すると関連する多くの部分も修正する必要があるため、非常に難しい場合があります。既存のコードに対するこうした変更への抵抗は、**コードの硬直性**と呼ばれます。つまり、コードが硬直すればするほど、それを操作するために壊さないといけないコードの量が増えるのです。

3.1.1 コードの硬直性に対処する

コードの硬直性は複数の要因に基づいており、そのうちの1つは、コード内の依存関係が多すぎることです。**依存関係**は、フレームワークのアセンブリ、外部ライブラリ、自分のコード内のほかのエンティティなど、複数のものに関連している可能性があります。コードがこれらの依存関係に絡まってしまうと、さまざまな問題が発生する可能性があります。依存関係は恩恵にも呪いにもなり得ます。図3.1には、恐ろしい依存関係グラフを持つソフトウェアが示されています。これは「関心の分離」(Separation of Concerns：SoC)[訳注1]に違反しており、いずれかのコンポーネントに不具合が生じると、ほぼ全てのコードに変更が必要になります。

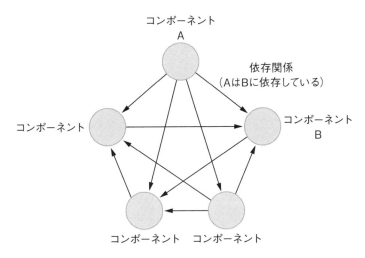

▲図3.1　依存関係地獄のオカルトシンボル

依存関係は、なぜ問題を引き起こすのでしょうか？　依存関係の追加を検討する際には、それぞれのコンポーネントを異なる顧客、あるいはそれぞれの層を異なるニーズを持つ別々の市場セグメントと考えてみてください。複数の顧客セグメントに対応することは、単一の顧客層に対応する場合よりも多くの責任が生じます。顧客にはそれぞれ異なるニーズがあり、互いに関連性のないさまざまなニーズへの対応を求められる可能性があります。依存関係の連鎖[訳注2]を決定する際には、こうした関係性について考えてください。理想的には、できるだけ少ない種類の顧客に対応するように努めるべきです。これが、コンポーネントまたは層全体をできるだけシンプルに保つための重要な点となります。

訳注1　プログラムを関心（責任・何をしたいのか）ごとに分離された構成要素で構築すること。
訳注2　ソフトウェアやシステム開発において、あるコンポーネントやモジュールがほかのコンポーネントやモジュールに依存している一連の連鎖。

依存関係はコードの再利用に不可欠であり、避けることはできません。コードの再利用には、2つの条項からなる契約が存在します。コンポーネントAがコンポーネントBに依存している場合、第一の条項は「BはAにサービスを提供する」ということです。そして、しばしば見落とされるのが2番目の「Bに破壊的な変更が加えられるたびに、Aはメンテナンスが必要になる」という条項です。ただし、コードの再利用によって生じる依存関係は、依存関係の連鎖を整理して区分できていれば問題ありません。

3.1.2　素早く行動し破壊せよ

　わざとコードをコンパイルできない状態にしたり、テストを失敗させたりする必要があるのは、なぜでしょうか？　それは複雑に絡み合った依存関係がコードに硬直性をもたらし、変更を困難にするからです。このようなコードの硬直化は、開発スピードを徐々に低下させ、最終的には停止へと追い込む急な坂道のようなものです。初期の段階で問題に対処するほうが簡単なので、たとえコードが動作していても、これらの問題を特定して意図的に壊す必要があります。図3.2は、依存関係がどのように開発者へ制約を課すのかを示しています。

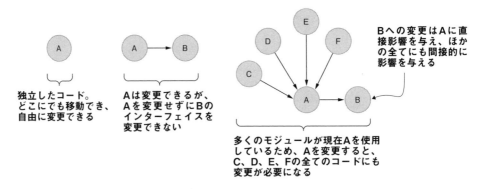

▲図3.2　変更の難しさは依存関係に比例する

　依存関係がないコンポーネントは、ほかの部分を壊す心配がないため、最も変更しやすいものです。コンポーネントがほかのコンポーネントに依存していると前述したように、依存関係は契約を意味するため、多少の硬直性が生じます。

　Bのインターフェイスを変更すると、Aも変更しなければなりません。インターフェイスを変更せずにBの実装を変更した場合でも、Bが壊れるため、Aも壊れる可能性があります。単一のコンポーネントに複数のコンポーネントが依存している場合、問題は深刻化します。

Aを変更するとAに依存しているコンポーネントの変更が必要になり、それらが壊れるリスクが伴うため、変更が難しくなります。プログラマーは、コードを再利用すればするほど時間を節約できると考える傾向にありますが、そこにはどのような代償が伴うのでしょうか？　これについて、よく考えるべきです。

3.1.3 境界を守ることの重要性

最初に身につけるべき習慣は、依存関係における**抽象境界**の侵害を避けることです。抽象境界とは、コードの層の周りに引かれる論理的な境界線であり、特定の層が持つ関心事の集合です。例えば、コードの中にWeb層、ビジネス層、データベース層といった抽象化された層を持つことができます。このようにコードを層化する場合、図3.3に示しているように、データベース層はWeb層やビジネス層について知るべきではなく、Web層もデータベースについて知るべきではありません。

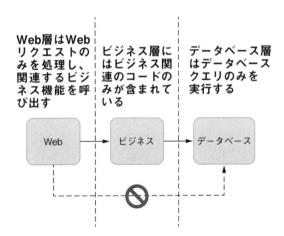

▲図3.3　避けるべき抽象境界の侵害

なぜ境界を超えるのがよくないのでしょうか？　それは、抽象化のメリットが失われてしまうからです。下位層の複雑さを上位層に持ち込むと、下位層全体への変更の影響を管理する責任を負うことになります。それぞれの層を担当するメンバーで構成されたチームを考えてみてください。突然、Web層の開発者がSQLを学ぶ必要が生じます。それだけではなく、思った以上に多くの関係者にデータベース層の変更を伝える必要が出てくるため、開発者に不必要な責任を負わせることになります。納得させなければならない人々の間で合意に達するまでの時間は指数関数的に増加します。こうして、時間を失い、抽象化の価値は損なわれていくのです。

そのような境界の問題に遭遇した場合は、コードを壊しましょう。つまり、動かなくなるくらいまで分解し、違反を削除してコードをリファクタリングし、その影響に対処します。次に、このコードに依存するコードのほかの部分を修正しましょう。このような問題には常に警戒し、たとえコードが壊れるリスクがあっても直ちに断ち切る必要があります。コードを壊すことを恐れているとしたら、それは設計が不適切なのです。優れたコードが壊れないわけではありませんが、優れたコードは壊れた場合でも簡単に元に戻すことができます。

テストの重要性

コードの変更によって、何らかのシナリオが失敗するかどうかを確認できるようにする必要があります。自分のコードの理解度を信頼することもできますが、コードが複雑になるにつれて、それも難しくなります。

その意味で、テストはシンプルです。テストは、紙に書かれた手順書のようなものもあれば、完全に自動化されたものもあります。一般に、自動テストは一度作成すれば実行時間を節約できるため、望ましいものです。テストフレームワークのおかげで、テストの作成も非常に簡単になりました。テストに関する章で、このテーマについて、さらに詳しく掘り下げます。

3.1.4 共通機能の分離

図3.3のWeb層は、データベースと共通機能を一切共有できないということでしょうか？　もちろん、そんなことはありません。しかし、そのような場合は、独立したコンポーネントが必要になります。例えば、両方の層は共通のモデルクラスに依存できます。その場合、図3.4のような関係になります。

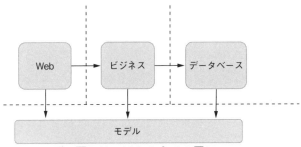

▲図3.4　抽象化を損なうことなく共通機能を抽出

　　リファクタリングは、ビルドプロセスを壊したり、テストを失敗させたりする可能性があり、理論上は決して行うべきではありません。しかし、私はそのような境界の違反を隠れたバグと見なします。そのようなバグはすぐに対応する必要があり、その過程でさらなる破壊やバグを引き起こしたとしても、それはコードを動作不能にしたことを意味するわけではありません。元々存在していたバグが、より理解しやすい形で現れたということです。

　　例えば、絵文字だけでやり取りできるチャットアプリのAPIを書いているとします。ひどいと思うかもしれませんが、「Yo」というメッセージしか送れないチャットアプリがかつて存在しました[注2]。少なくとも、私たちのアプリはそれよりも進化しています。

　　私たちは、モバイルデバイスからのリクエストを受け入れるWeb層と、その層から呼び出されて実際の操作を実行する**ビジネス層**（別名：**ロジック層**）を持つアプリを設計します。こうした関心の分離のおかげで、Web層なしでもビジネス層をテストできます。また、後でモバイル用のWebサイトなどの別のプラットフォームで同じビジネスロジックを再利用することもできます。このため、ビジネスロジックを分離することは合理的なのです。

> **注意**
>
> ビジネスロジックまたはビジネス層における**ビジネス**は、必ずしも事業に関連することを意味するのではなく、抽象的なモデルを用いたアプリのコアロジックに近いものです。おそらく、ビジネス層のコードを読むことで、アプリが高レベルでどのように動作するかの概要を把握できるでしょう。

※注2　「Yo」というテキストしか送れないチャットアプリは、かつて1,000万ドルの評価額がついていた。この会社は2016年に倒産した。https://en.wikipedia.org/wiki/Yo_(app)

ビジネス層は、データベースやストレージ技術について何も知りません。それはデータベース層の役割です。データベース層は、データベースの機能をデータベースに依存しない方法でカプセル化します。こうした関心の分離により、ストレージに関する層のモック[訳注3]実装をビジネス層に簡単に組み込めるため、ビジネスロジックがテストしやすくなります。さらに重要なのは、このアーキテクチャにより、ビジネス層やWeb層のコードを1行も変更せず、バックエンドのデータベースを変更できることです。図3.5では、このような層化がどのように見えるかを確認できます。

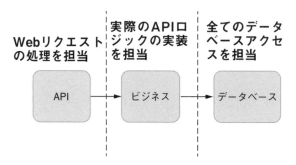

▲図3.5　私たちのモバイルアプリの基本アーキテクチャ

　このアーキテクチャの欠点は、APIに新しい機能を追加するたびに、新しいビジネス層クラスかメソッドを作成し、さらに関連するデータベース層クラスとメソッドを作成する必要があることです。これは行うことが多いように思えます。特に、機能が比較的単純で締め切りが厳しい場合は、なおさらそう感じるでしょう。「単純なSQLクエリのために、なぜこんな面倒なことをしなければならないのか？」と思うかもしれません。では、多くの開発者の夢を実現し、既存の抽象化に違反してみましょう。

3.1.5　Webページの例

　マネージャーから、「ユーザーが送受信したメッセージの総数を表示する、新しい統計タブ機能を実装してほしい」と依頼を受けたとします。バックエンドでは、2つのシンプルなSQLクエリを実行するだけです。

```
SELECT COUNT(*) as Sent FROM Messages WHERE FromId=@userId
SELECT COUNT(*) as Received FROM Messages WHERE ToId=@userId
```

訳注3　実際のオブジェクトをテストしやすいように模造すること。

これらのクエリは、API層で実行できます。ASP.NET Core、Web開発、SQLに精通していなくても、リスト3.1のコードの要点は理解できるはずです。リスト3.1では、モバイルアプリに返すモデルを定義しています。このモデルは、自動的にJSONにシリアライズされます。Microsoft SQL Server データベースへの接続文字列[訳注4]を取得して、その文字列を使用して接続を開き、データベースに対してクエリを実行して結果を返します。

　リスト3.1の`StatsController`クラスは、Web処理を抽象化したもので、受信したクエリパラメータは関数の引数として記述され、URLはコントローラ名で定義され、結果はオブジェクトとして返されます。つまり、「https://yourwebdomain/Stats/Get?userId=123」のようなURLでリスト3.1のコードにアクセスすると、MVCインフラストラクチャがクエリパラメータを関数パラメータに、返されたオブジェクトをJSON形式に自動的に変換します。この方法だと、URL、クエリ文字列、HTTPヘッダ、JSONシリアライゼーションを直接扱う必要がないため、Web処理のコードを簡単に書けます。

▼**リスト3.1**　API層でSQLクエリを実行するコード

```
public class UserStats {              ◀────────────┐ モデルを定義
  public int Received { get; set; }
  public int Sent { get; set; }
}


public class StatsController: ControllerBase {   ◀──────┐ 私たちのコントローラ
  public UserStats Get(int userId) {   ◀────────┐ 私たちのAPIエンドポイント
    var result = new UserStats();
    string connectionString = config.GetConnectionString("DB");
    using (var conn = new SqlConnection(connectionString)) {
      conn.Open();
      var cmd = conn.CreateCommand();
      cmd.CommandText =
        "SELECT COUNT(*) FROM Messages WHERE FromId={0}";
      cmd.Parameters.Add(userId);
      result.Sent = (int)cmd.ExecuteScalar();
      cmd.CommandText =
        "SELECT COUNT(*) FROM Messages WHERE ToId={0}";
      result.Received = (int)cmd.ExecuteScalar();
    }
    return result;
  }
}
```

──────────

訳注4　Microsoft SQL Server に接続するための文字列。

約5分で、この実装を書けました。簡単そうに見えます。では、なぜ抽象化にこだわる必要があるのでしょうか？　全てをAPI層に置けばよいだけですよね？

こうした解決策は、完璧な設計を必要としないプロトタイプを作成している場合には、特に問題ないかもしれません。しかし、本番のシステムでは、このような決定は慎重に行う必要があります。本番環境を中断できるでしょうか？　サイトが数分間ダウンしても大丈夫でしょうか？　もし問題ないのであれば、どうぞこの方法を使ってください。チームはどうでしょうか？　API層のメンテナーは、こうしたSQLクエリが散在している状態を許容してくれるでしょうか？　テストはどうでしょうか？　このコードをどのようにテストし、正しく動作することを確認するでしょうか？　新しいフィールドが追加されたら、どうでしょうか？　翌日のオフィスを想像してみてください。同僚たちは、あなたにどのように接すると思いますか？　ハグしてくれるでしょうか？　応援してくれるでしょうか？　それとも、机と椅子が画鋲だらけになっているのでしょうか？

また、物理的なデータベース構造への依存関係が生まれました。もしMessagesテーブルのレイアウトや使用しているデータベース技術を変更する必要がある場合、全てのコードを見直して、新しいデータベースまたは新しいテーブルレイアウトで全てが機能することを確認する必要があります。

3.1.6　負債を残さない

私たちプログラマーは、未来の出来事やそのコストを見積もるのが得意ではありません。ある期限を守るためだけに不利な決断を下すと、そこで作り出してしまった混乱のせいで、次の期限を守ることがさらに難しくなります。一般に、プログラマーは、これを**技術的負債**と呼びます。

技術的負債は意識的な決定であり、無意識なものは**技術的欠陥**と呼ばれます。負債と呼ばれる理由は、後で必ず返済が必要となり、放置すれば予期せぬタイミングでコードが強制的に返済を迫ってくるからです。

技術的負債が積み重なる原因は、数多くあります。定数をわざわざ作る手間を省き、任意の値を渡してしまうほうが楽に思えるかもしれません。「文字列で問題なさそうだし」「名前を短くしたところで何も問題ないだろう」「全部コピーして一部だけ変更すればいいや」「そうだ、正規表現を使おう」といった小さな間違った判断の積み重ねが、あなたとチームのパフォーマンスを少しずつ低下させていきます。スループットは、時間とともに徐々に悪化するのです。作業スピードはどんどん落ち、仕事の満足度も下がっていき、経営陣からのポジティブなフィードバックも減っていきます。間違った手抜きは、必ず失敗につながります。適切な手抜き、つまり、将来の自分のためになる手抜きを心がけましょう。

技術的負債への最良の対処法は、それを先延ばしにしてしまうことです。この先もっと大きな仕事が控えていますか？　それなら、そのウォーミングアップとして、これまで溜め込んでいた負債の返済に活用しましょう。コードが壊れるかもしれませんが、それはよいことです。コードの硬直した部分を見つけ出し、より細かな単位に分割して改善するチャンスとして活用しましょう。やってみて変更した結果、うまくいかないと思ったら、全ての変更を元に戻せばよいのです。

3.2　一からコードを書き直せ

コードの変更が危険だとすれば、一から書き直すことは桁違いに危険でしょう。これは、実質的に、テストが存在しなければ、あらゆるシナリオが壊れるかもしれないということです。つまり、全てを一から書くことだけではなく、全てのバグも一から修正することを意味します。これは、設計上の欠陥を修正する方法としては、非常に効率が悪いと考えられています。

しかし、それはすでに動作しているコードに限った話です。新しく書き始めたコードでは、最初からやり直すほうが有用な場合もあります。なぜでしょうか？　それは、新しいコードを書く際の絶望のスパイラルに関わっています。例えば、こんな風です。

1. まずシンプルで洗練された設計から始める
2. コードを書き始める
3. 想定外の特殊なケースが現れる
4. 設計の見直しを始める
5. 現在の設計が要件を満たしていないことに気付く
6. 変更が多すぎることを恐れて、設計を作り直さずに微調整を始める。1行ごとに羞恥心が増してくる
7. 設計は、アイデアとコードをつなぎ合わせたフランケンシュタインの怪物と化す。洗練さは失われ、シンプルさも失われ、全ての希望が失われる

この時点で、あなたは埋没費用効果^{訳注5}の罠にハマっています。既存のコードに費やした時間を考えると、やり直すのは気が重いものです。しかし、やり直しても主要な問題を解決できる保証がないため、「このままでも何とかなるかもしれない」と自分に言い聞かせて、何日も浪費してしまいます。ある時点までは修正できるかもしれませんが、墓穴を掘り続けてしまったせいで、数週間を無駄にする可能性があります。

訳注5　すでに投資した資金や時間を取り戻すために、さらなる投資を続けてしまう心理現象。

3.2.1 消して書き直す

最初からやり直しましょう。これまで作成したものは、全て捨てて、一から書き直してください。もしかしたら、どれほど爽快で速く作業ができるか、想像がつかないかもしれません。「一から書き直すのは、とても非効率的で、2倍の時間がかかるのでは？」と考えるかもしれませんが、一度作り上げたのでそうはなりません。すでに問題の解決方法は把握しています。タスクをやり直すメリットは、図3.6に示されているようなものがあります。

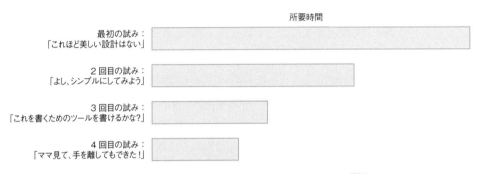

▲図3.6　同じことを何度も繰り返して同じ結果を期待することの素晴らしさ^{訳注6}

2度目に同じことをするときにどれだけ速く作業ができるようになるかについては、語り尽くせません。映画で描かれるハッカーとは異なり、ほとんどの時間は画面を見つめることに費やされます。何かを書くわけではなく、物事を考え、正しいやり方を検討します。プログラミングとは、何かを作り出すことというよりも、複雑な決定木（ディシジョンツリー）の迷路を進むことに似ています。迷路を最初からやり直すときは、起こり得る災難、よくある落とし穴、前回の試みで到達した特定の道はすでにわかっているのです。

何か新しいものを開発して行き詰まりを感じたら、最初から書き直してください。以前の作業コピーは保存しないように……といいたいところですが、本当に素早くもう一度できるかどうか確信が持てない場合は、保存しておきたくなるかもしれません。そうであれば、コピーをどこかに保存してください。しかし、ほとんどの場合、以前の作業を見る必要さえないことを保証します。それはすでにあなたの頭の中にあり、今回は同じ絶望のスパイラルに陥ることなく、はるかに速くあなたを導いてくれます。

訳注6　原文は「The brilliance of doing something over and over and expecting the same results.」で、アインシュタインの言葉とされている「The definition of insanity is doing the same thing over and over and expecting a different result.」（狂気の定義は、違う結果を期待して同じことを何度も繰り返すことだ）を踏まえたもの。ただし、アインシュタイン自身がこのように述べたわけではなく、同じような意味のことを何度か発言していたため、いつの間にかアインシュタインの言葉として定着したらしい。

さらに重要なのは、最初からやり直すと、以前よりもはるかに早い段階で間違った道を進んでいる瞬間に気付けることです。今回は、落とし穴を察知する能力が備わっています。特定の機能を正しく開発するための直感が身に付いているでしょう。こうやってプログラミングをするのは、『Marvel's Spider-Man』や『The Last of Us』のようなゲームをプレイするのとよく似ています。死んでは再挑戦することを繰り返しながら、上達していきます。この繰り返しによって上達し、繰り返せば繰り返すほど、プログラミングが上手になるのです。最初からやり直すことは、単なる1つの機能の開発方法を向上させるだけではなく、今後書く全てのコードの開発スキル全般を向上させるのです。

ためらわずに作業を破棄し、最初から書き直しましょう。埋没費用効果の罠にハマらないでください。

3.3　壊れていなくても修正する

コードの硬直性に対処する方法はいくつかあり、1つは、コードを常に柔軟に保つことです。言い換えれば、凝固させないようにすることです。よいコードは簡単に変更できるべきであり、必要な変更を加えるために何千か所も変更する必要はありません。時折、必須ではない変更を加えることが、長期的に役立つ場合もあります。依存関係を最新の状態に保ち、アプリを柔軟に保ち、変更が難しい最も硬直した部分を特定することを習慣化しましょう。また、**ガーデニング**のように、コードの小さな問題を定期的に手入れすることで、コードを改善することもできます。

3.3.1　未来に向かって突き進む

あなたはパッケージエコシステムから1つ以上の外部のパッケージを使わなければならなくなったとして、それらが正常に動いていれば、そのまま放置するでしょう。問題は、別のパッケージを使用しなければならなくなったときに、それが現在使用しているパッケージの新しいバージョンを必要とする場合、パッケージを段階的にアップグレードして最新の状態を維持するよりも、アップグレードのためのプロセスがはるかに困難になる可能性があることです。図3.7に、このようなバージョンの競合を示しています。

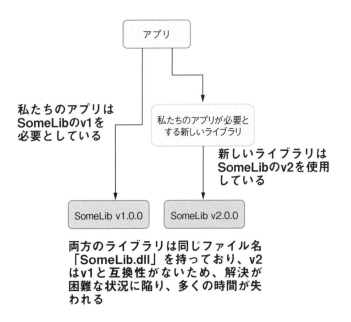

▲図3.7　解決不可能なバージョンの競合

　多くの場合、パッケージ管理者は、2つのメジャーバージョン間でアップグレードすることのみを想定しており、複数あるバージョンを飛ばしたアップデートは想定していません。例えば、広く利用されている検索ライブラリである「Elasticsearch」[訳注7]では、メジャーバージョンのアップグレードを1つずつ行う必要があり、あるバージョンから別のバージョンに直接アップグレードすることはサポートしていません。

　.NETは、同じパッケージの複数のバージョンを使用することによる問題をある程度回避するために、**バインドリダイレクト**をサポートしています。バインドリダイレクトは、アプリの設定内のディレクティブで、.NETが古いバージョンのアセンブリへの呼び出しをした際に新しいバージョンに転送したり、その逆を行ったりするように指示します。もちろん、これは両方のパッケージに互換性がある場合のみに機能するものです。通常、プロジェクトのプロパティ画面で［バインドリダイレクトの自動生成］を選択していれば、Visual Studioが自動的に処理してくれるため、バインドリダイレクトを自分で処理する必要はありません。

　パッケージを定期的に最新の状態に保つことで、2つの重要なメリットが得られます。まず、現在のバージョンへのアップグレード作業をメンテナンス期間全体に分散させることができ、各ステップの負担が軽減されます。次に、そして、こちらのほうが重要なのですが、マイナーアップグレードごとにコードや設計がわずかにあるいは微妙に壊れる可能

訳注7　オープンソースの分散型検索エンジン。https://www.elastic.co/jp/elasticsearch/

性があり、将来のために修正が必要になることです。これは、よくないことのように思われるかもしれませんが、テストが適切に実施されていれば、コードと設計を小さなステップで改善していけます。

Webアプリで検索操作にElasticsearchを、JSONの解析と生成にNewtonsoft.Json[訳注8]を使用している場合を考えてみましょう。どちらも非常に一般的なライブラリです。問題は、Newtonsoft.Jsonパッケージをアップグレードして新機能を使いたいのに、Elasticsearchが古いバージョンを使用している場合に起こります。しかし、Elasticsearchをアップグレードするには、Elasticsearchを扱うコードも変更する必要があります。どうすればよいでしょうか?

ほとんどのパッケージは、1段階のバージョンのアップグレードしかサポートしていません。例えば、Elasticsearchは5から6へのアップグレードを想定しており、そのためのガイドラインを提供しています。しかし、5から7へのアップグレードに関するガイドラインはありません。その場合、個々のアップグレードの手順を別々に適用する必要があります。また、アップグレードによっては、コードを大幅に変更する必要が生じる可能性もあるのです。Elasticsearch 7では、ほぼコードを最初から書き直す必要があります。

コードを変更しないことによる安全性を重視して古いバージョンを使い続けるのも1つの選択肢ですが、古いバージョンのサポートはいつか終了しますし、ドキュメントやコードの例もずっと残されるわけではありません。新しいプロジェクトを始める際は皆が最新のバージョンを使うため、Stack Overflowには新しいバージョンの回答であふれています。古いバージョンをサポートする環境は時間とともに衰退していきます。そのため、年々アップグレードが難しくなり、ついには絶望スパイラルに陥ってしまいます。

これに対する解決策は、未来への競争に参加することです。ライブラリを最新の状態に保ちましょう。ライブラリのアップグレードを習慣付けるのです。コードが壊れることもたまにはありますが、そのおかげでコードのどの部分がより壊れやすいかがわかるため、テストカバレッジを向上できます。

アップグレードによってコードが壊れる可能性はあるものの、小さな破損を許容することで、対処が困難な大きな障害を回避できるという考え方が重要です。想像上の将来の利益に投資しているだけではなく、アプリの依存関係を柔軟にすることへの投資にもなっています。つまり、壊れることを許容し、その都度修復することで、将来の変更時にパッケージのアップグレードの影響を受けにくい堅牢なコードを構築できるのです。アプリが変更に強ければ強いほど、設計とメンテナンスの容易さの観点で、よりよいアプリになります。

訳注8　JSONのシリアライズとデシリアライズを行うための.NET用ライブラリ。https://www.newtonsoft.com/json

3.3.2 清潔さは読みやすさの次

　私がコンピュータについて最初に気に入ったのは、その決定論的な性質でした。書いたものが常に同じように動作することが保証されているという特性です。動作しているコードは、常に動作し続けます。私は、そこに安心感を見出していました。しかし、何と愚かだったことでしょう。私は、キャリアの中で、CPUの速度や時刻といった特定の状況下のみで発生するバグを何度も見てきました。現場における第一の真実は、「全ては変化する」ということです。あなたのコードは変化します。要件は変化します。ドキュメントは変化します。環境は変化します。コードに触れないだけでは、動作しているコードを継続して安定させることは不可能なのです。

　ここまで理解できたのであれば、安心してコードに触っても大丈夫だといえるでしょう。いずれにせよ変化は起こるため、変更を恐れるべきではありません。つまり、既存のコードを改善することをためらうべきではないということです。改善は小さなことから始められます。例えば、必要なコメントを追加したり、不要なコメントを削除したり、名前をより適切なものに変更したりすることです。コードを生き生きとした状態に保ちましょう。コードに変更を加えれば加えるほど、将来的な変更に対する抵抗感は減ります。なぜなら、変更は不具合を生み、不具合はコードの弱点部分を特定し、より管理しやすい状態にするチャンスとなるからです。コードがどのように、そして、どこで壊れるのかを理解すべきです。最終的には、どのような変更が最もリスクが少ないかを直感的にわかるようになるはずです。

　このようなコード改善の作業は**ガーデニング**と呼べます。必ずしも機能を追加したりバグを修正したりするわけではありませんが、作業を終えたときにはコードが少し改善されているはずです。まるでサンタクロースが夜中にプレゼントを置いていくように、オフィスで盆栽がなぜか生き続けているように、この変更によって、次にそのコードに触れる開発者がコードを理解しやすくなったり、テストカバレッジを向上させたりできます。

　なぜ、キャリアの中で誰にも認められないような雑用をする必要があるのでしょうか？理想的には、このような作業は認められ、報われるべきですが、必ずしもそうであるとは限りません。同僚があなたの変更を気に入らず、反発を受けることだってあります。コードを壊してはいなくても、同僚の作業フローを壊してしまう可能性もあります。改善しようとしている間に、元の開発者が意図したものよりも悪い設計にしてしまう可能性だってあるのです。

　それは当然のことです。コードの扱い方に熟達する唯一の方法は、たくさんコードを変更することです。変更を簡単に元に戻せるようにしておけば、誰かを困らせてしまった場合でも、変更を取り消せます。また、影響を受ける可能性のある変更について、同僚とのコミュニケーションの取り方も学べるでしょう。優れたコミュニケーション能力は、ソフト

ウェア開発で向上させることができる最高のスキルです。

コードをわずかに改善する最大のメリットは、プログラミングモードのマインドに素早く入り込めることです。大きな作業項目は、精神的に最も重いダンベルのようなものです。どこから始めればよいのか、そしてどのようにその大きな変更を処理すればよいのか、通常はわかりません。「ああ、これは大変だから、このまま我慢しよう」という悲観的な考え方は、プロジェクトの開始を遅らせてしまいます。先延ばしにすればするほど、コーディングするのがますます憂鬱になるのです。

コードに小さな改良を加えることは、思考のエンジンを始動させ、より大きな問題に取り組むためのウォームアップとして有効な手段です。すでにコーディングをしているのであれば、ソーシャルメディアを閲覧していた状態からコーディングに切り替えるよりも、抵抗が少なく脳をギアチェンジできます。関連する認知機能はすでに活性化されており、より大きなプロジェクトへの準備が整っている状態といえるでしょう。

改良点が見つからないのであれば、コード解析ツールの助けを借りるのもよいでしょう。コード解析ツールは、コードの小さな問題点を見つけるための優れたツールです。ただし、ほかの人を不快にさせないように、使用するコード解析ツールのオプションをカスタマイズしてください。同僚に意見を聞いてみるのもよいでしょう。彼らが指摘された問題の修正に煩わしさを感じているようであれば、最初のバッチは自分で修正することを約束し、それをウォームアップの機会として活用しましょう。それも難しければ、コマンドラインツールやVisual Studioに備わっているコード分析機能を使って、チームのコーディング規約に違反することなくコード分析を実行することも可能です。

コードに慣れるためのウォーミングアップのために変更を加えても、適用する必要はありません。例えば、「この修正を適用できるかどうか、わからない。リスクがありそうだけど、すでにいろいろとやってきたんだ」といった場合もあるでしょう。しかし、先ほど学んだように、そういった考えは捨ててください。いつでも最初からやり直せます。作業を捨てることをあまり不安がらないでください。どうしても不安ならバックアップを取っておけばよいわけですが、私はあまり気にしません。

チームが変更を問題なく受け入れてくれるとわかっているのなら、変更を適用しましょう。どんなに小さな改善でも、その満足感がより大きな変更へのモチベーションにつながります。

3.4 重複せよ

ソフトウェア開発の世界では、コードの繰り返しや**コピー＆ペーストによるプログラミング**は避けるべきとされています。ほかのまともな推奨事項と同様に、このジンクスは最終的には宗教のように盲信され、人々を苦しめることになります。

こんな具合です。まず、あなたはあるコードを書きます。そして、別の場所でも同じコードが必要になります。初心者は、同じコードをコピー＆ペーストして使う傾向があります。ここまでは問題ありません。しかし、コピー＆ペーストしたコードにバグが見つかったとします。今度は、2か所のコードを変更する必要があります。さらに、それらを同期しなければなりません。これは二度手間となり、期限に間に合わなくなる原因となるでしょう。

納得……しましたか？　この問題の一般的な解決策は、元のコードを共通のクラスまたはモジュールに配置し、両方のコードから使用することです。こうすることで、共通のコードを変更すれば、その参照先の全てに魔法のように自動で反映され、時間を大幅に節約できます。

ここまでは順調ですが、永遠に続くわけではありません。あらゆる場面でこの原則を無条件に適用しようとすると、問題が発生し始めます。コードを再利用可能なクラスにリファクタリングする際に見落としがちな小さな点は、事実上、これが新しい依存関係を生み出しており、その依存関係は設計に影響を及ぼすということです。時には、強制的に手を加えなければならない場合もあります。

依存関係を共有する最大の問題は、共有コードの利用側の要件が分かれていく可能性があることです。このような場合、開発者は同じコードを使用しながら異なるニーズに対応しようとする傾向にあります。これは、オプショナルのパラメータや条件分岐を追加し、共有しているコードが2つの異なる要件に対応できるようにするということです。こうしてしまうと、コードは複雑になり、最終的には解決するよりも多くの問題を引き起こします。あるときから、コピー＆ペーストされたコードよりも複雑な設計を検討し始めるようになるのです。

オンラインショッピングWebサイトのAPIを作成するタスクを例に考えてみましょう。クライアントは顧客の配送先住所を変更する必要があります。住所は、PostalAddressというクラスで、次のように表されます。

```
public class PostalAddress {
  public string FirstName { get; set; }
  public string LastName { get; set; }
  public string Address1 { get; set; }
  public string Address2 { get; set; }
  public string City { get; set; }
  public string ZipCode { get; set; }
  public string Notes { get; set; }
}
```

ユーザーが正しい入力をしていない場合でも体裁が整うように、フィールドを正規化（例：大文字変換）する必要があります。データを更新する関数は、一連の正規化処理とデータベースの更新を行うことになりそうです。

```
public void SetShippingAddress(Guid customerId,
  PostalAddress newAddress) {
  normalizeFields(newAddress);
  db.UpdateShippingAddress(customerId, newAddress);
}

private void normalizeFields(PostalAddress address) {
  address.FirstName = TextHelper.Capitalize(address.FirstName);
  address.LastName = TextHelper.Capitalize(address.LastName);
  address.Notes = TextHelper.Capitalize(address.Notes);
}
```

　大文字変換メソッドは、最初の文字を大文字にし、残りの文字列を小文字にしています。

```
public static string Capitalize(string text) {
 if (text.Length < 2) {
   return text.ToUpper();
 }
 return Char.ToUpper(text[0]) + text.Substring(1).ToLower();
}
```

　この方法は、配達メモや名前に対して正しく機能します。例えば、「gunyuz」は「Gunyuz」になり、「PLEASE LEAVE IT AT THE ÐOOR」は「Please leave it at the door」となり、配達員も少しホッとするでしょう[訳注9]。アプリが稼働し始めてからしばらくして、今度は都市名も正規化したいとします。そこで、normalizeFields関数に、次のような処理を追加します。

```
address.City = TextHelper.Capitalize(address.City);
```

　ここまでは順調ですが、サンフランシスコからの注文を受け始めると「San francisco」と正規化されていることに気付きます。ここで、大文字変換関数のロジックを変更して、全ての単語の先頭を大文字にする必要があります。そうすれば、都市名は「San

---

訳注9　全て大文字だと怒っているように見える。

Francisco」になります。これは、イーロン・マスクの子供たちの名前[訳注10]にも役立つでしょう。しかし、その後、配送メモが「Please Leave It At The Door」になっていることに気付きます。全て大文字にするよりはましですが、上司は完璧を求めています。どうすればよいでしょうか？

　最も楽で最もコードに触れずに済む変更は、Capitalize関数に動作に関するパラメータを追加することだと思うかもしれません。リスト3.2のコードは、全ての単語を大文字にするか、最初の単語だけを大文字にするかを指定するeveryWordというパラメータを追加しています。この関数をどのように使用するのかはCapitalize関数の関心事ではないため、パラメータにisCityなどのような名前を付けなかったことに注目してください。名前は、呼び出し元のコンテキストではなく、その名前が存在するコンテキストの観点から物事を記述するべきです。いずれにせよ、everyWordがtrueの場合、テキストを単語に分割し、各単語に対して自身を呼び出すことで個別に大文字にし、その後単語を結合して新しい文字列を生成します。

▼リスト3.2　Capitalize関数の初期実装

```
public static string Capitalize(string text,
  bool everyWord = false) {      ◄─── 新しく追加されたパラメータ
  if (text.Length < 2) {
    return text;
  }
  if (!everyWord) {    ◄─── 最初の単語の文字だけを扱う場合
    return Char.ToUpper(text[0]) + text.Substring(1).ToLower();
  }
  string[] words = text.Split(' ');           同じ関数を呼び出して、全ての単語を
  for (int i = 0; i < words.Length; i++) {     大文字に変換する
    words[i] = Capitalize(words[i]);
  }
  return String.Join(" ", words);
}
```

　すでに複雑に見えますが、もう少し我慢してください。この点については特に注意して理解してほしいのです。関数の動作を変更することが、最も簡単な解決策のように思えます。パラメータとif文をいくつか追加するだけで終わりです。このような方法で小さな変更に対処することは、反射的な悪習慣となり、結果として膨大な複雑さを生み出してしまいます。

訳注10　イーロン・マスクの子供の名前は「X Æ A-12 Musk」。「X」は未知を意味し、「Æ」はAIとラテン語の「æ」（「愛」）を意味し、「A-12」は、ロッキードの航空機A-12に由来し、スピードと戦闘性能を象徴している。

アプリで、ダウンロードするファイル名を大文字変換する必要があるとしましょう。文字の大文字小文字を修正する関数はすでにあるため、ファイル名を大文字にしてアンダースコアで区切るだけで済みます。例えば、APIが「invoice report」を受け取った場合、「Invoice_Report」に変換する必要があります。すでに大文字に変換する関数はあるので、まずはその動作を少しだけ変更しようと考えるでしょう。追加する動作に共通の名前がないため、filenameという新しいパラメータを追加し、必要なところでこのパラメータをチェックします。大文字と小文字に変換する際には、カルチャに依存しないToUpper関数とToLower関数を使用する必要があります。そうしないと、トルコ語のコンピュータで、ファイル名が「İnvoice_Report」になってしまうことがあるからです。「İnvoice_Report」の点が付いた「I」に注目してください。実装はリスト3.3のようになります。

▼リスト3.3 何でもできる万能関数

```
public static string Capitalize(string text,
  bool everyWord = false, bool filename = false) {  ←———┐ 新しいパラメータ
  if (text.Length < 2) {
    return text;
  }
  if (!everyWord) {
    if (filename) {  ←———┐ ファイル名専用の適切なパラメータ
      return Char.ToUpperInvariant(text[0])
        + text.Substring(1).ToLowerInvariant();
    }
    return Char.ToUpper(text[0]) + text.Substring(1).ToLower();
  }
  string[] words = text.Split(' ');
  for (int i = 0; i < words.Length; i++) {
    words[i] = Capitalize(words[i]);
  }
  string separator = " ";
  if (filename) {
    separator = "_";  ←———┐ ファイル名専用の適切なセパレータ
  }
  return String.Join(separator, words);
}
```

何と恐ろしいものを作ってしまったのでしょう。横断的関心事の原則[訳注11]に反し、Capitalize関数にファイルの命名規則を認識させてしまいました。汎用性を保つのではなく、特定のビジネスロジックに依存する実装になってしまいました。確かに、可能な限りコードを再利用していますが、将来の作業を非常に困難にしています。

訳注11　関心の分離によって分かれた複数のモジュールにまたがって使用される共通機能。

当初の設計にない新しいケース、つまり全ての単語が大文字にならない新しいファイル名形式を作成してしまったことにも注目してください。everyWordがfalseでfilenameがtrueの場合に発生します。これは想定外の動作ですが、現状ではそうした条件も関数に渡せてしまいます。将来、この関数をほかの開発者が使う際、この挙動に依存してしまう可能性があり、それが時間の経過とともにコードをスパゲッティ化させる原因となるのです。

　よりクリーンなアプローチを提案します。それは、**コードを繰り返す**ことです。あらゆるロジックを同じコードに統合しようとするのではなく、多少コードが重複するとしても別々の関数にしてください。ユースケースごとに別々の関数を作成すべきなのです。今回の場合、最初の文字だけを大文字にする関数、全ての単語を大文字にする関数、そして実際にファイル名を整形する関数です。これらは、必ずしも隣り合って存在する必要はありません。ファイル名に関するコードは、それが必要なビジネスロジックの近くに配置します。このように3つの関数にすることで、それぞれの関数の意図がはるかに明確になります。最初の関数はCapitalizeFirstLetterという名前なので、その機能は明確です。2番目の関数はCapitalizeEveryWordで、これもその機能をよく説明しています。この関数は単語ごとにCapitalizeFirstLetterを呼び出しますが、これは再帰について考えるよりもはるかに理解しやすいものです。最後に、FormatFilenameという全く異なる名前の関数があります。これは、これは単なる大文字変換以上の機能を持つためです。この関数には、大文字変換のロジックが一から実装されています。こうすることで、ファイル名の整形規則が変更された場合、大文字変換の処理にどのような影響を与えるかを考慮することなく、関数を自由に修正できます。次のリストを見てください。

▼リスト3.4　可読性と柔軟性が大幅に向上したコードの繰り返し

```
public static string CapitalizeFirstLetter(string text) {
  if (text.Length < 2) {
    return text.ToUpper();
  }
  return Char.ToUpper(text[0]) + text.Substring(1).ToLower();
}

public static string CapitalizeEveryWord(string text) {
  var words = text.Split(' ');
  for (int n = 0; n < words.Length; n++) {
    words[n] = CapitalizeFirstLetter(words[n]);
  }
  return String.Join(" ", words);
}
```

```
public static string FormatFilename(string filename) {
  var words = filename.Split(' ');
  for (int n = 0; n < words.Length; n++) {
    string word = words[n];
    if (word.Length < 2) {
      words[n] = word.ToUpperInvariant();
    } else {
      words[n] = Char.ToUpperInvariant(word[0]) +
        word.Substring(1).ToLowerInvariant();
    }
  }
  return String.Join("_", words);
}
```

　このようにすることで、あらゆるロジックを1つの関数に詰め込む必要がなくなります。これは、呼び出し元によって要件が異なる場合に特に重要です。

3.4.1 再利用か？　コピーか？

　コードを再利用するか、別の場所にコピーするかは、どのように判断すればよいでしょうか？　最大の判断要素は、呼び出し元の関心事をどのように捉えるか、つまり呼び出し元が実際に求めている要件をどのように記述するか次第です。ファイル名を整形する必要がある関数の要件を記述する際、やりたいことにかなり近い機能（大文字変換）を持つ関数がすでに存在することで、即座にその既存の関数を使おうと脳が反応します。ファイル名の大文字変換の方法が全く同じであれば、それを再利用することはまだ合理的ですが、要件が違う場合は危険信号です。

　コンピュータサイエンスには、難しいことが3つあります。キャッシュの無効化、命名、オフ・バイ・ワンエラー（off-by-one error：OBOE）[注3]です。適切な命名は、コード再利用の際に相反する関心事を理解する上で最も重要な要素の1つです。Capitalizeという名前は、関数を正確に表しています。最初に作成したときにNormalizeNameと名付けることもできましたが、そうするとほかのコンテキストで再利用できなくなっていたでしょう。私たちは、実際の機能にできるだけ近い名前を付けました。こうすることで、この関数は混乱を招くことなく、あらゆる用途に利用でき、さらに重要なのは、どこで使用されていてもその役割がより明確に表現できることです。図3.8は、命名方法の違いが、どのように実際の動作の表わし方に影響するかを示しています。

[注3]　有名なフィル・カールトンの名言をレオン・バンブリックが「オフ・バイ・ワンエラー」を加えて秀逸にアレンジしたもの。オリジナルの引用は、こちら（https://twitter.com/secretGeek/status/7269997868）。

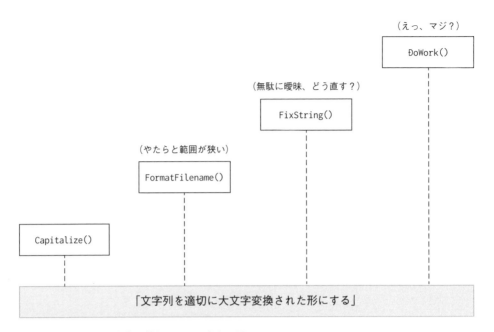

▲図3.8　できる限り実際の機能に即した名前を選ぶ

　実際の機能性についてもっと深く掘り下げて、「この関数は文字列内の各単語の最初の文字を大文字に変換し、残りの文字を全て小文字に変換します」のようにも説明できますが、それを名前に収めるのは困難です。名前は、できる限り短く明確であるべきです。Capitalizeは、その点において適切です。

　コードの関心事を認識することは、重要なスキルです。私は、通常、関数やクラスに個性を与え、それらの関心事を分類します。そうすることで、「この関数は、これについては関心がありません」と、まるで人間が自称しているかのようになります。こうすると、コードの関心事も理解できます。だからこそ、全ての単語を大文字にするかを判定するパラメータをisCityではなくeveryWordと名付けました。関数は、それが都市であるかどうかを気にしないからです。それは関数の関心事ではありません。

　物事をその関心事に即した名前で呼ぶと、利用パターンが明確になります。では、なぜファイル名を整形する関数をFormatFilenameと名付けてしまったのでしょうか？　CapitalizeInvariantAndSeparateWithUnderscoresと呼ぶべきだったのではないでしょうか？　いいえ。関数は複数のことができますが、実行するタスクは1つだけであり、そのタスクにちなんで名付けるべきです。「and」や「or」といった接続詞を関数名に使う必要があると感じたら、名前の付け方が間違っているか、関数に過剰な責任を負わせているかのどちらかです。

　名前はコードの関心事の一側面に過ぎません。コードがどこに存在するか、そのモジュール、そのクラスも、再利用すべきかどうかを判断する際の指標となります。

3.5 自前主義

トルコには「今、発明品を考え出すな」と直訳できる有名な表現があります。これは、「今、新しいことを試みて面倒を起こすな。そんな時間はない」という意味です。車輪の再発明は問題です。コンピュータサイエンスの世界では、**NIH（Not Invented Here）シンドローム**という独自の名前が付けられています。特に、すでに発明された製品を自分で発明しないと夜も眠れないような人を指します。

よく知られた有効な代替手段があるにもかかわらず、わざわざ最初から何かを作り出すのは確かに大変な作業です。エラーも発生しやすくなります。視点の硬直化による問題は、既存のものを再利用することが当たり前になってしまい、何かを作り出せなくなることです。このような思考停止状態に陥ると、最終的には「何も発明するな」というモットーになってしまいます。しかし、物事を発明することを恐れてはいけません。

まず、発明家には疑問を持つマインドがあります。常に物事に疑問を持ち続ければ、必然的に発明家になります。逆に、疑問を持つことを自ら禁じると、思考が鈍り、単純なことだけを行う作業員になってしまいます。疑問を持たない人間は自分の仕事を最適化できないため、そのようなマインドは避けるべきです。

次に、全ての発明に代替案があるわけではないということです。あなた自身の抽象化、つまりあなたが考え出したクラス、設計、ヘルパー関数も発明です。これらは全て生産性を向上させますが、自ら発明が必要です。

私は自分のフォロワーや自分がフォローしている人に関するTwitterの統計レポートを提供するWebサイトを作成したいと、前々から考えていました。問題は、Twitter APIの仕組みを学びたくないということです。この処理を行うライブラリがあることは知っていますが、それらの仕組みも学びたくありません。それ以上に重要なのは、それらの実装に自分の設計が影響されるのを避けたいということです。特定のライブラリを使用すると、そのライブラリのAPIに縛られてしまい、ライブラリを変更したい場合は、コード全体を書き直さなければなりません。

これらの問題に対処する方法には、発明も含まれています。理想的なインターフェイスを考え出し、使用するライブラリの前に抽象化層として配置します。こうすることで、特定のAPI設計に縛られることを回避できます。使用するライブラリを変更したい場合は、コード全体ではなく抽象化層だけを変更すればよいのです。今のところ、私はTwitter Web APIの仕組みを全く知りませんが、Twitter APIへのアクセス認証を必要とする通常のWebリクエストだと想像しています。要するに、Twitterからアイテムを取得するということです。

プログラマーは反射的に、まずパッケージを見つけ、それを自分のコードに統合する方法についてドキュメントを確認します。そうするのではなく、まずは自分で新しいAPIを考案して使用してみましょう。そのAPIは、最後に内部で使用するライブラリを呼び出すようにします。APIは要件に対してできるだけシンプルにすべきです。顧客視点になりましょう。

　最初にAPIの要件を確認します。WebベースのAPIは、アプリに権限を与えるためのWeb上のユーザーインターフェイスを提供します。Twitterで権限を要求するページを開き、ユーザーが確認するとアプリにリダイレクトします。つまり、認証のために開くURLとリダイレクト先のURLを知らなければなりません。その後、リダイレクトされたページのデータを使用して、追加のAPIを呼び出せます。

　認証が完了すれば、それ以降に必要なことはありません。この段階で、私は次のようなAPIを思い描いています。

▼**リスト3.5**　自作のTwitter API

```
public class Twitter {
  public static Uri GetAuthorizationUrl(Uri callbackUrl) {    ◀──── 認証フローを処理
    string redirectUrl = "";                                         する静的関数
    // ... リダイレクトURLを構築するために何かをする
    return new Uri(redirectUrl);
  }

  public static TwitterAccessToken GetAccessToken(    ◀──── 認証フローを処理
    TwitterCallbackInfo callbackĐata) {                     する静的関数
    // このようなものを手に入れる必要がある
    return new TwitterAccessToken();
  }

  public Twitter(TwitterAccessToken accessToken) {
    // これをどこかに保存する必要がある
  }

  public IEnumerable<TwitterUserId> GetListOfFollowers(    ◀──── 実際に必要な機能
    TwitterUserId userId) {
    // 何をするのかわからない
  }
}
```

```
public class TwitterUserId {      ◄──────────────────┐
    // TwitterがどうUserIDを定義しているかわからない              │
}                                                     │
                                                      │
public class TwitterAccessToken {  ◄──────────────────┤  Twitterの概念を定義するクラス群
    // 中身がわからない                                    │
}                                                     │
                                                      │
public class TwitterCallbackInfo {  ◄─────────────────┘
    // ここもわからない
}
```

　Twitter APIの実際の動作についてはほとんど知りませんが、一から新しいTwitter
APIを考案しました。これは一般的な用途には最適ではないかもしれませんが、自分自
身が顧客なのでニーズに合わせて設計するという贅沢ができます。例えば、元のAPIか
らデータがチャンクで転送される仕組みは不要だと思いますし、より汎用的なAPIでは
望ましくないかもしれませんが、待機時間が発生して実行中のコードがブロックされても
気にしません。

注意

このように、アダプターとして機能する独自の便利なインターフェイスをアダプター
として機能させるアプローチは、そのまま一般的に**アダプターパターン**と呼ばれてい
ます。私は実用性よりも名前を強調することは避けていますが、誰かに聞かれたと
きのために知っておくとよいでしょう。

　後で定義したクラスからインターフェイスを抽出できるので、具体的な実装に依存する
必要がなくなり、テストが容易になります。私たちがこれから使用するTwitterライブラリ
が、実装を簡単に置き換えることができるのかどうかさえわかりません。理想的な設計
が、実際のプロダクトの設計と合わない場面に遭遇することがあります。その際は設計を
調整する必要がありますが、それはよい兆候です。つまり、設計が、基盤となるテクノロ
ジーを理解していることを示しています。
　……少し嘘をついたかもしれません。Twitterのライブラリを一から作成しないでくだ
さい。しかし、発明家のマインドセットからは離れないでください。これらは密接に関連
しており、どちらも持ち続けるべきです。

3.6 継承を使わない

　1990年代、オブジェクト指向プログラミングはプログラミングの世界に衝撃を与え、構造化プログラミングからのパラダイムシフトを引き起こしました。革命的だと見なされ、何十年も続いていたコードの再利用に関する問題は、ついに解決されたのです。

　オブジェクト指向プログラミングで最も強調された機能は、継承でした。コードの再利用を一連の継承関係として定義できます。これは、コードの再利用を簡単にしただけではなく、コードの変更も簡単にしました。わずかに異なる動作をする新しいコードを作成するために、元のコードの変更について考える必要はありません。単にそれを継承し、関連するメンバーをオーバーライドして動作を変更すればよいわけです。

　しかし、長い目で見ると、継承は問題を解決する以上に多くの問題を引き起こしました。最初の問題の1つは、**多重継承**でした。複数のクラスからコードを再利用する必要があるとして、それらの全てに同じ名前のメソッド、場合によっては同じシグネチャもあった場合はどうなるのでしょうか？　どのように動作するのでしょうか？　図3.9に示すダイヤモンド継承問題はどうでしょうか？　非常に複雑になるため、実際に多重継承をサポートするプログラミング言語はごくわずかです。

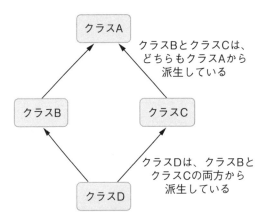

▲図3.9　ダイヤモンド継承問題 — クラスDの振る舞いはどうあるべきか？

　多重継承はさておき、継承に関するよりも大きな問題は、強い依存関係、つまり**密結合**にあります。すでに述べたように、依存関係は諸悪の根源です。継承は、その性質上、具体的な実装に縛られます。これは、オブジェクト指向プログラミングの重要な原則の1つである**依存性逆転の原則**に違反していると見なされます。この原則では、「コードは、具体的な実装ではなく、抽象に依存すべきである」と述べています。

なぜこのような原則があるのでしょうか？　具体的な実装に縛られると、コードは硬直化し、変更が難しくなるからです。すでに見てきたように、硬直化したコードは、テストや修正が非常に困難です。

では、どのようにコードを再利用すべきでしょうか？　どのように抽象クラスから継承するのでしょうか？　答えは簡単で、**コンポジション**と呼ばれる方法を使います。クラスを継承する代わりに、コンストラクタのパラメータとして抽象クラスを受け取ります。コンポーネントを、オブジェクトの階層ではなく、互いを支え合うレゴブロックのように考えてください。

通常の継承では、共通コードとそのバリエーションの関係は、親子関係で表現されます。対照的に、コンポジションは、共通の機能を独立したコンポーネントとして考えます。

SOLID 原則について

　オブジェクト指向プログラミングの5原則を表す有名な頭字語に、**SOLID**があります。この頭字語（複数の語の頭文字をつないで作られた語）の問題は、私たちをよりよいプログラマーにするためではなく、何か意味ありげな単語を作るために考案されたように感じさせることです。全ての原則が同じ重要性を持っているとは思いませんし、中には全く重要ではないものもあるかもしれません。私は、その価値に確信を持てないのに、これらの原則を受け入れることに強く反対します。

　SOLIDの「S」の「**単一責任の原則**（Single Responsibility Principle：SRP）」は、1つのクラスは、いわゆる神クラスのような複数の責務を持つことを避け、1つの責務のみを持つべきであると述べています。この「1つのこと」の意味は、各自が定義するものなので、少し曖昧です。2つのメソッドを持つクラスは、まだ1つのことだけを担当しているといえるでしょうか？　神クラスでさえ、あるレベルでは1つのことを担当しています。それは、神クラスであることです。私はこれを**明確な名前の原則**と呼び換えます。クラスの名前は、できるだけ曖昧さをなくしてその機能を説明するべきです。名前が長すぎる、または曖昧すぎる場合は、クラスを複数のクラスに分割する必要があります。

　「**オープン・クローズドの原則**（Open-Closed Principle）」は、クラスは拡張に対して開かれていなければならないものの、修正に対しては閉じられていなければならないと述べています。これは、クラスの振る舞いを外部から変更できるように設計する必要があることを意味します。この原則も非常に曖昧で、従うことで時間を浪費する可能性もあります。拡張性は設計上の決定であり、常に望ましいとも、現実的あるいは安全であるとも限りません。プログラミングにおける「レーシングタイヤ

を使え」訳注12というアドバイスのような気がします。私はむしろ、「拡張性を1つの機能として扱え」と言い換えたいと思います。

「**リスコフの置換原則**（Liskov Substitution Principle）」は、バーバラ・リスコフによって提唱されたもので、使用されているクラスの1つを派生クラスに置き換えても、プログラムの動作は変化してはならないと述べています。このアドバイスはもっともですが、日々のプログラミング作業において重要だとは思いません。私には「バグを発生させるな」というアドバイスのように感じられます。インターフェイスの規約に違反すれば、プログラムにバグが発生します。悪いインターフェイスを設計すれば、プログラムにもバグが発生します。これは当然のことです。つまり、これは「契約を守れ」といった、よりシンプルで実行可能なアドバイスに変更できるでしょう。

「**インターフェイス分離の原則**（Interface Segregation Principle）」は、汎用的で広範囲なインターフェイスよりも、小さな目的に特化したインターフェイスを推奨しています。これは、完全に間違っているとはいわないまでも、不必要に複雑で曖昧なアドバイスです。広範囲なインターフェイスのほうが適している場合もあり、過度に粒度の細かいインターフェイスは、オーバーヘッドを過剰に生み出す可能性があります。インターフェイスの分割は、網羅する範囲ではなく、設計の実際の要件に基づいて行うべきです。単一のインターフェイスが適していない場合は、粒度の基準を満たすためではなく、自由に分割してください。

最後は「**依存性逆転の原則**（Dependency Inversion Principle）」です。これも、あまりよい名前ではありません。単に「抽象に依存せよ」というべきでしょう。確かに、具体的な実装への依存は密結合を生み出し、その望ましくない影響はすでに見てきました。しかし、だからといって、全ての依存関係に対してインターフェイスを作成し始めるべきではありません。私は反対のことをいいます。柔軟性が求められ、価値があると判断した場合に抽象への依存を優先し、重要でない場合は具体的な実装に依存してください。設計にコードを合わせるべきであり、その逆ではありません。さまざまなモデルを自由に試してみてください。

　コンポジションは、親子関係というよりは、クライアントサーバー関係に似ています。再利用するコードは、スコープ内でそのメソッドを継承するのではなく、参照によって呼び出します。依存するクラスをコンストラクタ内で構築することもできますし、さらによい方法としては、パラメータで受け取ることです。これによって、外部からの依存関係として扱えます。こうすることで、クラス同士の関係を変更しやすく柔軟にできるのです。

訳注12　必要以上に高性能な機能を使うことのたとえ。

パラメータとして受け取ることで、具体的な実装のモックバージョンを注入して、オブジェクトのユニットテストが容易になるというメリットもあります。依存性注入については、「第5章　やりがいのあるリファクタリング」で詳しく説明します。

継承ではなくコンポジションを使用すると、具体的な実装への参照ではなくインターフェイスで依存関係を定義する必要があるため、かなり多くのコードを書く必要が生じるかもしれません。しかし、コードを依存関係から解放することもできます。コンポジションを採用する前に、その長所と短所を比較検討することが重要です。

3.7 クラスを使用しない

誤解してはいけません。クラスは素晴らしいものです。自らの仕事をこなし、ほかの邪魔をしないようにします。しかし、「第2章　実践理論」で説明したように、値型と比較して、クラスには小さな間接参照のオーバーヘッドが生じ、わずかに多くのメモリを消費します。これは、ほとんどの場合には問題になりませんが、コードを理解し、誤った決定がどのように影響を与えるかを理解するために、それぞれの長所と短所を知ることが重要です。

値型は、まさに特筆に値するものです。C#のint、long、doubleなどのプリミティブ型は、値型です。enumやstructなどの構造を使用して、独自の値型を作成することもできます。

3.7.1 列挙型は最強！

列挙型は、離散[訳注13]的な序数値を保持するのに最適です。クラスも離散的な値を定義するために使用できますが、列挙型が持つ特別な機能が不足しています。もちろん、クラスはハードコーディングされた値よりも優れていることは、いうまでもありません。

アプリで作成したWebリクエストのレスポンスを処理するコードを記述する場合、さまざまな数値のレスポンスコードを扱う必要があるかもしれません。例えば、ユーザーの指定した場所の気象情報をアメリカ国立気象局（National Weather Service：NWS）から取得するための関数を作成しているとします。リスト3.6では、RestSharp[訳注14]を使用してAPIリクエストを行います。次に、HTTPステータスコードからリクエストが成功したことを確認できたら、Newtonsoft.Jsonを使用してレスポンスを解析しています。ここで、if行でハードコードされた値（200）を使用してステータスコードを確認していることに

訳注13　連続していない状態。

訳注14　C#でREST APIを簡単に操作するためのライブラリ。https://restsharp.dev/

注目してください。次に、Newtonsoft.Jsonを使用してレスポンスを動的オブジェクトに解析し、必要な情報を抽出します。

▼リスト3.6　指定された座標のアメリカ国立気象局の気象情報を取得する関数

```
static double? getTemperature(double latitude,
  double longitude) {
  const string apiUrl = "https://api.weather.gov";
  string coordinates = $"{latitude},{longitude}";
  string requestPath = $"/points/{coordinates}/forecast/hourly";
  var client = new RestClient(apiUrl);
  var request = new RestRequest(requestPath);        ── アメリカ国立気象局にリクエスト
  var response = client.Get(request);        ◀──────┘   を送る
  if (response.StatusCode == 200) {    ◀──────┤ 成功したHTTPステータスコードを確認する
    dynamic obj = JObject.Parse(response.Content);    ◀──────┤ JSONを解析する
    var period = obj.properties.periods[0];
    return (double)period.temperature;    ◀──────┤ やったー！ ゲットだぜ！
  }
  return null;
}
```

　ハードコードされた値の最大の問題は、人間が数字を覚えられないことです。私たちは数字を覚えるのが得意ではありません。給与明細書のゼロの数を除き、一目見ただけでは数字を理解できません。数字は記憶術を活用しにくいため、単純な名前よりも頭にインプットしづらく、タイプミスもしやすくなります。ハードコードされた値の2番目の問題は、その値が変更される可能性があるということです。同じ値をあらゆる場所で使用しているとしたら、値を1つ変更するだけでも、ほかの全ても変更しなければなりません。

　数値に関する2つ目の問題は、数値には意図を込められないことです。200のような数値は何にでもなり得ます。それが何を示しているのかがわかりません。それゆえ、値をハードコードしてはいけないのです。

　クラスは、値をカプセル化する1つの手段です。次のように、HTTPステータスコードをクラスを使用してカプセル化できます。

```
class HttpStatusCode {
  public const int OK = 200;
  public const int NotFound = 404;
  public const int ServerError = 500;
  // ... など
}
```

そうすると、HTTPリクエストの成功を確認する行を次のように変更できます。

```
if (response.StatusCode == HttpStatusCode.OK) {
...
}
```

　こちらのほうが、はるかにわかりやすいでしょう。コンテキストや値の意味を即座に理解でき、非常に明確です。
　では、列挙型（enum）は何のためにあるのでしょうか？　クラスを使用すればよくないですか？　ここで、値を保持するためのほかのクラスについて考えてみましょう。

```
class ImageWidths {
  public const int Small = 50;
  public const int Medium = 100;
  public const int Large = 200;
}
```

　このコードはコンパイルできますが、次のような条件文でもtrueを返してしまいます。

```
return HttpStatusCode.OK == ImageWidths.Large;
```

　これは、おそらく期待通りの結果ではありません。この問題を解決するためには、列挙型を使うべきです。

```
enum HttpStatusCode {
  OK = 200,
  NotFound = 404,
  ServerError = 500,
}
```

　こちらのほうが書くのがずっと簡単ですよね？　使い方は、先ほどの例と同じです。さらに重要なのは、定義する全ての列挙型が明確に区別されるため、クラスの中で定数を定義した先ほどの例とは異なり、値の型安全性が確保されることです。列挙型は、今回のようなケースで特に有用です。2つの異なる列挙型を比較しようとすると、コンパイラはエラーをスローします。

```
error CS0019: Operator '==' cannot be applied to operands of type
'HttpStatusCode' and 'ImageWidths'
```

素晴らしい！ 列挙型は、互換性のない値の比較をコンパイル時に防ぐことで、時間を節約してくれます。また、値を含むクラスと同様に、意図を伝えることができます。さらに、列挙型は値型でもあるため、整数値を渡すのと同じくらい高速です。

3.7.2 構造体最高！

「第2章 実践理論」で指摘したように、クラスには多少のストレージのオーバーヘッドがあります。全てのクラスは、インスタンス化されるときにオブジェクトヘッダと仮想メソッドテーブルを保持する必要があります。さらに、クラスはヒープに割り当てられ、ガベージコレクションの対象となります。

つまり、.NETでは、インスタンス化された全てのクラスを追跡し、それらが不要になるとメモリから削除しなければならないということです。これは非常に効率的なプロセスであり、ほとんどの場合、その存在に気付くことさえありません。まるで魔法のようです。手動でメモリを管理する必要はありません。そのため、メモリ管理を理由に、クラスの使用を怖がる必要はありません。

しかし、ここまで見てきたように、追加コストなしで利用できるメリットを活用することが重要です。構造体は、クラスと同様に、プロパティ、フィールド、メソッドを定義できる上に、インターフェイスを実装することもできます。ただし、構造体には、仮想メソッドテーブルやオブジェクトヘッダがないため、継承の機能はなく、ほかのデータ構造やクラスから継承することも不可能です。構造体はコールスタックに割り当てられるため、ガベージコレクションの対象にはなりません。

「第2章 実践理論」で説明したように、コールスタックは連続したメモリブロックであり、トップにあるポインタだけが移動します。スタックは、高速かつ自動的にクリーンアップが行われるため、非常に効率的なストレージメカニズムです。常にLIFO（Last In, First Out：後入れ先出し）であるため、メモリの断片化も起きません。

スタックがそんなに速いのなら、なぜ全てにスタックを使わないのでしょうか？ なぜヒープやガベージコレクションが存在するのでしょうか？ それは、スタックが関数の有効期間中にしか存在できないからです。関数が戻ると、関数のスタックフレーム上のあらゆるものが消去され、ほかの関数が同じスタック領域を使用できるようになります。関数よりも長く存在するオブジェクトには、ヒープが必要なのです。

また、スタックのサイズは限られています。だからこそ、「Stack Overflow」という名前のWebサイトが存在します。スタックをオーバーフローさせると、アプリがクラッシュしてしまうからです。スタックを尊重し、その限界を理解しましょう。

構造体は、軽量なクラスです。値型であるため、スタックに割り当てられます。つまり、構造体の値を変数に代入するということは、その内容がコピーされます。なぜなら、構造体は単一の参照では表せないためです。ポインタサイズよりも大きいデータの場合、コピーは参照渡しよりも遅いため、この点に留意する必要があります。

　構造体は値型ですが、内部に参照型を含めることができます。例えば、構造体が文字列を含む場合、値型の中に参照型が存在する[訳注15]ことになり、参照型の中に値型が存在するのと同様です。本セクションの中で図解して説明します。

　構造体が整数値のみを含む場合、図3.10に示すように、整数値を含むクラスへの参照よりも使用するメモリ領域は少なくなります。「第2章　実践理論」で説明したものと同じく、ここでの構造体とクラスは、識別子を保持するためのものだと考えてください。同じ構造を持つ構造体とクラスそれぞれの形式は、次のリストのようになります。

▼**リスト3.7　構造体とクラスの宣言の類似性**

```csharp
public class Id {
  public int Value { get; private set; }

  public Id (int value) {
    this.Value = value;
  }
}

public struct Id {
  public int Value { get; private set; }

  public Id (int value) {
    this.Value = value;
  }
}
```

　コード上の唯一の違いは、structとclassというキーワードだけですが、次のような関数でこれらのインスタンスを作成すると、メモリ上での保持の方法が異なります。

```csharp
var a = new Id(123);
```

　図3.10は、それぞれのメモリレイアウトを示しています。

訳注15　C#では、文字列は参照型である。言語によっては構造体の場合もある。

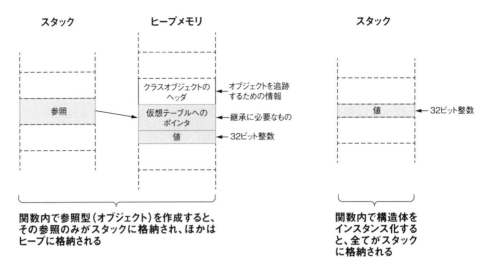

▲図3.10　クラスと構造体のメモリレイアウトの違い

構造体は値型であるため、ある構造体のインスタンスを別の変数に代入すると、参照のコピーを作成するのではなく、構造体全体の内容がコピーされます。

```
var a = new Id(123);
var b = a;
```

この場合、図3.11は、小さな型を格納するのには構造体のほうが効率的であることを示しています。

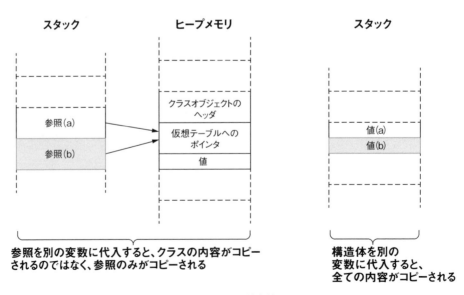

▲図3.11　小さな構造体のメモリストレージにおける効率性

関数の実行中にスタックが使用するメモリは一時的なもので、ヒープと比べると使用されるメモリのサイズは非常に小さいものです。.NETではスタックのサイズは1メガバイトですが、ヒープにはテラバイト単位のデータを含めることができます。スタックは高速ですが、大きな構造体を詰め込むとすぐにいっぱいになってしまいます。さらに、大きな構造体のコピーは、参照のみをコピーするよりも時間がかかります。ここで、識別子と一緒にいくつかのユーザー情報を保持したいとしましょう。実装は、リスト3.8のようになります。

▼リスト3.8　大きなクラスまたは構造体の定義

```
public class Person {
  public int Id { get; private set; }
  public string FirstName { get; private set; }
  public string LastName { get; private set; }
  public string City { get; private set; }

  public Person(int id, string firstName, string lastName,
    string city) {
    Id = id;
    FirstName = firstName;
    LastName = lastName;
    City = city;
  }
}
```

「class」を「struct」に変更することで、クラスを構造体に変えることができる

　2つの定義の違いは、structとclassというキーワードだけですが、1つのインスタンスを別の変数に代入する際の内部動作は大きく異なります。例えば、structとclassのどちらにもできる単純なPersonについて考えてみましょう。

```
var a = new Person(42, "Sedat", "Kapanoglu", "San Francisco");
var b = a;
```

　aをbに代入した後のメモリレイアウトの違いを図3.12に示します。

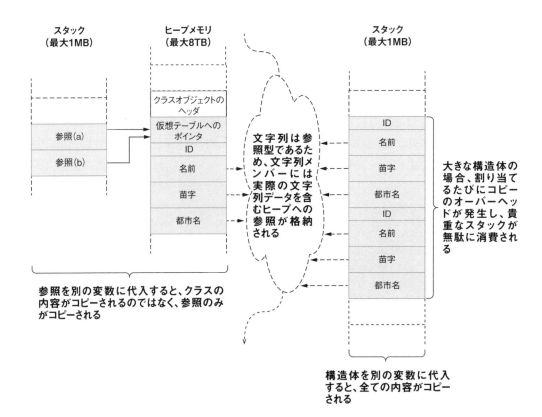

▲図3.12　大きな型における値型と参照型の影響の違い

　コールスタックは、非常に高速かつ効率的にデータを格納できます。ガベージコレクションの対象ではないため、オーバーヘッドが少なく、小さな値を扱うのに優れています。また、参照型ではないため、nullになることはなく、構造体でnull参照例外が発生することはありません。

　しかし、構造体が、あらゆる用途に使えるわけではありません。その値の格納方法からも明らかなように、構造体は共通の参照を持てません。つまり、異なる参照から共通のインスタンスを変更できないということです。これは、普段から無意識に行っていることで、意識することではありません。構造体を可変にするために、「get; private set;」の代わりに「get; set;」修飾子を使用した場合を考えてみましょう。これによって、構造体をその場で変更できるようになります。

リスト3.9　可変の構造体

```
public struct Person {
  public int Id { get; set; }
  public string FirstName { get; set; }
```

```
public string LastName { get; set; }
public string City { get; set; }

public Person(int id, string firstName, string lastName,
  string city) {
  Id = id;
  FirstName = firstName;
  LastName = lastName;
  City = city;
  }
}
```

そして、可変の構造体を使った次のコードについて考えてみましょう。

```
var a = new Person(42, "Sedat", "Kapanoglu", "San Francisco");
var b = a;
b.City = "Eskisehir";
Console.WriteLine(a.City);
Console.WriteLine(b.City);
```

出力結果は、どうなるでしょうか？　クラスであれば、どちらの行も新しい都市として「Eskisehir」が表示されます。しかし、構造体の場合はコピーが作成されるため、「San Francisco」と「Eskisehir」が出力されます。そのため、後で誤って変更されてバグが発生しないように、構造体は不変にしておくのが常によい考えです。

コードの再利用には継承よりもコンポジションを優先すべきですが、依存関係がカプセル化されている場合は継承も有効です。クラスは、このような場合、構造体よりも高い柔軟性を提供できます。

クラスは、サイズが大きい場合、代入時に参照のみがコピーされるため、より効率的なストレージを提供できます。これらの点を踏まえて、継承が不要な小さな不変の値型には、構造体を使用するようにしてください。

3.8　バッドコードを書いてみよう！

ベストプラクティスは、バッドコードから生まれます。そして、ベストプラクティスを盲目的に適用することからも、バッドコードは生まれることがあります。構造化プログラミングも、オブジェクト指向プログラミングも、そして関数型プログラミングも、全ては開発者がよりよいコードを書くために開発されたものです。ベストプラクティスが教えられる際、バッドプラクティスの中には、「悪者」扱いされて完全に追放されることもあります。いくつか見てみましょう。

3.8.1 if/else を避ける

if/elseは、プログラミングにおいて最初に学ぶ構造の1つです。これは、コンピュータの基本的な要素の1つである論理式を表現したものです。私たちはif/elseが大好きです。フローチャートのような形でプログラムのロジックを表現可能にしてくれます。しかし、こうした表現は、コードの可読性を低下させることもあるのです。

多くのプログラミング構文と同様に、if/elseブロックは条件内のコードをネストさせます。前のセクションのPersonクラスに機能を追加して、データベース内のレコードを処理したいとします。PersonクラスのCityプロパティが変更されたかどうかを確認し、Personクラスが有効なレコードを指している場合はデータベースも更新したいとします。これは、かなり強引な実装です。もっとよい方法もありますが、ここでは、実際の機能よりもネストさせたコードがどうなるのかを示すことにしましょう。次のリストに、そのイメージを描いています。

▼**リスト3.10** If/elseまみれのコード

```
public UpdateResult UpdateCityIfChanged() {
  if (Id > 0) {
    bool isActive = db.IsPersonActive(Id);
    if (isActive) {
      if (FirstName != null && LastName != null) {
        string normalizedFirstName = FirstName.ToUpper();
        string normalizedLastName = LastName.ToUpper();
        string currentCity = db.GetCurrentCityByName(
          normalizedFirstName, normalizedLastName);
        if (currentCity != City) {
          bool success = db.UpdateCurrentCity(Id, City);
          if (success) {
            return UpdateResult.Success;
          } else {
            return UpdateResult.UpdateFailed;
          }
        } else {
          return UpdateResult.CityDidNotChange;
        }
      } else {
        return UpdateResult.InvalidName;
      }
    } else {
      return UpdateResult.PersonInactive;
    }
  } else {
```

```
    return UpdateResult.InvalidId;
  }
}
```

　関数の動作を1行ずつ説明したとしても、5分後にこの関数を見れば混乱してしまうでしょう。混乱する理由の1つはインデントが多すぎることです。Redditユーザーのようなわずかな例外を除けば[訳注16]、人はインデントされた形式の文章を読むことに慣れていません。どの行がどのブロックに属しているのか、コンテキストが何なのかを判断するのが難しく、ロジックを追うのも困難です。

　不必要なネストを避けるための一般的な原則は、できるだけ早く関数から抜け、フローがすでにelseを暗示している場合はelseを使用しないことです。リスト3.11は、return文がすでにコードのフローが終了している意味合いを含んでいるため、elseが必要ないことを示しています。

▼**リスト3.11**　ねえママ、elseがないよ！

```
public UpdateResult UpdateCityIfChanged() {
  if (Id <= 0) {
    return UpdateResult.InvalidId;
  }
  bool isActive = db.IsPersonActive(Id);
  if (!isActive) {
    return UpdateResult.PersonInactive;
  }
  if (FirstName is null || LastName is null) {
    return UpdateResult.InvalidName;
  }
  string normalizedFirstName = FirstName.ToUpper();
  string normalizedLastName = LastName.ToUpper();
  string currentCity = db.GetCurrentCityByName(
    normalizedFirstName, normalizedLastName);
  if (currentCity == City) {
    return UpdateResult.CityDidNotChange;
  }
  bool success = db.UpdateCurrentCity(Id, City);
  if (!success) {
    return UpdateResult.UpdateFailed;
  }
  return UpdateResult.Success;
}
```

return文の後のコードは実行されない

訳注16　Reddit（https://www.reddit.com/）ではコメントが増えるごとにインデントが増えるため、Redditのユーザーはインデントに慣れているということ。

ここで用いられているテクニックは**ハッピーパス**と呼ばれるものです。コードにおけるハッピーパスとは、何も問題が発生しなかった場合に実行される部分のことであり、実行時の理想のフローです。ハッピーパスは関数の主要な処理を要約したものであるため、最も読みやすい部分でなければなりません。else文のコードを早めにreturn文に変換すれば、マトリョーシカのように入れ子になったif文の構造よりも、はるかに簡単にハッピーパスを識別できるようになります。

早期に検証し、できるだけ早くreturnしましょう。例外的なケースはif文の中に記述し、ハッピーパスはブロックの外に置くように努めましょう。これらの2つの形に慣れることで、コードの可読性とメンテナンス性を向上させることができます。

3.8.2 gotoを使う

プログラミング理論全体は、メモリ、基本的な算術演算、そしてif文とgoto文に集約できます。goto文は、プログラムの実行を任意の地点に直接移動させます。goto文は追跡が難しく、エドガー・ダイクストラが「goto文は有害である (Go to statement is considered harmful)」[訳注18]という論文を書いて以来、その使用は推奨されていません。ダイクストラの論文については多くの誤解がありますが、何よりもまず、そのタイトルです。ダイクストラは、論文のタイトルを「goto文を使うべきでないケース (A case against the GO TO statement)」としましたが、Pascal言語の発明者でもある編集者のニクラウス・ヴィルトがタイトルを変更したことで、ダイクストラのスタンスはより攻撃的に見え、goto文に対する反対運動は魔女狩りの様相を呈しました。

これらは全て1980年代以前に起こりました。プログラミング言語には、goto文の機能を代替する新しい構文を作成するのに十分な時間があったのです。for/whileループ、return/break/continue文、さらには例外処理も、以前はgoto文でしか実現できなかった特定のシナリオに対処するために作成されました。元BASICプログラマーの頭の中には、原始的な例外処理機構の有名なエラー処理文ON　ERROR　GOTOが今後も残り続けることでしょう。

モダンなプログラミング言語の多くにはgoto文に相当するものはありませんが、C#には存在し、関数の冗長な出口ポイントを排除するというシナリオのみで非常に効果的です。goto文を適切な方法で使用することで、コードのバグを減らし、時間を節約できます。まるで**Mortal Kombat**[訳注18]の3連コンボのようです。

訳注17　https://dl.acm.org/doi/10.1145/362929.362947

訳注18　日本では『モータルコンバット』としてリリースされている、1992年にアーケードゲームとして登場した対戦型格闘ゲーム。血飛沫が飛び散りまくり、相手の脊髄ごと首を引き抜いて、その首を掲げて勝鬨を上げるなど、「残虐格闘ゲーム」の始祖として有名。各種のゲーム機にも移植され、実写映画化もされた。『Mortal Kombat 1』として、今なお、新シリーズのゲームがリリースされている。https://www.mortalkombat.com/

出口ポイントとは、関数が呼び出し元に戻るトリガーとなる文のことです。C#では、全てのreturn文が出口ポイントです。古のプログラミング言語では、手動でのクリーンアップがプログラマーの日常業務において重要であったため、出口ポイントの排除は今よりも重要でした。戻る前に何を割り当て、何をクリーンアップする必要があるかを覚えておく必要があった場合に効果的です。

C#は、try/finallyブロックやusing文など、クリーンアップを構造化するための優れたツールを提供しています。状況によってはどちらも機能しない場合があり、クリーンアップにgotoを使用することもできますが、実際のところ、gotoは冗長性を排除する際に、より効果を発揮します。オンラインショッピングのWebページの配送先住所入力フォームを開発しているとしましょう。Webフォームは多段階の検証を実演するのに最適です。そのために、ASP.NET Coreを使用すると仮定します。つまり、フォームのsubmitアクションが必要です[訳注19]。コードはリスト3.12のようになります。クライアント側でモデルが検証されます。それと同時に、USPS API[訳注20]を使用して住所が本当に正しいかどうか、サーバー側でも検証を行う必要があります。検証後、データベースへの情報の保存を試みます。成功した場合は、ユーザーを請求情報ページにリダイレクトします。成功しなかった場合は、配送先住所フォームを再度表示する必要があります。

▼**リスト3.12** ASP.NET Coreを使用した配送先住所フォームの処理コード

```
[HttpPost]
public IActionResult Submit(ShipmentAddress form) {
  if (!ModelState.IsValid) {
    return RedirectToAction("Index", "ShippingForm", form);    ◀─┐
  }
  var validationResult = service.ValidateShippingForm(form);
  if (validationResult != ShippingFormValidationResult.Valid) {
    return RedirectToAction("Index", "ShippingForm", form);    ◀─┤  冗長な出口
  }                                                                  ポイント
  bool success = service.SaveShippingInfo(form);
  if (!success) {
    ModelState.AddModelError("", "情報の保存中に" +
      "問題が発生しました。再度お試しください。");
    return RedirectToAction("Index", "ShipingForm", form);    ◀─┘
  }
  return RedirectToAction("Index", "BillingForm"); ;    ◀───  ハッピーパス
}
```

訳注19 ASP.NET Coreでは、フォームを送信するためにsubmitアクションが必要となる。https://docs.microsoft.com/ja-jp/aspnet/core/mvc/models/model-binding?view=aspnetcore-5.0#the-form-tag-helper

訳注20 USPS APIは、アメリカ合衆国郵便公社（United States Postal Service）のAPI。https://www.usps.com/business/web-tools-apis/welcome.htm

コピー&ペーストの問題点についてはすでにいくつか議論しましたが、リスト3.12に存在する複数の出口ポイントは別の問題を引き起こします。3つ目のreturnがある文のタイプミスに気付きましたか？　気付かずに1文字削除してしまい、バグが文字列内に潜んでいるのです。そのため、本番環境でフォームを保存する際に問題が発生するか、コントローラに対して複雑なテストを作成しない限り、このバグは発見できません。このように、重複は問題を引き起こす可能性があります。goto文を使用すると、リスト3.13に示したように、return文を単一のgotoラベルの下にまとめることができます。正常系の処理の下にエラーケース用の新しいラベルを作成し、gotoを使用して関数内の複数のところでそれを再利用します。

▼**リスト3.13**　複数の出口ポイントを単一のreturn文に統合

```
[HttpPost]
public IActionResult Submit2(ShipmentAddress form) {
  if (!ModelState.IsValid) {
    goto Error;                                          悪名高きgoto！
  }
  var validationResult = service.ValidateShippingForm(form);
  if (validationResult != ShippingFormValidationResult.Valid) {
    goto Error;
  }
  bool success = service.SaveShippingInfo(form);
  if (!success) {
    ModelState.AddModelError("", "情報の保存中に" +
      "問題が発生しました。再度お試しください。");
    goto Error;
  }
  return RedirectToAction("Index", "BillingForm");
Error:                                                   gotoの行き先を示すラベル
  return RedirectToAction("Index", "ShippingForm", form);    共通の終了コード
}
```

このように出口ポイントを1つにまとめることのメリットは、共通の終了処理に新しい処理を追加する際、1か所の変更で済むことです。例えば、エラー発生時にクライアントにクッキーを保存したいとしましょう。次の例に示すように、Errorラベルの後に追加するだけで実現できます。

▼**リスト3.14**　共通の終了コードに簡単に処理を追加できる

```
[HttpPost]
public IActionResult Submit3(ShipmentAddress form) {
```

```
  if (!ModelState.IsValid) {
    goto Error;
  }
  var validationResult = service.ValidateShippingForm(form);
  if (validationResult != ShippingFormValidationResult.Valid) {
    goto Error;
  }
  bool success = service.SaveShippingInfo(form);
  if (!success) {
    ModelState.AddModelError("", "Problem occurred while " +
      "saving your information, please try again");
    goto Error;
  }
  return RedirectToAction("Index", "BillingForm");
Error:
  Response.Cookies.Append("shipping_error", "1");  ◀──── クッキーを保存するコード
  return RedirectToAction("Index", "ShippingForm", form);
}
```

　gotoを使用することで、ネストが減り、コードの可読性が向上し、時間が節約できます。また、変更箇所が1か所で済むため、メンテナンス性も高まります。

　ただし、gotoのような構文は、それに慣れていない同僚を混乱させる可能性があります。幸いなことに、C# 7.0では、同じ処理を実行できるローカル関数が導入され、おそらくよりわかりやすく記述できます。gotoを使用する代わりに、共通のエラー処理を実行してその結果を返すerrorというローカル関数を宣言します。次のリストで実際に動作を確認できます。

▼**リスト3.15**　goto文の代わりにローカル関数を使用する

```
[HttpPost]
public IActionResult Submit4(ShipmentAddress form) {
  IActionResult error() {  ◀──── ローカル関数
    Response.Cookies.Append("shipping_error", "1");
    return RedirectToAction("Index", "ShippingForm", form);
  }
  if (!ModelState.IsValid) {
    return error();  ◀────
  }
  var validationResult = service.ValidateShippingForm(form);
  if (validationResult != ShippingFormValidationResult.Valid) {
    return error();  ◀────
  }
```

共通のエラー
ハンドリング

```
  bool success = service.SaveShippingInfo(form);
  if (!success) {
    ModelState.AddModelError("", "Problem occurred while " +
      "saving your information, please try again");
    return error();    ◄─
  }
  return RedirectToAction("Index", "BillingForm");
}
```

　ローカル関数を使用すると、関数の先頭でエラー処理を宣言することもできます。これは、Goのようなモダンなプログラミング言語が標準で備えているdeferに似た機能です。ただし、ローカル関数の場合はerror()関数を明示的に呼び出す必要があります。

3.9　コードコメントを書かない

　16世紀にスィナンというトルコの建築家がいました。彼は、イスタンブールの有名なスレイマニエ・モスクやその他数え切れないほどの建物を建てました。彼の建築の腕前についての逸話があります。伝えられるところによると、スィナンが亡くなって数百年後、とある建築家の集団が彼の建物の1つの修復作業を始めました。その際、アーチの1つに交換が必要な要石がありました。彼らが慎重にその石の塊を取り除くと、石の間に挟まれた小さなガラス瓶があり、中に入っていたメモには「この要石は300年しか持ちません。あなたがこのメモを読んでいるなら、それが壊れたか、あなたが修理しようとしているのでしょう。新しい要石を正しく入れる方法はただ1つです」と書かれていました。そして、そのメモの続きには、要石を適切に交換する方法の技術的な詳細が記載されていました。

　建築家スィナンは、歴史上、初めてコードコメントを正しく用いた人物といえるかもしれません。逆のケースとして、建物の至るところに文字が書かれている場合を考えてみてください。ドアには「これはドアです」と書かれ、窓には「窓」と書かれ、全てのレンガの間には「これらはレンガです」と書かれたメモが入ったガラス瓶が挟まっているとしましょう。

　コードが十分にわかりやすければ、コードコメントを書く必要はありません。逆に、無関係なコメントはコードの可読性を損なう可能性があります。コメントを書くためだけにコメントを書いてはいけません。賢く、必要な場合のみに使用してください。

　次のリストの例を考えてみましょう。コードコメントを過剰に書くと、こんな風になるかもしれません。

▼**リスト3.16** コメントだらけ！

```
/// <summary>
/// 配送先住所のモデルを受け取りデータベースを更新する
/// 処理が成功した場合はユーザーを請求書フォームにリダイレクトさせる  ◀──────  関数のコンテキストと宣言から自明
/// </summary>
/// <param name="form">受け取るモデル</param>  ◀──
/// <returns>エラー時は入力フォームにリダイレクトさせ、                      関数のコンテ
/// 成功した場合は請求書フォームにリダイレクトさせる。</returns>          キストと宣言
[HttpPost]                                                            から自明
public IActionResult Submit(ShipmentAddress form) {  ◀──
    // クッキーを保存し、配送先情報の入力フォームに再びリダイレクトさせる
    // 共通のエラーハンドリングコード
    IActionResult error() {                                    下のコードをただ
        Response.Cookies.Append("shipping_error", "1");        繰り返しているだけ
        return RedirectToAction("Index", "ShippingForm", form);
    }
    // モデルの状態が有効かを確認する        全く不要
    if (!ModelState.IsValid) {
        return error();
    }
    // サーバー側の検証ロジックでフォームを検証する
    var validationResult = service.ValidateShippingForm(form);   これも繰り返し
    // 検証は成功したか？
    if (validationResult != ShippingFormValidationResult.Valid) {   おいおい……
        return error();
    }
    // 配送先情報を保存する
    bool success = service.SaveShippingInfo(form);   マジで？　ここも繰り返しだよ！
    if (!success) {
        // 保存に失敗。ユーザーにエラーを知らせる          こんなことまで
        ModelState.AddModelError("", "Problem occurred while " +   説明するのか？
            "saving your information, please try again");   シャーロック
        return error();
    }
    // 請求書フォームにリダイレクトさせる
    return RedirectToAction("Index", "BillingForm");   そう来たか……
}
```

　コメントがなくても、コード自体がストーリーを物語っています。コメントがないバージョンを見て、コードに隠されたヒントを見つけましょう（図3.13）。

▲図3.13 コードに隠されたヒントを読む

　これをするのは、大変な作業に見えるかもしれません。コードの動作を理解するためだけに、断片をつなぎ合わせようとしているのです。しかし、時間とともに上達していきます。上達すればするほど、労力は少なくなります。あなたのコードを読む哀れな人、そして半年後の自分自身（半年後には、まるで他人のコードのように感じているかもしれないため）の生活を改善するためにできることがあるのです。

3.9.1 適切な名前を選ぶ

　本章の冒頭で、適切な名前の重要性、つまり、名前を使って機能をできる限り正確に表現したり要約したりする方法について触れました。コンテキストが完全に明確でない限り、関数はProcess、DoWork、Makeといった曖昧な名前を付けるべきではありません。そのためには、通常よりも長い名前を入力する必要があることもありますが、通常は名前を適切かつ簡潔にできます。

　変数名にも同じことがいえます。たった1文字の変数名は、ループ変数（i、j、n）や座標（x、y、z）のように、明白な場合のみに使用してください。それ以外の場合は、常に説明的な名前を選択し、省略形は避けてください。HTTPやJSONのようなよく知られた頭字語、またはIDやデータベースのようなよく知られた略語を使用するのは問題ありませんが、単語を短縮しないでください。変数名は一度だけ入力すれば、あとはIDEのコード補完機能が何とかしてくれます。説明的な名前のメリットは計り知れません。最も重要なのは、時間を節約できることです。説明的な名前を選択すれば、その関数が使用されている場所で、行っていることを説明するための完璧な文章コメントを書く必要はありません。使用しているプログラミング言語の規約ドキュメントを参照してください。例えば、.NETの命名規則に関するMicrosoftのガイドラインは、C#において優れた出発点となります訳注21。

訳注21　https://learn.microsoft.com/ja-jp/dotnet/standard/design-guidelines/naming-guidelines

3.9.2 関数を活用する

　小さな関数は理解しやすいものです。関数は、開発者の画面に収まる程度に小さくしてください。コードの動作を理解するために上下にスクロールするのは大変です。関数の全ての動作が一目で表示されるようにしてください。

　関数を短くするには、どうすればよいでしょうか？　初心者は、関数をできるだけ圧縮するために、1行にできるだけ多くのものを詰め込もうとするかもしれません。ダメです！1行に複数の文を記述してはいけません。常に文ごとに少なくとも1行は確保してください。関数内に空行を入れ、関連する文をグループ化することもできます。これを踏まえて、次のリストの関数を見てみましょう。

▼**リスト3.17**　空行を活用して関数内のロジック部分を区切る

```
[HttpPost]
public IActionResult Submit(ShipmentAddress form) {
  IActionResult error() {
    Response.Cookies.Append("shipping_error", "1");      エラーハンドリング
    return RedirectToAction("Index", "ShippingForm", form);
  }
  if (!ModelState.IsValid) {
    return error();                    MVCのモデルの検証
  }
  var validationResult = service.ValidateShippingForm(form);
  if (validationResult != ShippingFormValidationResult.Valid) {   サーバーサイド
    return error();                                                による検証
  }
  bool success = service.SaveShippingInfo(form);
  if (!success) {
    ModelState.AddModelError("", "Problem occurred while " +
      "saving your information, please try again");      保存処理と成功時の
    return error();                                       ケース
  }
  return RedirectToAction("Index", "BillingForm");
}
```

　「これが関数を小さくするのにどう役立つのか？」と疑問に思うかもしれません。実際のところ、関数は大きくなります。しかし、関数のロジック部分を特定することで、それらを意味のある関数にリファクタリングできます。これは、小さな関数と説明的なコードを同時に手に入れるための重要な点です。ロジックがわかりにくい場合は、同じコードをさらに理解しやすいチャンクにリファクタリングすべきです。リスト3.18では、ロジックのまとまりとして特定したものを使用して、Submit関数のロジックの一部を抽出しています。

基本的には、検証部分、実際の保存部分、保存時のエラーハンドリング部分、そして成功時のレスポンスのパーツがあります。関数の本体には、これらの4つの部分の呼び出しだけを残します。

▼リスト3.18　説明的な機能のみを関数に残す

```
[HttpPost]
public IActionResult Submit(ShipmentAddress form) {
  if (!validate(form)) {          ◀──────┤ 検証
    return shippingFormError();
  }
  bool success = service.SaveShippingInfo(form);  ◀──────┤ 保存
  if (!success) {  ◀──────┤ エラーハンドリング
    reportSaveError();
    return shippingFormError();
  }
  return RedirectToAction("Index", "BillingForm");  ◀──────┤ 成功時のレスポンス
}

private bool validate(ShipmentAddress form) {
  if (!ModelState.IsValid) {
    return false;
  }
  var validationResult = service.ValidateShippingForm(form);
  return validationResult == ShippingFormValidationResult.Valid;
}

private IActionResult shippingFormError() {
  Response.Cookies.Append("shipping_error", "1");
  return RedirectToAction("Index", "ShippingForm", form);
}

private void reportSaveError() {
  ModelState.AddModelError("", "Problem occurred while " +
    "saving your information, please try again");
}
```

　実際の関数はとてもシンプルで、まるで英文のように読めます。まあ、英語とトルコ語のハイブリッドのようなものかもしれませんが、それでも非常に読みやすいでしょう。1行もコメントを書かずに、非常に説明的なコードを実現できました。ここが「作業が多すぎるのではないか?」と自問するときに覚えておくべき重要な点です。段落ごとにコメントを書くよりも作業量は少なくなります。また、コメントを最新の状態に保つためにコメントと

コードを同期させる必要がないことがわかると、安堵で胸をなでおろすことになるでしょう。こちらのほうがはるかに優れています。

関数の抽出は面倒な作業に見えるかもしれませんが、Visual Studioのような開発環境であれば実に簡単です。抽出したいコードの部分を選択し、Ctrl + .を押すか、コードの横に表示される電球アイコンを選択して［メソッドの抽出］を選択します。後は名前を付けるだけです。

こうした部分を抽出すると、同じファイル内でそのコードを再利用できるようになり、エラーハンドリングの意味合いが変わらない限り、請求フォームを作成する際の時間を節約できます。

ここまでの話で、まるで私がコードコメントに反対しているように思われるかもしれませんが、実際は全く逆です。不要なコメントを避けることで、有用なコメントが宝石のように輝くのです。これが、コメントを有効に活用する唯一の方法です。コメントを書くときは、建築家スィナンのように考えてみてください。「誰かが、これについての説明を必要とするだろうか?」と。説明が必要な場合は、できるだけ明確に、詳しく、必要であればアスキーアートを描いて説明してください。同じコードで作業している開発者が、あなたの机まで来てそのコードが何をするのかを尋ねたり、あなたが説明を忘れていたために間違った修正をしたりすることがないように、必要なだけ段落を使ってください。本番環境で問題が発生した場合、コードを正しく修正するのは、あなたの責任です。これは、ほかの誰かに対する責務であると同時に、あなた自身に対する責務でもあります。

もちろん、コメントを書かなければならない場合もあります。例えば、パブリックAPIではユーザーがコードにアクセスできない可能性があるため、コメントの有用性に関わらず、説明を追加する必要があります。しかし、コメントがあるからといって、コードの理解が容易になるわけではありません。それでも、コードをクリーンに書き、小さく理解しやすい単位に分割することが重要です。

まとめ

- 論理的な依存関係の境界線を守ることで、コードの硬直化を防ぐ
- 次に同じ作業を行うときははるかに速くできるため、最初からやり直すことを恐れてはならない
- 将来的なメンテナンスを妨げるような依存関係がある場合、コードを壊して修正する
- コードを最新の状態に保ち、問題を定期的に修正することで、技術的負債の蓄積を防ぐ
- 論理的な責務の違反を避けるため、コードを再利用するのではなく繰り返す

- 将来に書くコードの時間を短縮するために、賢い抽象化を考案する。抽象化は投資だと考える
- 外部ライブラリに設計が支配されないようにする
- コードを特定の層に結び付けないように、継承よりもコンポジションを優先する
- 上から下へ読みやすいコードスタイルを維持するように努める
- 関数からは早期に抜け出し、elseの使用は避ける
- 共通のコードを一か所にまとめておくために、goto文、あるいは、さらによい方法としてローカル関数を使用する
- 木と森の区別が付かなくなるような、軽薄で冗長なコードコメントは避ける
- 変数と関数に適切な名前を付けることで、説明的なコードを書く
- コードをできるだけわかりやすく保つために、関数を理解しやすい小さな関数に分割する
- コードコメントは、役に立つ場合は書く

Chapter 4

おいしいテスト

本章の内容

- なぜ私たちはテストを嫌うのか、そして、どうすればテストを好きになれるのか
- テストをもっと楽しくする方法
- TDD、BDD、その他の3文字の略語を避ける
- 何をテストするのかを決める
- テストを使って作業量を減らす
- テストをときめかせる

　多くのソフトウェア開発者は、テストを本の執筆になぞらえます。退屈で、誰もやりたがらず、報われることは滅多にありません。コーディングと比較すると、テストは二流の作業と見なされ、**本当の仕事**ではないと考えられています。さらに、テスターは楽をしているという偏見を持たれています。

　開発者がテストを嫌う理由は、テストをソフトウェアの構築とは切り離されたものと捉えているからです。ソフトウェアの構築は、プログラマーにとってはコードを書くことが全てですが、マネージャーにとってはチームに正しい方向性を示すことが全てです。そして、テスターにとってはプロダクトの品質が全てです。私たちは、テストをソフトウェア開発の一部として認識していないため、それを外部の活動と見なし、できるだけ関わりたくないと考えています。

テストは開発者の仕事に不可欠であり、開発を進める上で役立ちます。テストは、ほかでは得られないコードに対する確信を与えてくれます。テストによって時間を節約でき、しかもテストについて自己嫌悪に陥る必要もありません。その方法を見ていきましょう。

4.1　テストの種類

ソフトウェアのテストは、ソフトウェアの挙動に対する信頼性を高めるために行います。これは大切なポイントです。テストは、100%の挙動を保証するものではありませんが、桁違いに信頼性を高めます。テストの種類を分類する方法は数多くありますが、最も重要な区別は、テストの実行または実装方法です。なぜなら、時間効率[訳注1]に最も大きな影響を与えるためです。

4.1.1　手動テスト

テストは手動で行うことができ、通常は開発者がコードを実行してその挙動を検査します。手動テストにも、エンドツーエンド（E2E：End to End）テストなど、さまざまな種類があります。E2Eテストとは、ソフトウェアがサポートしている全シナリオを最初から最後までテストすることです。E2Eテストの価値は計り知れませんが、時間がかかります。

コードレビューはテストの一種と見なせますが、確信を持つのには弱いテストです。開発者は、コードが何を行い、実行されたときにどうなるかをある程度は理解できています。しかし、要件が満たされているかについては、漠然と把握できるものの、確実にはわかりません。テストは、種類に応じて、コードの挙動に関するさまざまなレベルの保証を提供できます。その意味で、コードレビューはテストの一種と見なせるのです。

コードレビューとは？

コードレビューの主な目的は、リポジトリにプッシュされる前にコードを検査し、潜在的なバグを見つけることです。対面で行うことも、GitHubのようなWebサイトを使うこともできます。残念ながら、コードレビューというものは、長年をかけて、開発者の自尊心を完全に打ち砕く通過儀礼から、ソフトウェアアーキテクトが読んだ記事からの根拠のない引用の寄せ集めまで、さまざまなものへと変化してきました。

コードレビューの最も重要な点は、自分で修正することなくコードを批判できる最後のタイミングであるということです。コードがレビューを通過すると、皆が承認

訳注1　同じ時間内で、より多くの成果を生み出すこと。

したことになるため、皆のコードになります。あなたが書いたひどいO(N²)のソートコードについて誰かが指摘するたびに、「マーク、コードレビューでいってくれればよかったのに」と言い返し、ヘッドホンを装着し直して自分の作業に戻ることができます。……冗談ですよ。O(N²)ソートコードを書いたことを恥じるべきです。特に本書を読んだ後なら、ね。それでもまだ、あなたはマークのせいにするのでしょうか！もう少し自分の言動について考えるべきです。同僚と仲よくしてください。助けが必要になるときが来るでしょう。

　理想的には、コードレビューは、コードスタイルやフォーマットに関することではありません。なぜなら、そういったことは、**リンター**や**コード解析ツール**と呼ばれる自動化ツールでチェックできるからです。コードレビューでの主な指摘は、バグと、コードがほかの開発者にもたらす可能性のある技術的負債についてであるべきです。コードレビューは非同期のペアプログラミングであり、全員の認識を一致させ、潜在的な問題の特定に集団の知恵を投入するため、コスパが高い方法です。

4.1.2　自動テスト

　あなたはプログラマーです。コードを書く才能があります。つまり、必要としていることをコンピュータに処理させることができます。そして、テストも、その1つです。コードをテストするコードを書けるので、手動でテストをする必要はありません。プログラマーは、通常、開発中のソフトウェア用のツール作成のみに集中し、開発プロセス自体には注目しません。しかし、開発プロセスも同じくらい重要です。

　自動テストは、その範囲によって、さらに重要なのは、ソフトウェアの挙動に対する信頼性をどの程度高めるかという点で、大きく異なったものになってくる可能性があります。最小規模の自動テストは**ユニットテスト**です。ユニットテストは、コードの単一の単位、つまりパブリック関数のみをテストするため、最も簡単に記述できます。テストは、クラス内部の詳細ではなく、外部から見えるインターフェイスを検査することが目的であるため、パブリックである必要があります。文献によっては、ユニットの定義が、クラスであったり、モジュールであったり、それ以外の論理的配置であったりしますが、私は関数こそがユニットの対象として捉えると便利だと考えています。

　ユニットテストの問題点は、個々のユニットが正しい挙動をすることを確認できても、ユニット同士が**連携**して正しい挙動をするかどうかは保証できないことです。そのため、ユニット同士の連携が正しく機能するかについてもテストする必要があります。こうしたテストは、**統合テスト**と呼ばれます。自動UIテストは、正しいUIを構築するために本番環境のコードを実行する場合、通常は統合テストに含まれます。

4.1.3　危険な行為：本番環境でのテスト

　以前、ある開発者に有名なミームのポスターを買ってあげたことがあります。ポスターには「いつもコードをテストするとは限らないが、テストするときは**本番環境で行う**」[訳注2]と書かれていました。彼がそうしないよう釘を差すために、彼のモニターのすぐ後ろの壁に貼りました。

定義

ソフトウェア開発の用語としての**本番環境**とは、実際のユーザーがアクセスする稼働中の環境を指し、そこでの変更は実際のデータに影響を与えます。多くの開発者は、これを自分のコンピュータと混同していますが、それは**開発環境**です。実行環境における開発環境とは、コードがローカルマシン上で実行され、本番環境のデータに影響を与えないことを意味します。本番環境への悪影響を防ぐために、本番環境に似たリモート環境が用意されていることもあります。これは**ステージング環境**とも呼ばれ、サイトのユーザーに見える実際のデータには影響を与えません。

　本番環境、いわゆるライブコードでのテストは、悪しき慣習と見なされています。なぜなら、本番環境でテストをして問題が発生したときには、すでにユーザーや顧客を失っている可能性があるからです。先ほどのようなポスターが存在するのも不思議ではありません。さらに重要なのは、本番環境を壊すと、開発チーム全体の作業フローを中断させてしまう可能性があることです。フリーレイアウトのオフィス環境であれば、落胆した表情や吊り上がった眉、そして「一体何事だ！！！！？？？」というテキストメッセージ、KITT[※注1]のスピードメーターのように増加するSlackの通知数、あるいは上司の耳から出る湯気などから、障害が発生していることがすぐにわかります。

　ほかの悪しき慣習と同様に、本番環境でのテストが常に悪いとは限りません。導入するシナリオが、頻繁に使用される重要なコードパスの一部ではない場合、本番環境でのテストでも問題ないこともあります。Facebookは、変更がビジネスに与える影響を開発者に評価させていたことから、「素早く動いて壊せ（Move fast and break things）」というモットーを掲げていました。2016年の米国大統領選挙後、このスローガンを撤回しましたが、今でもまだその意義はあります。使用頻度の低い機能の小さな不具合であれば、影響を受け入れ、できるだけ早く修正すれば問題ないのかもしれません。

訳注2　https://blog.frank-mich.com/i-never-test-my-code-but-when-i-do-i-do-it-in-production/

※注1　KITT（Knight Industries Two Thousand）は、音声認識機能を備えた自動運転車で、1980年代のSFテレビシリーズ『ナイトライダー』に登場した。このネタが理解できなくても当然で、理解できる人はおそらく故人だろう。ただし、デヴィッド・ハッセルホフ（ナイトライダーの主演俳優）だけは例外かもしれない。彼は不死身だからね。

コードをテストしないことさえ、そのシナリオが壊れてもユーザーの離脱につながるものではないと思えば問題ないのかもしれません。私はトルコで最も人気のあるWebサイトの1つを、最初の数年間は自動テストを一切行わずに運営していました。もちろん、多くのエラーやダウンタイムが発生しました。なぜなら……そう！　自動テストがなかったからさ！

4.1.4　適切なテスト方法の選択

　実装または変更しようとしている特定のシナリオについて、テストの方法を決定するために、いくつかの要因を認識しておく必要があります。それらは、主にリスクとコストです。これは、親にお手伝いを頼まれたときに頭の中で見積もっていたことと似ています。

- コスト
  - 特定のテストを実装／実行するために、どれだけの時間を費やす必要があるか？
  - 何回繰り返す必要があるか？
  - テスト対象のコードが変更された場合、テストが必要なのは誰であるかを知っているか？
  - テストの信頼性を維持することは、どのくらい大変か？
- リスク
  - このシナリオが壊れる可能性は、どのくらいあるか？
  - 壊れた場合、ビジネスにどれだけの悪影響を与えるか？　どれだけの損失が出るか？　つまり「壊れたらクビになる」か？
  - 壊れた場合、ほかにいくつのシナリオが一緒に壊れるか？　例えば、メール機能が停止した場合、それに依存する多くの機能も壊れる
  - コードは、どのくらいの頻度で変更されるか？　将来どれくらい変更されると予想されるか？　全ての変更は新たなリスクをもたらす

　コストとリスクを最小限に抑えるスイートスポットを見つける必要があります。全てのリスクはコストの増加につながります。図4.1に示したように、しばらくすると、テストによって発生するコストとリスクのトレードオフのマップが頭の中に形成されるはずです。

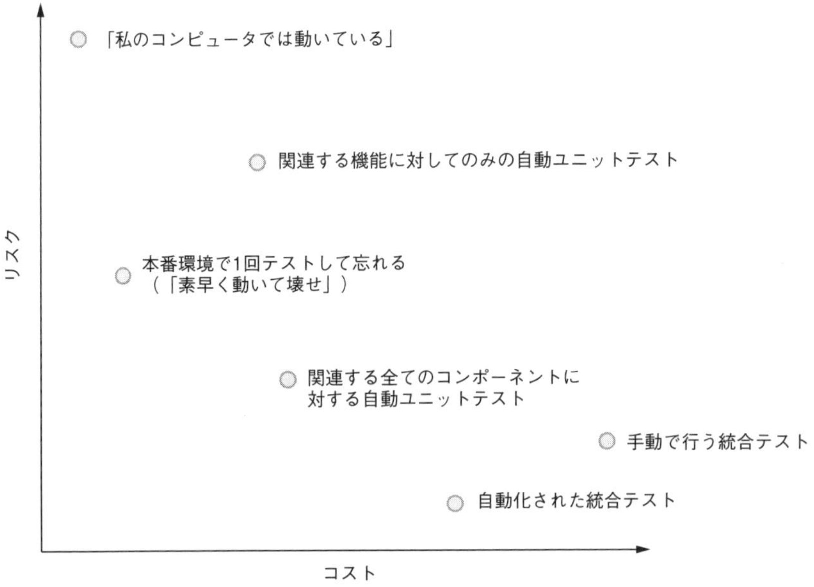

リスク

○ 「私のコンピュータでは動いている」

○ 関連する機能に対してのみの自動ユニットテスト

○ 本番環境で1回テストして忘れる
（「素早く動いて壊せ」）

○ 関連する全てのコンポーネントに
対する自動ユニットテスト

○ 手動で行う統合テスト

○ 自動化された統合テスト

コスト

▲図4.1　さまざまなテスト戦略を評価するための頭の中のモデルの例

「私のコンピュータでは動いている」と、大声で誰かにいってはいけません。それは心の中で思うだけにしてください。「私のコンピュータでは動かなかったけど、大丈夫だと思ったんだ！」なんていえるコードはあり得ません。もちろん、あなたのコンピュータでは動くのでしょう！　自分でも実行できないものをデプロイするなんて想像できますか？　連帯責任がない限り、機能をテストすべきかどうか迷ったときには、「もし誰もあなたのミスを咎めないのなら、やってしまえ」を合言葉として使いましょう。これは、あなたが働いている会社の（多大なる）予算のおかげで、上司があなたのミスに寛容になっているということです。

　しかし、自分が発生させたバグを自ら修正しなければならない場合、「私のコンピュータでは動いている」という考え方は、デプロイとフィードバックループの間の遅延を引き起こし、非常に遅くて時間を浪費するサイクルに陥ってしまいます。開発者の生産性に関する基本的な問題の1つは、中断が大きな遅延を引き起こすことです。その理由は**ゾーン**にあります。コードを書くウォーミングアップをすることで、生産性の歯車がどのように回転し始めるかについては、すでに説明しました。この精神状態は、**ゾーン**と呼ばれることがあります。生産的な精神状態にある場合、あなたはゾーンに入っています。同様に、中断されると、これらの歯車が停止してゾーンから外れてしまうため、再びウォーミングアップしなければなりません。図4.2に示したように、自動テストは、この問題を軽減します。なぜなら、機能の完成度についてある程度の確信が得られるまで、私たちをゾーンに留

まらせてくれるからです。図4.2は、「私のコンピュータでは動いている」ことが、ビジネスと開発者の両方にとってどれほどコストが高くつくかを示す、2つの異なるサイクルを示しています。ゾーンから外れるたびに、再び入るための余分な時間がかかり、場合によっては、機能を手動でテストするのに必要な時間よりも長くなります。

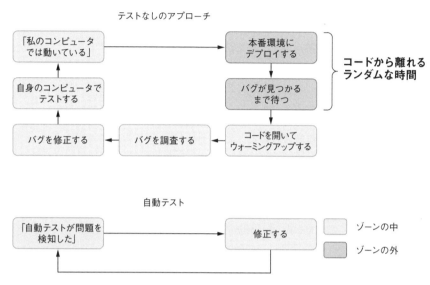

▲図4.2　「私のコンピュータでは動きます」という高コストな開発サイクル vs 自動テストの比較

　手動テストでも自動テストと同様の迅速なイテレーションサイクルを実現できますが、より多くの時間がかかります。だからこそ、自動テストが優れているのです。なぜなら、開発者がゾーンを維持でき、時間的コストが最も低いからです。いってしまえば、テストの作成と実行は、開発者をゾーンから追いやる別の作業と見なすこともできます。それでも、ユニットテストの実行は非常に高速で、数秒で完了するはずです。テストの作成は、若干異なる作業ではありますが、自分が書いたコードについて改めて考えるよいきっかけになります。復習と捉えることもできるでしょう。本章では、主にユニットテスト全般について説明します。これは、ユニットテストが、図4.1のコストとリスクのスイートスポットにあるためです。

4.2　不安をなくし、テストを愛する方法

　ユニットテストとは、コードの単一のパーツとして、通常は関数をテストするためのテストコードを書くことです。ユニットの構成要素について議論する人々に出会うことがあるでしょう。しかし、基本的には、特定のユニットを単独でテストできる限り、あまり問題ではありません。いずれにせよ、単一のテストでクラス全体をテストすることはできません。

全てのテストは、実際には関数の単一のシナリオのみをテストします。したがって、単一の関数に対しても複数のテストを用意するのが一般的です。

テストフレームワークはテストの作成を可能な限り容易にしますが、必須ではありません。テストスイート^{訳注3}は、テストを実行して結果を表示するだけの別のプログラムとして実装することもできます。実際に、テストフレームワークが登場する前は、それがプログラムをテストする唯一の方法でした。ここでは、簡単なコードと、ユニットテストが時間の経過とともにどのように進化してきたかを示します。これによって、特定の関数のテストをできるだけ簡単に記述できるようになります。

マイクロブログサイト「Blabber」の投稿日時の表示方法を変更するタスクを任されたとしましょう。投稿日時は完全な日付で表示されていましたが、新しいソーシャルメディアの流行では、投稿作成からの経過時間を秒、分、時などに対する略語を使用するほうが好ましいようです。DateTimeOffsetを受け取り、経過時間をテキストで表現した文字列に変換する関数を作成する必要があります。例えば、3時間の場合は「3h」、2分の場合は「2m」、1秒の場合は「1s」などです。そして、最も重要な単位のみを表示しなければなりません。つまり、投稿が3時間2分1秒前の場合は「3h」のみを表示します。

リスト4.1には、そのような関数が示されています。このリストでは、.NETのDateTimeOffsetクラスの**拡張メソッド**を定義しているため、DateTimeOffsetのネイティブメソッドのように、どこからでも呼び出せます。

拡張メソッドによるコード補完の汚染を避ける

C#は、ソースコードへのアクセス権がなくても、型に追加のメソッドを定義するための優れた構文を提供しています。関数の最初のパラメータにthisキーワードを付加すると、コード補完でその型のメソッドリストに表示されるようになります。これは非常に便利なので、開発者は拡張メソッドを好み、静的メソッドの代わりに全てを拡張メソッドにする傾向があります。例えば、次のような単純なメソッドがあるとします。

```
static class SumHelper {
    static int Sum(int a, int b) => a + b;
}
```

訳注3 複数のテストケースをまとめたもののこと。テストの自動化や一括実行を容易にするために使用される。Java向けの「JUnit」(https://junit.org/)、JavaScriptおよびNode.js向けの「Mocha」(https://mochajs.org/)、さまざまな言語に対応した「Selenium」(https://www.selenium.dev/) などが有名。

このメソッドを呼び出すには、「SumHelper.Sum(amount, rate);」と記述する必要があります。さらに重要なのは、このメソッドを使用する場合は、SumHelperというクラスが存在することを知っている必要があるということです。代わりに、次のように拡張メソッドを作成できます。

```
static class SumHelper {
  static decimal Sum(this int a, int b) => a + b;
}
```

　これで、次のようにメソッドを呼び出せます。

```
int result = 5.Sum(10);
```

　見た目はよいのですが、問題があります。stringやintのようなよく使用するクラスに拡張メソッドを追加するたびに、コード補完（Visual Studioで識別子の後に「.」（ドット）を入力したときに表示されるドロップダウン）に出てきてしまうことです。全く無関係なメソッドのリストから、探しているメソッドを見つけるのに苦労するのは、非常に煩わしく感じることがあります。

　したがって、特定の目的のためのメソッドは、一般的に使用される.NETクラスに追加しないでください。一般的に使用される汎用メソッドの場合に限定してください。例えば、stringクラスのReverseメソッドは問題ありませんが、MakeCdnFilenameは問題があります。Reverseはあらゆるコンテキストで適用できますが、MakeCdnFilenameは、使用しているCDN（Content Delivery Network：コンテンツ配信ネットワーク）に適したファイル名を作成する場合のみに必要です。それ以外の場合は、自身とチームの全ての開発者の迷惑になります。人に嫌われるようなことはしないでください。さらに重要なのは、自分で自分を嫌いになるようなことをしないでください。こうした場合は、静的クラスとCdn.MakeFilename()のような構文が完璧に適しています。

　クラスメソッドとして扱える場合は、既存の型に対して拡張メソッドを作成しないでください。依存関係の境界を越えて新しい機能を導入する場合のみに、これは理にかなっています。例えば、Webコンポーネントに依存しないライブラリで定義されたクラスを使用するWebプロジェクトがあるとします。その後のWebプロジェクトで、Web機能に関連する特定の機能をそのクラスに追加したい場合があります。ライブラリをWebコンポーネントに依存させるのではなく、Webプロジェクトの拡張

メソッドだけに新しい依存関係を導入するほうがよいでしょう。不要な依存関係は、自分の首を絞める可能性があります。

　現在時刻と投稿時刻の間隔を計算し、そのフィールドをチェックして間隔の最上位単位を特定し、それに基づいて結果を返します。

▼リスト4.1　日付を間隔の文字列表現に変換する関数

```
public static class DateTimeExtensions {
  public static string ToIntervalString(          DateTimeOffsetクラスに拡張メソッド
    this DateTimeOffset postTime) {               を定義
    TimeSpan interval = DateTimeOffset.Now - postTime;   時刻の間隔を計算
    if (interval.TotalHours >= 1.0) {
      return $"{(int)interval.TotalHours}h";
    }
    if (interval.TotalMinutes >= 1.0) {
      return $"{(int)interval.TotalMinutes}m";      このコードはもっと短く効率的
    }                                               に書けるが、それが可読性を犠
    if (interval.TotalSeconds >= 1.0) {             牲にするならば避けるべき
      return $"{(int)interval.TotalSeconds}s";
    }
    return "now";
  }
}
```

　この関数については大まかな仕様しかありませんが、それに対するいくつかのテストを書き始めることができます。表4.1のように、関数が正しく挙動するかを確認するために、考え得る入力と期待される出力を表に書き出すとよいでしょう。

入力値	出力値
< 1 second	now
< 1 minute	\<seconds>s
< 1 hour	\<minutes>m
>= 1 hour	\<hours>h

▲表4.1　変換関数のサンプルテスト仕様

　DateTimeOffsetがクラスであれば、nullを渡した場合のテストも必要ですが、構造体なのでnullにはなりません。これでテストが1つ省けました。通常、このような表を作成する必要はなく、頭の中で整理できれば十分ですが、少しでも疑問があれば、必ず書き留めてください。

テストは、異なる`DateTimeOffset`での呼び出しと、異なる文字列との比較で構成されるべきです。この時点で、`DateTime.Now`は常に変化し、テストが特定の時間に実行される保証がないため、テストの信頼性が懸念事項となります。ほかのテストが実行中である場合やコンピュータの速度が低下した場合、出力nowのテストが失敗する可能性が大いにあります。つまり、テストが不安定になり、失敗するリスクが高まるということです。

これは、設計上の問題を示しています。簡単な解決策は、`DateTimeOffset`の代わりに`TimeSpan`を渡し、呼び出し側で差分を計算することで、関数を決定論的にすることです。このように、テストを作成する過程で、設計上の問題も特定できます。これは、テスト駆動開発（TDD：Test Driven Development）アプローチのセールスポイントの1つです。ここでは、次のリストのように、`TimeSpan`を直接受け取るように関数を簡単に変更できることがわかっているため、TDDを使用していません。

▼リスト4.2　改良版の変換関数

```
public static string ToIntervalString(
  this TimeSpan interval) {          ← TimeSpanを受け取るように変更
  if (interval.TotalHours >= 1.0) {
    return $"{(int)interval.TotalHours}h";
  }
  if (interval.TotalMinutes >= 1.0) {
    return $"{(int)interval.TotalMinutes}m";
  }
  if (interval.TotalSeconds >= 1.0) {
    return $"{(int)interval.TotalSeconds}s";
  }
  return "now";
}
```

テストケースに変更はありませんが、テストの信頼性は大幅に向上します。さらに重要なのは、2つの日付の差分の計算と、間隔を文字列表現に変換するという2つの異なるタスクを切り離したことです。コード内の関心事を分離することで、よりよい設計を実現できます。また、差分の計算は面倒な場合があるため、専用のラッパー関数を作成することもできます。

では、関数の正しい挙動をどのように確認すればよいでしょうか？　ただ本番環境にプッシュして、数分待って悲鳴が聞こえないか確認すればよいだけです。何もなければ、準備完了です。ところで、履歴書は最新の状態ですか？　いえ別に、ちょっと気になっただけです。

関数をテストし、結果を確認するプログラムを作成できます。リスト4.3のプログラムのようになるでしょう。これは、プロジェクトを参照し、System.Diagnostics名前空間のDebug.Assertメソッドを使用して、テストがパスすることを確認する、シンプルなコンソールアプリケーションです。このプログラムは、関数が期待値を返すことを保証します。アサート（Assert）はデバッグ構成のみで実行されるため、コンパイラディレクティブを使用して、コードが本番環境などほかの構成で実行されないように制御します。

▼リスト4.3　基本的なユニットテスト

```csharp
#if !DEBUG              ◀─────────────          アサートを機能させるためにはプリ
#error asserts will only run in Debug configuration    プロセッサディレクティブが必要
#endif
using System;
using System.Diagnostics;
namespace DateUtilsTests {
  public class Program {
    public static void Main(string[] args) {
      var span = TimeSpan.FromSeconds(3);                          // 秒のテストケース
      Debug.Assert(span.ToIntervalString() == "3s", "3s case failed");
      span = TimeSpan.FromMinutes(5);                              // 分のテストケース
      Debug.Assert(span.ToIntervalString() == "5m", "5m case failed");
      span = TimeSpan.FromHours(7);                                // 時間のテストケース
      Debug.Assert(span.ToIntervalString() == "7h", "7h case failed");
      span = TimeSpan.FromMilliseconds(1);                         // 現在時刻のテストケース
      Debug.Assert(span.ToIntervalString() == "now", "now case failed");
    }
  }
}
```

　では、なぜユニットテストフレームワークが必要なのでしょうか？　このように全てのテストを作成すれば済むのではないでしょうか？　確かに可能ではありますが、より多くの作業が必要になります。この例では、次の点に注意してください。

- ビルドツールなどの外部プログラムからテストの失敗を検出する方法がない。特別な処理が必要になる。テストフレームワークとそれに付属するテストランナーは、これを簡単に処理できる
- 最初にテストが失敗した時点でプログラムが終了する。さらに失敗するテストが多いと、時間のロスになる。何度もテストを実行し直すことになり、さらに時間が無駄になる。テストフレームワークは、全てのテストを実行し、コンパイラエラーのように失敗をまとめて報告できる

- 特定のテストだけを実行できない。特定の機能を開発している際に、テストコードをデバッグすることで作成した関数をデバッグしたい場合がある。テストフレームワークを使用すると、ほかのテストを実行せずに特定のテストをデバッグできる

- テストフレームワークは、コードのテストカバレッジ不足を特定するのに役立つ「コードカバレッジレポート」を作成できる。これは、アドホックなテストコードを作成するだけではできない。もし、カバレッジ分析ツールを作成するような機会に出くわしたら、いっそのことテストフレームワークを作成したほうがマシだ

- これらのテストは互いに依存していないが、順番に実行されるため、テストスイート全体の実行に時間がかかる。通常、テストケースの数が少ない場合は問題にならないが、中規模のプロジェクトでは、実行時間が異なる何千ものテストが存在する場合がある。スレッドを作成してテストを並列に実行することもできるが、手間がかかる。テストフレームワークは、簡単な切り替えで、これらの全てを実現できる

- エラーが発生した場合、問題があることはわかるが、その実体についてはわからない。文字列が一致していないが、どのような不一致なのだろうか？ 関数がnullを返したのか？ 余分な文字があったのか？ テストフレームワークは、こうした詳細も報告してくれる

- .NETが提供するDebug.Assert以外を使用するには、追加のコード、つまりスキャフォールディング訳注4を作成する必要がある。こうしたことを自身で行うよりも、既存のフレームワークを使用するほうがはるかに適している

- どのテストフレームワークが優れているかについての終わりのない議論に参加し、不当な優越感に浸ることができる

では、リスト4.4のように、テストフレームワークを使って同じテストを書いてみましょう。多くのテストフレームワークは似通っていますが、xUnitは地球外生命体によって開発されたといわれています。しかし、原則として、用語のわずかな違いを除けば、どのフレームワークを使用しても構いません。ここではNUnitを使用していますが、任意のフレームワークを使用できます。フレームワークを使用すると、コードがどれだけ明確になるかがわかります。ほとんどテストコードは、実際には表4.1のような入力／出力表をテキスト化したものです。何をテストしているかが一目瞭然で、さらに重要なのは、テストメソッドが1つしかないにもかかわらず、各テストをテストランナーで個々に実行またはデバッグできることです。リスト4.4のTestCase属性を使用した手法は、**パラメタライズドテスト**と呼ばれます。特定の入力と出力のセットがある場合は、それらをデータとして宣言し、同じ

訳注4　プログラムの一部を自動生成すること。特に、テストコードやビューの生成を指すことが多い。

関数で繰り返し使用することで、テストごとに個別のテストを作成するという繰り返しを避けることができます。同様に、ExpectedResultの値を組み合わせて、返り値を持つ関数を宣言することで、Assertを明示的に記述する必要さえありません。フレームワークが自動的に行います。作業が減るのです！

こうしたテストは、Visual Studioのテストエクスプローラーウィンドウで実行できます。メニューから［表示］→［テスト　エクスプローラー］を選択します。コマンドプロンプトから「dotnet test」を実行することも、NCrunch[訳注5]のようなサードパーティのテストランナーを使用することもできます。Visual Studioのテストエクスプローラーでのテスト結果は、図4.3のようになります。

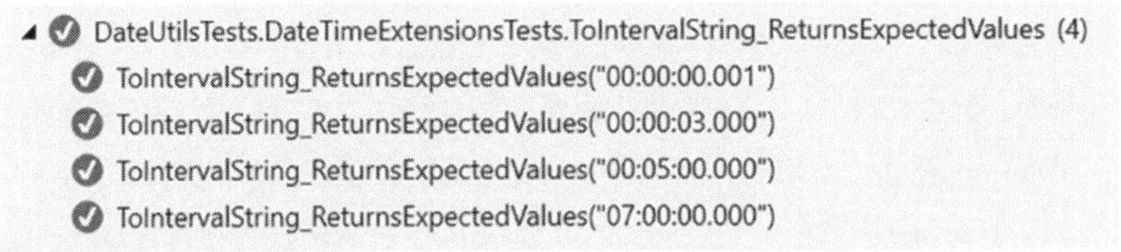

▶ ✅ DateUtilsTests.DateTimeExtensionsTests.ToIntervalString_ReturnsExpectedValues (4)
　　✅ ToIntervalString_ReturnsExpectedValues("00:00:00.001")
　　✅ ToIntervalString_ReturnsExpectedValues("00:00:03.000")
　　✅ ToIntervalString_ReturnsExpectedValues("00:05:00.000")
　　✅ ToIntervalString_ReturnsExpectedValues("07:00:00.000")

▲**図4.3**　見逃すことがないテスト結果

▼**リスト4.4**　テストフレームワークの魔法

```
using System;
using NUnit.Framework;
namespace DateUtilsTests {
  class DateUtilsTest {
    [TestCase("00:00:03.000", ExpectedResult = "3s")]
    [TestCase("00:05:00.000", ExpectedResult = "5m")]
    [TestCase("07:00:00.000", ExpectedResult = "7h")]
    [TestCase("00:00:00.001", ExpectedResult = "now")]
    public string ToIntervalString_ReturnsExpectedValues(
      string timeSpanText) {
      var input = TimeSpan.Parse(timeSpanText);   ◀──────┐ 文字列を入力型に変換
      return input.ToIntervalString();   ◀──────┐ アサーションなし！
    }
  }
}
```

訳注5　Visual Studioのプラグインで、テストを自動的に実行し、コードの変更に応じてリアルタイムでテスト結果を表示する。https://www.ncrunch.net/

図4.3では、1つの関数がテスト実行フェーズで実際に4つの異なる関数に分割され、その引数がテスト名とともにどのように表示されるかを確認できます。さらに重要なのは、単一のテストを選択して実行したり、デバッグしたりできることです。また、テストが失敗した場合、コードの何が問題なのかを正確に示すわかりやすいレポートが表示されます。例えば、誤ってnowではなくnovと記述してしまったとします。テストエラーは、次のように表示されます。

```
Message:
  String lengths are both 3. Strings differ at index 2.
  Expected: "now"
  But was: "nov"
  -------------^
```

エラーが発生したということだけではなく、その発生箇所についても詳細な説明が表示されます。

テストフレームワークを使用するのは当然のことであり、テストフレームワークがいかに余分な作業を省いてくれるかを認識すれば、テストを作成することがさらに好きになるでしょう。テストフレームワークは、NASAの飛行前チェックライトにおける「システムステータス正常（system status nominal）」[訳注6]アナウンスのようなものであり、あなたのために働く小さなナノボットのようなものです。テストを愛し、テストフレームワークを愛しましょう。

4.3 TDDなどの頭字語を使わない

ユニットテストは、あらゆる成功した宗教と同じように、派閥に分かれています。テスト駆動開発（TDD）や振る舞い駆動開発（Behavior Driven Development：BDD）などが、その例です。ソフトウェア業界には、新しいパラダイムや標準を確立し、無批判に従うように求める人々が本当に存在すると私は確信しています。そして、疑いなくそれらに従うことを愛する人々もいます。私たちは、深く考えずに従うだけで済むため、ルールや儀式を好みます。しかし、それは多くの時間を浪費し、テストを嫌いになる要因にもなり得ます。

TDDの背景にある考え方は、実際のコードを書く前にテストを書くことで、よりよいコードを書くための指針となるというものです。TDDでは、クラスのコードを書く前に、

訳注6　宇宙船や飛行機のミッションコントロールセンターでよく使用されるもので、エンジニアやオペレーターがシステムの状態を報告する際に、システムが期待通りに機能していることを「nominal」と表現する。

そのクラスのテストを書くことになっています。つまり、書いたテストが実際のコードの実装方法の指針となるわけです。まずテストを書きますが、（実装コードはまだないので）コンパイルは失敗します。次に、実際のコードを書き始め、コンパイルを成功させます。テストを実行すると、失敗します。そこで、テストが通るようにコードのバグを修正して、テストを成功させます。BDDもテストファーストのアプローチですが、テストの命名規則とレイアウトが異なります。

TDDとBDDの背景にある哲学は、全くナンセンスというわけではありません。あるコードをどのようにテストすべきかを最初に考えると、その設計についての考え方に影響を与える可能性があります。TDDの問題点は、考え方ではなく、実践、つまりその儀式的なアプローチにあります。テストを書き、実際のコードがまだないため、コンパイルエラーが発生します（それは本当かい？　シャーロック）。そして、コードを書いた後にテストの失敗を修正します。私はエラーが嫌いです。エラーを見ると、自分が失敗したように感じます。エディタの赤い波線、エラー一覧ウィンドウのSTOPサイン、警告アイコンは全て認知負荷となり、混乱を招き、集中力を妨げます。

コードを書く前にテストに集中すると、解決すべき問題よりもテストについて考えるようになります。よりよいテストの書き方を考えるようになってしまうのです。テストを書く作業、テストフレームワークの構文要素、テストの構成に頭を使い、プロダクトコード自体がおろそかになります。これはテストの目的ではありません。テストは考えさせるものであってはなりません。テストは、書けるコードの中で最も簡単なものであるべきです。そうでなければ、方法が間違っています。

コードを書く前にテストを書くと、埋没費用効果の罠に陥ります。「第3章　役に立つアンチパターン」で、依存関係がコードを硬直化させることについて触れたことを覚えているでしょうか？　そうです、テストもコードに依存するのです。本格的なテストスイートがあると、テストも変更しなければならないため、コードの設計変更に消極的になってしまいます。これは、プロトタイピングする際の柔軟性を損ないます。確かに、テストは設計が本当に機能するかどうかについていくつかのアイデアを与えてくれますが、それは孤立したシナリオのみにおいてです。後になって、プロトタイプがほかのコンポーネントとうまく連携しないことが判明し、テストを書く前に設計を変更する必要が出てくるかもしれません。設計に多くの時間を費やす場合は問題ありませんが、通常の現場ではそうではありません。設計を迅速に変更できる必要があります。

プロトタイプがほぼ完成し、うまく機能していると思われる場合は、次にテストを書くことを検討できます。確かに、テストはコードの変更を難しくしますが、同時に、コードの動作に自信を持たせ、より簡単に変更できるようにすることで、その欠点を補います。結果的に、開発のスピードアップが達成されるわけです。

4.4 自身のためにもテストを書こう

　そう、テストを書くことは、ソフトウェアの品質を向上させるだけではなく、あなた自身の生活の質も向上させます。テストを先に書くと、コードの設計変更が制限されることについては、すでに述べました。一方で、後からテストを書くと、コードは柔軟になります。なぜなら、コードの内容を完全に忘れてしまった後でも、動作を壊す心配もなく、大きな変更を簡単に行えるからです。後からテストを書くことは、あなたを自由にし、一種の保険のようなものとして、埋没費用効果とは逆の効果を与えてくれるのです。テストを後から書くことで、プロトタイピングのような迅速なイテレーションの段階でやる気を削がれることがなくなります。コードを徹底的に見直す必要があるでしょうか？　そうであれば、まず行うべきことは、そのためのテストを書くことです。

　優れたプロトタイプが完成した後にテストを書くことは、設計のおさらいになります。テストを念頭に置きながら、コード全体をもう一度見直すわけです。そうすると、プロトタイピング中には見つけられなかった問題点を特定できるかもしれません。

　コードに小さく些細な修正を加えることで、大きなコーディング作業に向けたウォーミングアップができると述べたことを覚えているでしょうか？　テストを書くことは、まさにそのための素晴らしい方法です。不足しているテストを見つけて追加しましょう。冗長ではないのであれば、テストは多いに越したことはありません。テストは、これから行う作業に関連している必要はありません。ただひたすらテストカバレッジを追加する中で、バグが見つかる可能性もあります。

　テストは、明確でわかりやすく書かれていれば、仕様書やドキュメントの役割を果たします。各テストコードは、その記述方法と命名規則によって、関数の入力と期待される出力を明確に示す必要があります。テストコードは、何かを説明する最良の手段ではないかもしれませんが、何もないよりは千倍もマシです。

　同僚に自分のコードを壊されるのが嫌ですか？　テストは、それを防ぐのに役立ちます。テストは、開発者が破ることのできない、コードと仕様の間の契約を強制します。次のようなコメントをもう見なくても済むのです。

```
// このコードを書いたとき、
// 神と私だけが何をしたのかを知っていた
// 今となっては神のみぞ知る※注2
```

※注2　この有名なコメントは、19世紀に生きた作家ヨハン・パウル・フリードリヒ・リヒターに由来するジョーク。彼は1行のコードも書かず、コメントだけを書いた。https://quoteinvestigator.com/2013/09/24/god-knows/

テストは、修正されたバグが再発しないことを保証します。バグを修正するたびに、そのためのテストを追加することで、二度とそのバグに対処する必要がなくなります。そうでなければ、いつ別の変更によってバグが再発するかはわかりません。このように使用することで、テストは時間を大幅に節約してくれます。

テストは、ソフトウェアと開発者の両方を向上させます。より効率的な開発者になるために、テストを書きましょう。

4.5　テスト対象の決定

> *永遠に実行できるものは停止しない、*
> *そして、奇妙な永遠の時間の中では、テストさえも失敗することがある。*
> *　　　　　　　　　　　—ハワード・フィリップス・コードクラフト* [訳注7]

1つのテストを書いて成功するのを確認するのは、物語の半分に過ぎません。それだけで、関数が正しい挙動をするということにはなりません。コードが壊れたときにテストは失敗するでしょうか？　考え得る全てのシナリオを網羅しているでしょうか？　何をテストすべきでしょうか？　テストがバグの発見に役立たないのであれば、それはすでに失敗です。

かつての上司は、チームが信頼できるテストを作成しているかを確認するために、プロダクトコードからランダムにコード行を削除し、テストを再実行することを手動で行っていました。テストが成功した場合、それは適切なテストの作成に失敗しているということです。

テストすべきケースを特定するための、もっとよいアプローチがあります。仕様書は素晴らしい出発点ですが、現場では滅多に目にすることはありません。自分で仕様書を作成することも理にかなっていますが、たとえコードしかなくても、テストすべき対象を特定する方法があります。

4.5.1　境界を大事にする

40億通りもの値を取り得る単純な整数を引数とする関数を呼び出せるとしましょう。だからといって、それぞれの値に対して関数が正しい挙動をするかどうかをテストする

訳注7　アメリカの小説家ハワード・フィリップス・ラヴクラフト（Howard Phillips Lovecraft）の作品の1つ『無名都市』（The Nameless City）のパロディ。名状しがたい。

必要があるでしょうか？　もちろん、その必要はないのですが、どの入力値がコードを分岐させたり、値をオーバーフローさせたりするのかを特定し、それらの値の周辺をテストしなければなりません。

　オンラインゲームの登録ページで、生年月日が法定年齢に達しているかどうかを確認する関数を考えてみましょう。（18歳がゲームの法定年齢だと仮定して）18歳以上の人であれば簡単です。単に現在の年から年齢を引いて、18歳以上かどうかを確認するだけです。しかし、その人が先週18歳になったばかりだったとしたら、どうでしょうか？　平凡なグラフィックの課金勢有利のゲームを楽しむ機会を奪うつもりでしょうか？　もちろん、そうあってはなりません。

　IsLegalBirthdateという関数を定義しましょう。誕生日にはタイムゾーンは関係ないので、DateTimeOffsetではなくDateTimeクラスを使用します。サモアで12月21日に生まれたとしたら、誕生日は世界のどこでも12月21日です。わずか100マイルしか離れていないにもかかわらず、サモアより24時間進んでいるアメリカ領サモアでも同じです。毎年、親戚をクリスマスディナーにいつ招待するかについて激しい議論が交わされているのでしょう。タイムゾーンとは奇妙なものです。

　とにかく、まずは年の差を計算します。正確な日付を見る必要があるのは、その人が18歳になる年の場合だけです。その際は、月と日を確認します。それ以外は、18歳以上かどうかだけを確認します。数値を書くとタイプミスしやすいため、コードの至るところに「18」と記述するのではなく、定数で法定年齢を表現します。上司から「法定年齢を21歳に引き上げてくれないか？」と頼まれた場合でも、この関数内で編集する場所は1つだけです。また、コード内の全ての18の横に「// 法定年齢」とコメントを入れて説明する必要もなくなります。定数を使用すれば一目瞭然です。関数内の全ての条件式（if文、whileループ、switch文など）は、特定の入力値のみに対して内部のコードパスを実行するようにします。つまり、入力パラメータに応じて、条件式に基づいて入力値の範囲を分割するということです。リスト4.5の例では、西暦1年1月1日から9999年12月31日までの約360万通りの全てのDateTime値をテストする必要はありません。7つの異なる入力値をテストするだけで済みます。

▼**リスト4.5　用心のためのアルゴリズム**

```
public static bool IsLegalBirthdate(DateTime birthdate) {
  const int legalAge = 18;
  var now = DateTime.Now;
  int age = now.Year - birthdate.Year;
  if (age == legalAge) {          コード内の条件文
    return now.Month > birthdate.Month
```

```
     || (now.Month == birthdate.Month
         && now.Day > birthdate.Day);
  }
  return age > legalAge;
}
```

コード内の条件文

7つの入力値は、表4.2の通りです。

	年の差	誕生月	誕生日	期待値
1	= 18	= Current month	< Current day	true
2	= 18	= Current month	= Current day	false
3	= 18	= Current month	> Current day	false
4	= 18	< Current month	Any	true
5	= 18	> Current month	Any	false
6	> 18	Any	Any	true
7	< 18	Any	Any	false

▲**表4.2** 条件文に基づく入力値の分割

　条件式を精査するだけで、ケース数を360万から7に減らせました。こういったような入力範囲を分割する条件式は、関数内のコードパスの入力値の境界を定義するため、**境界条件**と呼ばれます。次に、リスト4.6に示すように、これらの入力値のテストを作成できます。基本的に、入力にテストテーブルのクローンを作成し、それをDateTimeに変換して、関数を実行します。生年月日の合法性は現在の時刻に基づいて変化するため、DateTime値を入力／出力テーブルにハードコードすることはできません。

　以前のようにTimeSpanベースの関数に変換することもできますが、法定年齢は正確な日数に基づいているのではなく、絶対的な日時に基づいています。また、頭の中のモデルを正確に反映しているため、表4.2のほうが優れています。−1を「未満」、1を「超過」、0を「等しい」とし、これらの値を基準として実際の入力値を準備します。

▼**リスト4.6**　表4.2からテスト関数を作成

```
[TestCase(18,  0, -1, ExpectedResult = true)]
[TestCase(18,  0,  0, ExpectedResult = false)]
[TestCase(18,  0,  1, ExpectedResult = false)]
[TestCase(18, -1,  0, ExpectedResult = true)]
[TestCase(18,  1,  0, ExpectedResult = false)]
[TestCase(19,  0,  0, ExpectedResult = true)]
[TestCase(17,  0,  0, ExpectedResult = false)]
```

```
public bool IsLegalBirthdate_ReturnsExpectedValues(
  int yearDifference, int monthDifference, int dayDifference) {
  var now = DateTime.Now;
  var input = now.AddYears(-yearDifference)          実際の入力値を準備する
    .AddMonths(monthDifference)
    .AddDays(dayDifference);
  return DateTimeExtensions.IsLegalBirthdate(input);
}
```

　やりました！　具体的なテスト計画を作成するために、あり得る入力の数を絞り込み、関数で何をテストすべきかを正確に特定できました。

　関数で何をテストすべきかを調べるには、仕様書から始めるべきです。しかし、現場では、そもそも仕様が存在しなかったり、ずっと前に廃止されていたりすることがよくあるので、次善の策は境界条件から始めることです。パラメタライズドテストを使用することも、繰り返し似たようなテストコードを書くことではなく、何をテストすべきかに焦点を当てるのに役立ちます。テストごとに新しい関数を作成しなければならない場合もありますが、特にこのようなデータに依存するテストでは、パラメタライズドテストによってかなりの時間を節約できます。

4.5.2　コードカバレッジ

　コードカバレッジは魔法のようなもので、魔法と同じく、ほとんどがおとぎ話です。コードカバレッジは、コードの各行にコールバックを挿入することで測定され、テストによって呼び出されたコードがどこまで実行され、どの部分が欠落しているのかを追跡します。こうすることで、コードのどの部分が実行されておらず、テストが不足しているかを発見できるのです。

　通常、開発環境には、コードカバレッジ測定ツールは標準搭載されていません。Visual Studioの非常に高価なエディションか、NCrunch、dotCover[訳注8]、NCover[訳注9]などの有料のサードパーティツールに含まれています。Codecov[訳注10]はオンラインリポジトリと連携できるサービスで、無料プランも提供しています。本書の執筆時点では、.NETにおいてローカルで無料でコードカバレッジを測定するには、Coverlet[訳注11]ライブラリと

訳注8　JetBrainsが提供する.NET向けのコードカバレッジツール。https://www.jetbrains.com/ja-jp/dotcover/
訳注9　.NET向けのコードカバレッジ測定ツール。https://www.ncover.com/
訳注10　コードカバレッジを統合的に分析・可視化するツール。https://codecov.io/
訳注11　.NET向けのオープンソースのコードカバレッジ測定ツール。https://github.com/coverlet-coverage/coverlet

Visual Studio Codeのコードカバレッジレポート拡張機能[訳注12]を使用するしかありませんでした。

コードカバレッジツールは、テストを実行したときにコードのどの部分が実行されたのかを共有してくれます。全てのコードパスを実行するために、どのようなテストカバレッジが不足しているのかを確認できるのは非常に便利です。しかし、それはおとぎ話の一部に過ぎず、間違いなく最も効果的な方法ではありません。コードカバレッジが100%でも、テストケースが不足している可能性があります。これについては後述します。

次のリストのように、IsLegalBirthdate関数をちょうど18歳の誕生日で呼び出すテストをコメントアウトしたとします。

▼**リスト4.7　テストの欠落**

```
//[TestCase(18,  0, -1, ExpectedResult = true)]
//[TestCase(18,  0,  0, ExpectedResult = false)]
//[TestCase(18,  0,  1, ExpectedResult = false)]
//[TestCase(18, -1,  0, ExpectedResult = true)]
//[TestCase(18,  1,  0, ExpectedResult = false)]
[TestCase(19,  0,  0, ExpectedResult = true)]
[TestCase(17,  0,  0, ExpectedResult = false)]
public bool IsLegalBirthdate_ReturnsExpectedValues(
  int yearÐifference, int monthÐifference, int dayÐifference) {
  var now = ÐateTime.Now;
  var input = now.AddYears(-yearÐifference)
    .AddMonths(monthÐifference)
    .AddÐays(dayÐifference);
  return ÐateTimeExtensions.IsLegalBirthdate(input);
}
```

コメントアウトされた
テストケース

この場合、例えばNCrunchのようなツールであれば、図4.4のように不足しているカバレッジを表示します。if文の中のreturn文の横のカバレッジサークルは、「age == legalAge」という条件に一致するパラメータで関数を呼び出していないため、グレーアウトされています。つまり、いくつかの入力値が不足しているということです。

訳注12　Visual Studio Codeのコードカバレッジレポートの拡張機能は、Coverletの出力を解釈し、コードカバレッジレポートを生成する。

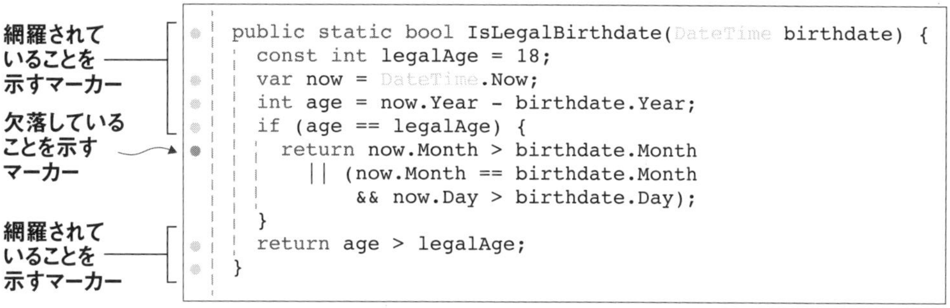

```
                   ┌─ ● │ public static bool IsLegalBirthdate(DateTime birthdate) {
網羅されて       │  ● │   const int legalAge = 18;
いることを ─────┤  ● │   var now = DateTime.Now;
示すマーカー     │  ● │   int age = now.Year - birthdate.Year;
                   └─ ● │   if (age == legalAge) {
欠落している        ● │     return now.Month > birthdate.Month
ことを示す ──────►   │       || (now.Month == birthdate.Month
マーカー              │           && now.Day > birthdate.Day);
                      │   }
網羅されて        ┌─ ● │   return age > legalAge;
いることを ──────┤  ● │ }
示すマーカー     └─
```

▲**図4.4** コードカバレッジの欠落

　コメントアウトされているテストケースのコメントを外してテストを再度実行すると、図4.5に示されるように、コードカバレッジが100％になります。

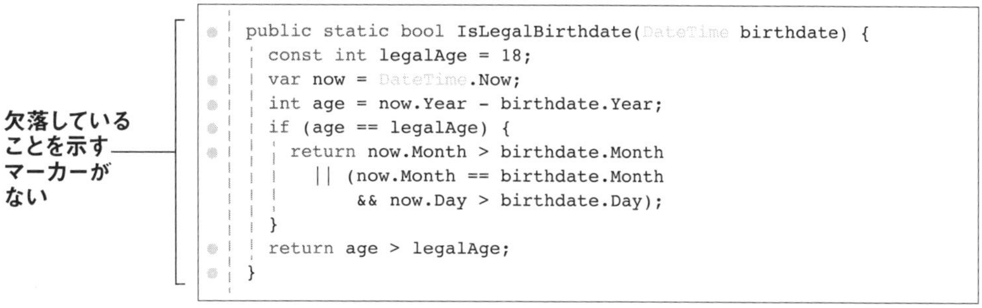

```
          ┌ ● │ public static bool IsLegalBirthdate(DateTime birthdate) {
          │   │   const int legalAge = 18;
          │ ● │   var now = DateTime.Now;
          │   │   int age = now.Year - birthdate.Year;
          │ ● │   if (age == legalAge) {
欠落している│ ● │     return now.Month > birthdate.Month
ことを示す ─┤   │       || (now.Month == birthdate.Month
マーカーが  │   │           && now.Day > birthdate.Day);
ない        │   │   }
          │ ● │   return age > legalAge;
          └ ● │ }
```

▲**図4.5** コードカバレッジ100％

　コードカバレッジツールはよい出発点ですが、実際のテストカバレッジを完全に把握する手段としては不十分です。そのため、入力値の範囲と境界条件を十分に理解しておく必要があります。コードカバレッジ100％は、テストカバレッジ100％を意味するものではないのです。例えば、リストからインデックスによって項目を返す必要がある次の関数を考えてみましょう。

```
public Tag GetTagDetails(byte numberOfItems, int index) {
  return GetTrendingTags(numberOfItems)[index];
}
```

　「GetTagDetails(1, 0)」を呼び出すと成功し、すぐに100％のコードカバレッジを達成します。しかし、考え得る全てのケースをテストしたことになるのでしょうか？いいえ。入力値のカバレッジは100％には程遠いでしょう。numberOfItemsがゼロで、indexがゼロ以外の場合どうなるでしょうか？　indexが負の場合どうなるでしょうか？

こうした懸念事項は、コードカバレッジの数値だけにとらわれて、その数値を満たすことに注力すべきではないことを示しています。そうではなく、考え得る全ての入力値と境界値を十分に検討し、テストカバレッジについて意識的に考慮すべきです。とはいえ、これらは互いに排他的ではありません。両方のアプローチを同時に使用できます。

4.6 テストを書かない

テストは確かに役立ちますが、テストを全く書く必要がないことに勝るものはありません。テストを書かずにコードの信頼性を維持するには、どうすればよいのでしょうか?

4.6.1 コードを書かない

コードが存在しなければテストする必要はなく、削除されたコードにバグはありません。コードを書く際に、このことを考えてみてください。テストを書く価値はあるでしょうか? そもそも、そのコードを書く必要はないのかもしれません。例えば、既存のパッケージを利用すれば、一から実装する必要はないのではありませんか? 実装しようとしているものと、全く同じ機能を持つ既存のクラスを活用できませんか? 例えば、URLを検証するために独自の正規表現を書きたいと思うかもしれませんが、System.Uri クラスを活用するだけで済むこともあります。

もちろん、サードパーティのコードが完璧で、常に目的に適しているとは限りません。後になってそのコードが役に立たないことがわかるかもしれませんが、通常は、一から実装する前にサードパーティのコードを使用するリスクを負う価値は十分にあります。同様に、作業中のコードベースに、同僚が実装した同じ機能を持つコードがあるかもしれません。コードベースを検索し、適切なものがあるかを確認してみてください。

これらの方法が全てうまくいかなかった場合は、独自の実装を検討しましょう。車輪の再発明を恐れないでください。「第3章 役に立つアンチパターン」で説明したように、これは、非常に多くのことを学べるよい経験になるかもしれません。

4.6.2 全てのテストを書かない

有名な**パレートの法則**は、結果の80%は原因の20%から生じると述べています。少なくとも、定義の80%はそういっています。より一般的には**80/20の法則**と呼ばれています。これは、テストにも当てはまります。テストを賢く選択すれば、20%のテストカバレッジで80%の信頼性を獲得できます。

バグは均質に現れるわけではありません。また、全てのコード行が同じ確率でバグを発生させるわけでもありません。より頻繁に使用されるコードや変更頻度の高いコードで

バグが見つかる可能性が高くなります。コードの中で問題が発生しやすい領域を**ホットパ
ス**と呼びます。

まさに私のWebサイトで行ったことです。世界で最も人気のあるトルコ語のWebサイト
の1つになった後も、テストは全くしていませんでした。その後、テキストマークアップパー
サーでバグが多発するようになったため、テストを追加しなければなりませんでした。
このマークアップは独自のもので、Markdownとは似ても似つかないものでしたが、デイ
ブ・グルーバーがオレンジでビタミンを摂取するよりも前に開発したものです[訳注13]。構文
解析ロジックは複雑でバグが発生しやすかったため、本番環境にデプロイした後に全て
の問題を修正するのは非現実的でした。そこで、テストスイートを開発しました。テストフ
レームワークが登場する前のことだったので、自分で開発しなければならなかったので
す。同じバグを何度も作るのが嫌だったので、バグが発生するたびにテストを徐々に追加
していきました。最終的には非常に広範なテストスイートを開発し、何千回もの本番環境
での障害を防ぐことができました。テストは効果があります。

Webサイトのホームページを表示するだけでも、ほかのページと共有されている多く
のコードパスを実行するため、かなりのコードカバレッジが得られます。これは一般に**ス
モークテスト**と呼ばれています。最初のコンピュータのプロトタイプを開発していたころ、
電源を入れて煙が出るかどうかを確認していたという故事に由来しています。煙が出な
ければ、かなりよい兆候でした。同様に、重要度が高い共有コンポーネントのテストカバ
レッジを確保することは、100%のコードカバレッジを目指すよりも重要です。テストでカ
バーされていない基本的なコンストラクタのたった1行のコードに対して、テストカバレッ
ジを追加するために何時間も費やす必要はありません。コードカバレッジが全てではな
いことは、すでに説明した通りです。

4.7 コンパイラにコードをテストさせる

強い型付け言語では、型システムを活用して必要なテストケースの数を減らせます。
null許容参照がコード内のnullチェックを回避するのに、どのように役立つかについて
はすでに説明しました。これは、nullケースのテストを書く必要性も減らします。簡単な
例を見てみましょう。前のセクションでは、登録しようとしている人が18歳以上であること
を検証しました。今度は、選択されたユーザー名が有効かどうかを検証する必要がある
ので、ユーザー名を検証する関数が必要です。

訳注13 Markdownがまだ存在していなかったということをもじったジョーク。デイブ・クルーバーは、オリジナルの
Markdownの開発者。

4.7.1 nullチェックの排除

　ユーザー名のルールを、小文字の英数字で最大8文字とします。このようなユーザー名に一致する正規表現パターンは「^[a-z0-9]{1,8}$」です。リスト4.8のように、コード内のあらゆるユーザー名を表すUsernameクラスを定義します。ユーザー名を必要とするコードにこのクラスを渡すことで、入力をどこで検証すべきかを考える必要がなくなります。

　ユーザー名が決して無効にならないように、コンストラクタでパラメータを検証し、正しい形式でない場合は例外をスローします。コンストラクタ以外のコードは、値の比較処理のためのボイラープレート[訳注14]です。このようなクラスは、基本となるStringValueクラスを作成し、文字列ベースの値クラスごとに最小限のコードを書くことで、常に派生できます。本書では、コードの内容を明確にするために、実装を重複させることにしました。パラメータの参照に、ハードコードされた文字列ではなくnameof演算子が使用されていることに注目してください。こうすることで、名前を変更した後も名前を同期させることができます。nameof演算子はフィールドやプロパティにも使用でき、データがほかのフィールドに格納され、名前で参照する必要があるテストケースで特に便利です。

▼リスト4.8　ユーザー名の値型の実装

```csharp
public class Username {
  public string Value { get; private set; }
  private const string validUsernamePattern = @"^[a-z0-9]{1,8}$";

  public Username(string username) {
    if (username is null) {                                    // ここでユーザー名を
      throw new ArgumentNullException(nameof(username));       // 1度だけ検証する
    }
    if (!Regex.IsMatch(username, validUsernamePattern)) {
      throw new ArgumentException(nameof(username),
        "Invalid username");
    }
    this.Value = username;
  }

  public override string ToString() => base.ToString();
  public override int GetHashCode() => Value.GetHashCode();    // クラスを比較可能に
  public override bool Equals(object obj) {                    // するためのお決まりの
    return obj is Username other && other.Value == Value;      // ボイラープレート
  }
```

訳注14　特定の目的を達成するために、何度も繰り返し使用される定型的なコードのこと。

```
public static implicit operator string(Username username) {
  return username.Value;
}
public static bool operator==(Username a, Username b) {
  return a.Value == b.Value;
}
public static bool operator !=(Username a, Username b) {
  return !(a == b);
}
}
```

クラスを比較可能に
するためのお決まりの
ボイラープレート

正規表現にまつわる神話

　正規表現は、コンピュータサイエンスの歴史における最も素晴らしい発明の1つです。私たちは、かの高名なスティーヴン・コール・クリーネ[訳注15]に感謝しなければなりません。正規表現を使用すると、わずか数文字でテキストパーサーを作成できます。パターン「light」は文字列「light」のみと一致しますが、パターン「[ln]ight」は「light」と「night」の両方に一致します。同様に、「li(gh){1,2}t」は「light」と「lighght」に一致します。ちなみに、これはタイプミスではなく、アラム・サローヤン[訳注16]の一行詩です。

　ジェイミー・ザウィンスキー[訳注17]は、「ある問題に直面したとき、『そうだ、正規表現を使おう』と考える人がいる。その人は今、2つの問題を抱えている」という有名な言葉を残しています。正規表現という言葉は、特定の構文解析における特性を暗示しています。正規表現はコンテキストを認識しないため、単一の正規表現を使用してHTMLドキュメント内の最も内側のタグを見つけたり、一致しない終了タグを検出したりすることはできません。つまり、複雑な解析タスクには適していないのです。それでも、ネスト構造のないテキストを解析するために使用できます。

　正規表現は、適切なケースでは驚くほど高性能です。さらにパフォーマンスが必要な場合は、RegexOptions.Compiledオプションを指定してRegexオブジェクトを作成することで、C#で事前にコンパイルできます。これは、パターンに基づいて文字列を解析するカスタムコードが必要に応じて作成されるということです。パター

訳注15　アメリカの数学者、正規表現の発明者。正規表現は、文字列の集合を1つの文字列で表現する方法として考案された。

訳注16　アメリカの詩人、小説家、劇作家、エッセイスト。

訳注17　アメリカのプログラマー、起業家、オープンソースソフトウェア開発者。NCSA Mosaic や Netscape Navigator などの共同開発者。

ンはC#に変換され、最終的には機械語に変換されます。同じRegexオブジェクト
を連続で呼び出すと、コンパイルされたコードを再利用するため、複数回反復する
ケースではパフォーマンスが向上します。

　正規表現は高性能ですが、もっと簡単な代替手段がある場合は使用すべきでは
ありません。文字列が特定の長さかどうかを確認する必要がある場合は、単純に
「str.Length == 5」としたほうが、「Regex.IsMatch(@"^.{5}$", str)」より
もはるかに高速で読みやすくなります。同様に、stringクラスには、StartsWith、
EndsWith、IndexOf、LastIndexOf、IsNullOrEmpty、IsNullOrWhiteSpace
など、一般的な文字列チェック操作のための高性能なメソッドが多数含まれていま
す。特定のユースケースでは、正規表現よりも提供されているメソッドを常に優先し
てください。

　とはいえ、正規表現は、開発環境では強力なツールになり得るため、少なくとも
基本的な構文を理解しておくことも重要でしょう。非常に複雑な方法でコードを操
作できるため、作業時間を大幅に節約できます。一般的なテキストエディタは全て、
検索と置換操作で正規表現をサポートしています。「コード行の横に表示される場
合のみ、コード内の数百個の括弧を次の行に移動する」といった操作が可能です。
正しい正規表現パターンを数分かけて考えるだけで、手動だと1時間かかる作業を
省力化できます。

　Usernameクラスのコンストラクタをテストするには、リスト4.9に示したように、3つの
異なるテストメソッドを作成する必要があります。まず、null許容の場合は異なる例外が
発生するための確認用に1つ、次に、null以外の無効な入力を確認するために1つ、そし
て最後に、有効な入力を有効な値として認識するのを確認するために1つです。

▼**リスト4.9**　Usernameクラスのコンストラクタのテスト

```
class UsernameTest {
  [Test]
  public void ctor_nullUsername_ThrowsArgumentNullException() {
    Assert.Throws<ArgumentNullException>(
      () => new Username(null));
  }

  [TestCase("")]
  [TestCase("Upper")]
  [TestCase("toolongusername")]
  [TestCase("root!!")]
```

```
[TestCase("a b")]
public void ctor_invalidUsername_ThrowsArgumentException(string username) {
  Assert.Throws<ArgumentException>(
    () => new Username(username));
}


[TestCase("a")]
[TestCase("1")]
[TestCase("hunter2")]
[TestCase("12345678")]
[TestCase("abcdefgh")]
public void ctor_validUsername_DoesNotThrow(string username) {
  Assert.DoesNotThrow(() => new Username(username));
}
}
```

Usernameクラスが属するプロジェクトでnull許容参照を有効にしていれば、nullの場合のテストを記述する必要はありません。唯一の例外は、パブリックAPIを作成する場合で、null許容参照を認識できないコード上で実行される可能性があります。その場合は、引き続きnullチェックを行う必要があります。

同様に、Usernameを適切な場合に構造体として宣言すると、値型であるためnullチェックの必要性がなくなります。正しい型と正しい構造を使用することで、コンパイラがコードの正確性を保証してくれるため、テストの数を削減ができるのです。

目的に応じて特定の型を使用すれば、テストの必要性も削減できます。名前を登録する関数が文字列の代わりにUsernameを受け取る場合、登録関数が引数を検証するかどうかを確認する必要はありません。同様に、関数がURL引数をUriクラスとして受け取るのであれば、関数がURLを正しく処理するかどうかを確認する必要がなくなります。

4.7.2 範囲チェックの排除

符号なし整数型を使用することで、無効な入力値の可能性のある範囲を狭めることができます。表4.3にプリミティブ整数型の符号なしバージョンを示します。ここでは、よりコードに適切かもしれない、さまざまなデータ型とその範囲が示されています。int型は、.NETの整数の標準型であるため、型がintと直接互換性があるかどうかにも注意が重要です。これらの型はどこかで見たことがあるはずですが、テストケースを追加する時間を省けると考えたことはなかったかもしれません。例えば、関数が正の値のみを必要とする場合、int型を使用して負の値をチェックし、例外をスローする必要はありません。代わりにuint型を受け取ればよいのです。

型名	整数型	値の範囲	値を損失せずにint に代入可能か？
int	32ビット符号付き	-2147483648..2147483647	なんだかなぁ
uint	32ビット符号なし	0..4294967295	No
long	64ビット符号付き	-9223372036854775808 ..9223372036854775807	No
ulong	64ビット符号なし	0..18446744073709551615	No
short	16ビット符号付き	-32768..32767	Yes
ushort	16ビット符号なし	0..65535	Yes
sbyte	8ビット符号付き	-128..127	Yes
byte	8ビット符号なし	0..255	Yes

▲表4.3　値の範囲が異なる、intの代わりに利用できる整数型

　符号のない型を使用する場合、関数に負の定数値を渡そうとするとコンパイルエラーが発生します。負の値を持つ変数を渡すことは、明示的な型キャストによってのみ可能であり、呼び出し元でその値が本当にその関数に適しているかどうかを考慮する必要があります。負の引数に対する検証は、もはや関数の責任ではありません。マイクロブログWebサイトで、指定された項目の数だけトレンドタグを返す必要がある関数を想定します。リスト4.10のように、投稿の行を取得する項目の数を受け取ります。

　また、リスト4.10では、GetTrendingTags関数はアイテムの数を受け取ってアイテムを返します。トレンドタグリストで255個を超えるアイテムを使用するユースケースがないため、入力値はintではなくbyteであることに注目してください。こうすることで、入力値が負または大きすぎるケースは即座に排除されます。入力の検証も不要です。その結果、テストケースが1つ減り、入力値の範囲が大幅に絞られ、バグが発生する領域が即座に縮まります。

▼リスト4.10　特定のページに属する投稿のみを取得する関数

```
using System;
using System.Collections.Generic;
using System.Linq;

namespace Posts {
  public class Tag {
    public Guid Id { get; set; }
    public string Title { get; set; }
  }
```

```
public class PostService {
  public const int MaxPageSize = 100;
  private readonly IPostRepository db;

  public PostService(IPostRepository db) {
    this.db = db;
  }

  public IList<Tag> GetTrendingTags(byte numberOfItems) {    ← intの代わりに
    return db.GetTrendingTagTable()                              byteを選択
      .Take(numberOfItems)    ← byteまたはushortも
      .ToList();                 intと同様に安全に渡せる
  }
}
}
```

　ここでは2つのことが行われています。まず、ユースケースに合わせて、より小さいデータ型を選択しました。トレンドタグボックスで数十億行をサポートするつもりはありません。そのような状況がどうなるのかすらわかりません。入力範囲を絞り込みました。次に、負の値を取れない符号のない型であるbyteを選択しました。そうすることで、起こり得るテストケースと、例外が引き起こす可能性のある問題を回避できました。LINQ[訳注18]のTake関数は、Listでは例外をスローしませんが、Microsoft SQL Serverのようなデータベースのクエリに変換されると例外をスローする可能性があります。型を変更することで、こうしたケースを回避し、そのためのテストを書く必要がなくなります。

　.NETでは、インデックスやカウントなど多くの操作で、intが事実上の標準型として使用されていることに注意してください。別の型を選択すると、標準の.NETコンポーネントとやり取りする場合に、値をintにキャストおよび変換する必要が生じる可能性があるということです。細部にこだわりすぎて、自身の首を絞めないように気を付けなければなりません。コードを書くことから得られる生活の質と楽しみは、防ごうとしている特定の例外的なケースよりも重要です。例えば、将来的に255個を超える項目が必要になった場合、byteへの全ての参照をshortまたはintに置き換えなければならず、これには時間がかかる可能性があります。テストを書く手間を省くことが、本当に価値があるかどうかを確認することが必要です。多くの場合、さまざまな型を扱うよりも、追加のテストを書くほうが好ましいと感じるかもしれません。結局のところ、有効な値の範囲を示すために型を使うことがどれほど強力であっても、重要なのはあなたの快適さと時間だけなのです。

訳注18　LINQ（Language Integrated Query）は、.NET Framework 3.5から導入されたクエリ言語で、データソースからデータを取得し、変換、フィルタリング、並べ替え、グループ化、集計などを行う。

4.7.3　有効な値チェックの排除

　関数内で操作を示すために値を使用することがあります。一般的な例は、Cプログラミング言語のfopen関数で、引数の2番目にファイルのオープンモードを表す文字列パラメータを受け取ります。これは、**読み取り専用で開く**、**追記モードで開く**、**書き込みモードで開く**などを意味します。

　C言語が登場してからの数十年後、.NETチームはさらによい決断を下し、それぞれのケースに対して個別の関数を作成しました。File.Create、File.OpenRead、File.OpenWriteという別々のメソッドがあり、追加のパラメータと、そのパラメータの解析が不要になりました。間違ったパラメータを渡すことは不可能です。パラメータがないため、関数がパラメータ解析でバグを発生させることはあり得ません。

　このような値を使用して操作の種類を示すことはよくありますが、その代わりに、それらを別々の関数に分けることを検討してください。そうすることで、意図がより明確に伝わり、テスト範囲を縮小することが可能になります。

　C#でよく使われる手法の1つは、ブール型パラメータを使用して実行中の関数のロジックを変更することです。例として、リスト4.11のように、トレンドタグ取得関数にソートオプションを追加することを考えてみましょう。タグ管理ページにもトレンドタグが必要で、そこでタイトル順にソートして表示するのがよいと仮定します。熱力学の法則に反して[訳注19]、開発者は常にエントロピーを失う傾向があります。開発者たちは、常に、将来どれだけの負担になるかを考えずに、最小のエントロピーで変更しようとします。開発者が最初に思いつくのは、ブール型パラメータを追加して済ませることでしょう。

▼**リスト4.11**　ブール型パラメータ

```csharp
public IList<Tag> GetTrendingTags(byte numberOfItems,
  bool sortByTitle) {          ◀──── 新しく追加されたパラメータ
  var query = db.GetTrendingTagTable();
  if (sortByTitle) {          ◀──── 新しく追加された条件文
    query = query.OrderBy(p => p.Title);
  }
  return query.Take(numberOfItems).ToList();
}
```

　問題は、このようにブール値を追加し続けると、関数パラメータの組み合わせによっては関数が非常に複雑になる可能性があるということです。昨日のトレンドタグを必要とする別の機能があるとしましょう。次のリストのように、ほかのパラメータと一緒にそれを

訳注19　熱力学の法則では、物事は放っておくと乱雑・無秩序・複雑な方向に向かっていくとされる。

追加します。これにより、関数はsortByTitleとyesterdaysTagsの組み合わせもサ
ポートする必要があります。

▼**リスト4.12** ブール型パラメータをさらに追加

```
public IList<Tag> GetTrendingTags(byte numberOfItems,
  bool sortByTitle, bool yesterdaysTags) {          ← 追加のパラメータ！
  var query = yesterdaysTags
    ? db.GetTrendingTagTable()
    : db.GetYesterdaysTrendingTagTable();            追加の条件文！
  if (sortByTitle) {
    query = query.OrderBy(p => p.Title);
  }
  return query.Take(numberOfItems).ToList();
}
```

　病状は悪化の一途をたどっています。関数の複雑さは、ブール型パラメータが増える
ごとに増します。3つの異なるユースケースがありますが、関数は4種類あります。ブール
型パラメータを追加するたびに、誰も使用しない架空のバージョンを作成しているのです
……いつか誰かがそれを使用して窮地に陥る可能性はありますが。よりよいアプローチ
は、次に示されているように、クライアントごとに個別の関数を持つことです。

▼**リスト4.13** 個別の関数

```
public IList<Tag> GetTrendingTags(byte numberOfItems) {   ←
  return db.GetTrendingTagTable()
    .Take(numberOfItems)
    .ToList();
}

public IList<Tag> GetTrendingTagsByTitle(   ←                  パラメータで
  byte numberOfItems) {                                        はなく関数名
  return db.GetTrendingTagTable()                              で機能を分離
    .OrderBy(p => p.Title)
    .Take(numberOfItems)
    .ToList();
}

public IList<Tag> GetYesterdaysTrendingTags(byte numberOfItems) {   ←
  return db.GetYesterdaysTrendingTagTable()
    .Take(numberOfItems)
    .ToList();
}
```

153

これでテストケースが1つ減りました。可読性が大幅に向上し、コストなしで得られる
ボーナスとしてパフォーマンスもわずかに向上します。もちろん、得られるものはごくわ
ずかであり、単一の関数では目立ちませんが、コードのスケーリングが必要になる頃は、
いつの間にか大きな違いが生じている可能性があります。パラメータで状態を渡そうとせ
ず、可能な限り関数を活用することで、節約で得られるメリットは指数関数的に増えるの
です。それでも、コードの重複に悩まされることもありますが、次のリストのように、共通
の関数として簡単にリファクタリングできます。

▼**リスト4.14**　共通のロジックをリファクタリングして分離した関数

```
private IList<Tag> toListTrimmed(byte numberOfItems,
  IQueryable<Tag> query) {                              共通の機能
  return query.Take(numberOfItems).ToList();
}


public IList<Tag> GetTrendingTags(byte numberOfItems) {
  return toListTrimmed(numberOfItems, db.GetTrendingTagTable());
}


public IList<Tag> GetTrendingTagsByTitle(byte numberOfItems) {
  return toListTrimmed(numberOfItems, db.GetTrendingTagTable()
    .OrderBy(p => p.Title));
}


public IList<Tag> GetYesterdaysTrendingTags(byte numberOfItems) {
  return toListTrimmed(numberOfItems,
    db.GetYesterdaysTrendingTagTable());
}
```

　ここでは、それほど大きなコードの削減にはなっていませんが、このようなリファクタ
リングは、ほかのケースでは大きな効果を生む可能性があります。重要なのは、コードの
重複と組み合わせの爆発を避けるために、リファクタリングすることです。
　同じ手法は、関数に特定の操作を指示するために使用される列挙型パラメータにも
使用できます。個別の関数を使用すれば、買い物リストのような無数のパラメータを渡す
代わりに、個別の関数を合成することもできます。

4.8 テストの命名

名前には多くの情報が含まれているため、本番コードとテストコードの両方で適切なコーディング規約を設けることが重要です。ただし、両者が必ずしも一致する必要はありません。適切なカバレッジを持つテストは、適切に命名することで仕様として機能します。テストの名前から、次のことがわかるはずです。

- テスト対象の関数の名前
- 入力と初期状態
- 期待される挙動
- 誰の責任か

最後の項目は冗談です。覚えていますか？ コードレビューでそのコードを承認したのはあなたなのですから、他人を責める立場にはありません。できることといえば、せいぜい責任を分かち合うことくらいでしょう。私は、いつもは「A_B_C」形式でテストの名前を付けますが、一般的な関数の命名方法とは大きく異なります。これまでの例では、TestCase属性を使用してテストの初期状態を記述できたため、より単純な命名規則を使用しました。私はReturnsExpectedValuesを追加で使用していますが、関数名にTestを付けるだけでも構いません。関数名だけを使用すると、コード補完リストで混乱を招く可能性があるため、避けたほうがよいでしょう。同様に、関数が入力を受け取らない場合や初期状態に依存しない場合は、その部分を省略できます。ここでの目的は、命名規則に関する軍事訓練を課すことではなく、テストに費やす時間を短縮することです。

上司から、ユーザーがポリシー規約に同意していない場合に登録コードが失敗を返すように、登録フォームに新しい検証ルールを追加するのを指示されたとします。図4.6のように、このようなテストの名前はRegister_LicenseNotAccepted_ShouldReturnFailureとなります。

▲図4.6　テスト名の構成要素

これが唯一の命名規則というわけではありません。テスト対象の関数ごとに内部クラスを作成し、状態と期待される挙動のみでテストに名前を付けることを好む人もいますが、私は不必要に煩雑だと感じています。自分に最適な規則を選ぶことが重要です。

まとめ

- 最初から多くのテストを書かないようにすれば、テストを書くことへの嫌悪感を克服できる
- テスト駆動開発などのパラダイムは、テストを書くことをさらに嫌いにさせる可能性がある。喜びを感じられるテストを書くことを目指そう
- テストフレームワーク、特にパラメタライズされたデータ駆動のテストを使用することで、テスト作成の手間を大幅に短縮できる
- 関数の入力の境界値を適切に分析することで、テストケースの数を大幅に減らせる
- 型を適切に使用することで、多くの不要なテストの作成を回避できる
- テストはコードの品質を保証するだけではない。自身の開発スキルとスループットの向上にも役立つ
- 履歴書が最新の状態であれば、本番環境でのテストも許容できる

Chapter 5

やりがいのあるリファクタリング

本章の内容

- リファクタリングに慣れる
- 大規模な変更に対する段階的なリファクタリング
- テストを活用してコードの変更を加速させる
- 依存性注入

　「第3章　役に立つアンチパターン」では、変化への抵抗がフランス王室とソフトウェア開発者の没落を招いた経緯について説明しました。リファクタリングとは、コードの構造を変更する芸術です。マーティン・ファウラー[※注1]によると、レオ・ブローディーが1984年の著書『Thinking Forth』[訳注1]の中で、この用語を作り出したとのことです。つまり、この用語は、私が子供の頃のお気に入りだった映画『バック・トゥ・ザ・フューチャー』や『ベスト・キッド』と同じくらい古いことになります。

　優れたコードを書けることは、効率的な開発者になるための中間地点に過ぎません。その先で必要なのは、アイデアを素早くコードに書き換える能力です。理想の世界では、

[※注1]　「リファクタリング」という言葉は、マーティン・ファウラーの貢献によって普及した。https://martinfowler.com/bliki/EtymologyOfRefactoring.html

[訳注1]　邦訳『FORTH入門』（レオ・ブロディー 著、原 道宏 訳／工学社／ ISBN）。なお、この日本語版の内容は、クリエイティブコモンズで公開されている。https://thinking-forth-ja.readthedocs.io/ja/

頭の回転と同じ速度でコードを書いたり変更できたりするはずです。キーを叩く、構文を完璧にする、キーワードを覚える、コーヒーのフィルターを交換する、これらは全てあなたのアイデアとプロダクトの間にある障壁です。AIがプログラミングするようになるまでには、おそらくまだしばらく時間がかかるので、リファクタリングのスキルを磨くのはよい考えです。

　IDEはリファクタリングに不可欠です。1回のキー入力（Windows版Visual Studioでは F2 ）でクラスの名前を変更し、そのクラスを参照している全ての箇所も瞬時に変更できます。ほとんどのリファクタリングオプションには、1回のキー入力でアクセス可能です。お気に入りのエディタで頻繁に使用する機能のキーボードショートカットに慣れておくことを強くお勧めします。時間の節約は徐々に効果を発揮し、同僚にもかっこよく見えるでしょう。

5.1　なぜリファクタリングをするのか？

　変更は避けられないものであり、特にコードの変更は避けられません。リファクタリングは、単にコードを変更する以外のことを実現します。例えば、次のようなことが可能になります。

- **重複を減らし、コードの再利用性を高める**
  ほかのコンポーネントから再利用される可能性のあるクラスを共通の場所に移動し、ほかのコンポーネントが利用できるようにする。同様に、コードからメソッドを抽出して再利用できるようにすることも可能。
- **頭の中のモデルとコードを近づける**
  名前重要[訳注2]。中には、わかりにくい名前もある。名前の変更はリファクタリングプロセスの一部であり、頭の中のモデルにより近く、よりよい設計を実現するのに役立つ。
- **コードを理解しやすく、メンテナンスしやすくする**
  長い関数を小さくメンテナンスしやすい関数に分割することで、コードの複雑さを軽減できる。同様に、複雑なデータ型を小さくアトミックな[訳注3]パーツに分割すると、モデルを理解しやすくなる。
- **特定の種類のバグの発生を防ぐ**
  「第2章　実践理論」で説明したように、クラスを構造体に変更するなどの特定のリファクタリングは、nullが代入可能なことに起因するバグを防ぐことができる。同様に、プロジェクトでnull許容参照を有効にし、データ型を非null許容に変更することも、基本的にはリファクタリングであり、バグを防ぐことができる。

訳注2　https://プログラマが知るべき97のこと.com/エッセイ/名前重要/
訳注3　これ以上細かく分割できない、いわば不可分な単位。

- **大きなアーキテクチャの変更に備える**

  事前にコードを変更する準備をしておくことで、大きな変更を迅速に実施できる。次のセクションで、その方法について説明する。

- **コードの硬直した部分を取り除く**

  依存性注入によって、依存関係を削除し、疎結合な設計を実現できる。

開発者の多くは、リファクタリングをプログラミング作業の一部として日常のタスクと捉えています。しかし、リファクタリングは、コードを全く書いていない場合にも行う、別の独立した作業でもあります。理解しにくいコードを読むためだけに行うことさえあるくらいです。かつてリチャード・ファインマン[訳注4]は「あるテーマを本当に理解したければ、それについての本を書け」といいました。同様に、「コードを本当に理解したければ、リファクタリングを行え」ということです。

単純なリファクタリングには、ガイダンスは一切必要ありません。クラスの名前を変更したいですか？　どうぞ。メソッドやインターフェイスを抽出したいですか？　考えるまでもありません。これらのアクションは、Visual Studioの右クリックメニュー（コンテキストメニュー）に用意されていますし、Windowsでは Ctrl + . （ドット）でも呼び出せます。ほとんどの場合、リファクタリングはコードの信頼性に全く影響を与えません。ただし、コードベースに大幅なアーキテクチャの変更を加える場合は、ほかの開発者の意見が必要になることがあります。

5.2 アーキテクチャの変更

アーキテクチャの大規模な変更を一発で行うのは、あまり得策ではありません。技術的に難しいからではなく、作業の長期化と範囲の拡大が原因で、大量のバグと統合の問題を引き起こすことが主な理由です。統合の問題とは、大規模な変更作業を行う場合、ほかの開発者からの変更を統合できないまま長期間作業する必要があることを意味します（図5.1参照）。これは、開発者を窮地に陥れます。自分の作業が完了するまで待ってから、その間にコードに加えられた全ての変更を手動で適用し、全ての競合を自分で解決するでしょうか？　それとも、変更が完了するまでチームメンバーに作業を停止するように指示するでしょうか？　これは、主にリファクタリングを行う際に問題となります。新機能を開発する場合、そもそも機能自体が存在せず、ほかの開発者と競合する可能性は極めて低いため、同じ問題は発生しません。したがって、大規模なリファクタリングを行う際は、段階的なアプローチを採るほうが適切です。

訳注4　アメリカの物理学者で、ノーベル物理学賞の受賞者。カリフォルニア工科大学での講義内容を元にまとめた『ファインマン物理学』は、物理学の教科書として高い評価を受けている。冗談ではなく。

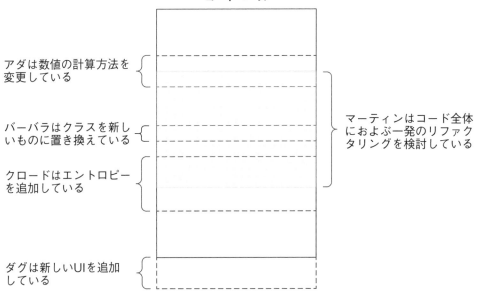

▲図5.1 大規模なリファクタリングを一発で行うのが悪い理由

　ロードマップを作成するには、目的地と現在地を把握する必要があります。最終的にはどのようにしたいですか？　大規模なソフトウェアは全体像を把握するのが非常に難しいため、全てを一度に想像することは不可能かもしれません。代わりに、特定の要件リストを作成できます。

　移行の例を見てみましょう。Microsoftには、2種類の.NETがあります。1つは数十年前から存在する「.NET Framework」、もう1つは2016年にリリースされた「.NET」（かつての「.NET Core」）です。本書の執筆時点ではどちらもMicrosoftによってサポートされていますが、Microsoftが.NETを推進し、どこかのタイミングで.NET Frameworkを廃止したいと考えていることは明らかです。そのため、.NET Frameworkから.NETへの移行作業が必要になる可能性が非常に高まっています。

> **.NET Frameworkは死んだ。.NET万歳！**
>
> 　インターネットが盛り上がり始めた1990年代、.NETという名前はさまざまな意味を持っていました。インターネットに関する雑誌『.net』が存在し、現在のGoogleのような役割を果たしていました（ただし、紙媒体である。https://en.wikipedia.org/wiki/Net_(magazine)を参照）。Webを閲覧することは、「ネットサーフィン」「情報スーパーハイウェイを旅する」「サイバースペースに接続する」など、誤解を招く比喩的な動詞と造語の組み合わせで表現されていました。

.NET Frameworkは、1990年代後半に開発者の作業を楽にするために作られた、最初のソフトウェアエコシステムでした。ランタイム、標準ライブラリ、C#、Visual Basicが付属しており、後にF#言語のコンパイラも加わりました。.NET Framework は、JavaでいうところのJDK（Java Development Kit）で、Javaランタイム、Java言語コンパイラ、Java仮想マシン、そして「Java」で始まるその他もろもろに相当するものが含まれていました。

時間の経過とともに、**.NET Compact Framework**や**Mono**など、.NET Framework と直接的には互換性のない.NETのバリエーションが登場しました。異なるフレームワーク間でコードを共有可能にするために、Microsoftは**.NET Standard**と呼ばれる.NET機能の共通のサブセットを定義した共通のAPI仕様を作成しました。一方、Javaに関していえば、Oracleが弁護士軍団を率いて互換性のない全ての代替案をうまく排除したため、同様の問題を抱えていません。

Microsoftは後に、クロスプラットフォームに対応した新世代の.NET Framework を作成しました。当初は**.NET Core**と呼ばれていましたが、最近（.NET 5以降）では、単に**.NET**と改名されました。.NET Frameworkと直接的な互換性はありませんが、共通の.NET Standardのサブセットの仕様を使用して相互運用できます。

.NET Frameworkはまだ延命措置を受けていますが、おそらく5年後には姿を消しているでしょう。.NETを使用する全ての人は、.NET Frameworkではなく.NETから始めることを強くお勧めします。だからこそ、この移行シナリオに基づいた例を選びました。

目的地に加えて、自分の現在地を知る必要があります。これは、あるCEOがヘリコプターに乗っていて、霧の中で迷子になった話を思い出させます。CEOは建物のシルエットに気付き、バルコニーに誰かいるのを目にしました。CEOは「いい考えがある。あの人の近くまで行ってくれ」といいました。CEOはその人に近づき、大声で「おい！　ここはどこだ？」と尋ねました。その人は「ヘリコプターの中ですよ！」と答えたのです。CEOは「オーケー、つまり、ここは大学のキャンパスで、あれは工学部棟だな！」といいました。バルコニーにいた人は驚いて、「どうしてわかったんですか？」と尋ねました。CEOは「君の答えは技術的には正しいが、全く役に立たない！」と答えました。その人は「じゃあ、あなたはCEOですね！」と叫びました。今度はCEOが驚いて、「どうしてわかったんだ？」と尋ねました。その人は「あなたは迷子で、自分がどこにいるのかもどこに行くのかもわからないくせに、それでも私のせいだと思っている！」と答えました。

パイロットがバルコニーへの精密進入操作を実践するのではなく、単にGPSの読み方を知っていればよかったのに。CEOがヘリコプターからバルコニーに飛び降り、逃げるエンジニアとCEOの間で、両者とも刀を振り回し、『マトリックス』さながらの戦闘シーンを繰り広げる様子が目に浮かびます。

　例として、匿名のマイクロブログサイト「Blabber」は.NET FrameworkとASP.NETで書かれていて、それを新しい.NETプラットフォームとASP.NET Coreに移行したいと考えているとします。残念ながら、ASP.NET CoreとASP.NETはバイナリ互換性がなく、ソース互換性もわずかしかありません。このプラットフォームのためのコードは、本書のソースコードに含まれています。ASP.NETのテンプレートにはかなりのボイラープレートが含まれているため、ここでは完全なコードを掲載せず、リファクタリングのロードマップを作成する際の指針となるアーキテクチャの詳細を概説します。リファクタリングに直接関係がないため、ASP.NETのアーキテクチャやWebアプリの一般的な挙動を知る必要はありません。

5.2.1　コンポーネントの特定

　大規模なリファクタリングに取り組む最良の方法は、コードを意味的に異なるコンポーネントに分割することです。リファクタリングのみを目的として、コードをいくつかの部分に分割してみましょう。私たちのプロジェクトは、いくつかのモデルクラスとコントローラを追加したASP.NET MVCアプリケーションです。図5.2のように、コンポーネントのおおよそのリストを作成できます。正確である必要はありません。後で変更できるので、最初に思い付いたもので構いません。

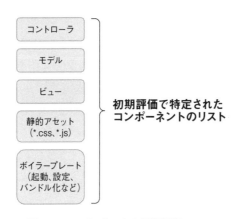

▲図5.2　コンポーネントの初期評価

コンポーネントのリストが作成できたら、例にある.NET 5のように、それらのコンポーネントのうち、どれが移行先に直接移植できるかの評価を始めます。ここでいう**移行先**とは、最終的な移行先の状態であることに注意してください。コンポーネントは、何も壊すことなく最終的な状態に移行できるでしょうか？ 何か作業が必要になると思いますか？ コンポーネントごとに評価し、この推測を使用して優先順位を付けます。現時点では推測で十分なので、正確に知る必要はありません。こうすることで、表5.1のような作業見積もり表を作成できます。

コンポーネント	変更が必要	ほかの開発者との競合リスク
コントローラ	最小限	高
モデル	なし	中
ビュー	最小限	高
静的アセット	少し	低
ボイラープレート	書き直し	低

▲**表5.1** コンポーネント変更の相対コストとリスクの評価

MVCとは？

コンピュータサイエンスの歴史全体は、詰まるところエントロピーとの戦いです。『空飛ぶスパゲッティ・モンスター教』[訳注5]の信者たちは、エントロピーのことを**スパゲッティ**とも呼んでいます。MVCは、過剰な相互依存（つまり、スパゲッティコード）を回避するためにコードを3つのパーツに分割するという考え方です。それぞれ、UIの外観を決めるパーツ、ビジネスロジックをモデル化するパーツ、そしてその2つを調整するパーツです。これらは、それぞれビュー（View）、モデル（Model）、コントローラ（Controller）と呼ばれます。MVVM（モデル、ビュー、ビューモデル）やMVP（モデル、ビュー、プレゼンター）など、アプリコードを論理的に分割する同様の試みはほかにもたくさんありますが、その背景にある考え方はどれもほぼ同じで、異なる関心事を互いに分離することです。

このような区画化は、各層の間の依存関係がより管理しやすくなるため、コードの記述、テストの作成およびリファクタリングに役立ちます。しかし、科学者のデビッド・ウォルパートとウィリアム・マクレディが「ノーフリーランチ定理」[訳注6]で雄弁に述べたように、タダより高いものはありません。MVCのメリットを得るため

訳注5 アメリカの公教育において、進化論と同等に、『インテリジェントデザイン論（ID論）』も教えるべきだとしたことに抗議するために始められたパロディ宗教あるいは新宗教。ラーメン。

訳注6 ある問題に対して最適なアルゴリズムが存在しないことを示す定理。

には、通常、少し多くのコードを記述し、より多くのファイルを使用し、より多くの
サブディレクトリを持ち、画面に向かって悪態をつく瞬間が増えることになります。
しかし、全体として見れば、開発速度は上がり、より効率的になります。

5.2.2 作業とリスクの見積もり

　作業量をどのように見積もればよいのでしょうか？　そのためには、両フレームワーク
の仕組みについての大まかな理解が必要です。目的地を知ってから歩き始めることが重
要になります。これらの見積もりの一部が不正確でも問題ありません。このアプローチを
採用する主な理由は、作業に優先順位を付け、既存のシステムへの影響を最小限に抑え
ながら作業負荷を軽減することです。

　例えば、コントローラとビューは、フレームワーク間で構文があまり変わっていないこと
を把握していたので、移行にほとんど手間がかからないと考えています。一部のHTML
ヘルパーやコントローラの構文で多少の作業が必要になると想定していますが、問題
なく移行できるでしょう。同様に、静的アセットは、ASP.NET Coreのwwwroot/フォ
ルダーに移動する必要があることも知っており、これには少しだけ作業が必要ですが、
直接の移行は不可能です。また、起動と構成のコードはASP.NET Coreで完全に刷新
されているため、最初から書き直す必要があることもわかっています。

　ほかの全ての開発者は機能開発に取り組んでいることが想定され、コントローラ、
ビュー、モデルでの作業になるでしょう。既存のモデルは、ビジネスロジックや機能の外
観に比べて変更頻度が低いと考えられるため、モデルは中程度のリスク、コントローラと
ビューはより高いリスクと評価します。ほかの開発者は、あなたのリファクタリング作業と
並行して既存コードの開発を進めているため、そのワークフローを妨げることなく、でき
るだけ早くリファクタリング作業を統合する方法を見つける必要があります。表5.1を見る
と、それを実現するための最も現実的なコンポーネントはモデルのようです。競合する可
能性は高いものの、必要な変更は最小限であるため、競合の解決は簡単です。

　リファクタリングのために既存のコードを変更する必要ありません。既存のコードと新
しいコードを、同じコンポーネントでどのように同時に作成するのでしょうか？　その答え
は、コードを別のプロジェクトに移動することです。「第3章　役に立つアンチパターン」
で、変更しやすいプロジェクト構造にするために依存関係を解消する方法について説明し
ました。

5.2.3 偉業

同僚の作業を妨げずにリファクタリングを行うことは、高速道路を走行中に車のタイヤを交換するようなものです。それでも、まるで手品のように、誰にも気付かれることなく古いアーキテクチャを消し去り、新しいアーキテクチャに置き換える必要があります。図5.3に示したように、コードを共有可能なパーツとして抽出することが、この作業を行う際の最大の武器となります。

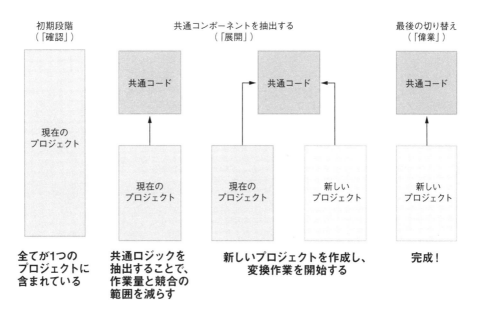

▲図5.3　開発者に気付かれずにリファクタリングを行うための手品[訳注7]

もちろん、開発者がリポジトリ内の新しいプロジェクトに気付かないということはあり得ませんが、実装しようとしている変更を事前に伝え、容易に適応できるようにしておけば、プロジェクトの進行に合わせて変更を実装しても問題はないはずです。

この例のBlabber.Modelsのように、別のプロジェクトを作成し、modelクラスをそのプロジェクトに移動してから、Webプロジェクトからそのプロジェクトへの参照を追加します。コードは以前と同様に動作し続けますが、新しいコードはBlabberではなくBlabber.Modelsプロジェクトに追加する必要があり、同僚はこの変更を認識しておく必要があります。その後、新しいプロジェクトを作成し、そこからBlabber.Modelsを参照することもできます。これに対するロードマップは図5.4のようになります。

訳注7　映画『プレステージ』に登場する確認（The Pledge）、展開（The Turn）、偉業（The Prestige）という「マジックの三原則」になぞらえている。

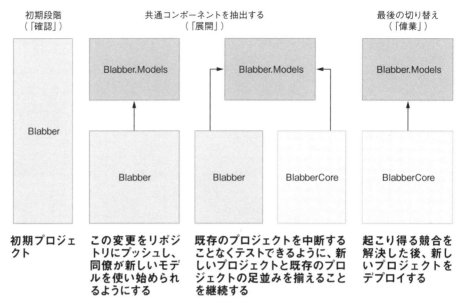

▲図5.4　プロジェクトのリファクタリングロードマップ

　こうしたプロセスを経るのは、メインブランチをできる限り最新の状態に維持しながら、作業量を減らすためです。この方法では、リファクタリングを長期にわたって行いながら、緊急性の高い別の作業をスケジュールに組み込むこともできます。これは、ビデオゲームのチェックポイントシステムによく似ています。『God of War』で、ゲームを最初からやり直すのではなく、100回目でも同じヴァルキリーとの戦闘から再開できるようなものです。ビルドを壊すことなくメインブランチに統合できる状態は全て、それまでの作業を繰り返さなくて済むようにできる良好なチェックポイントになります。複数の統合手順で作業を計画することは、大規模なリファクタリングを実行する上で、最も現実的な方法です。

5.2.4　リファクタリングを簡単にするためのリファクタリング

　プロジェクト間でコードを移動する場合、簡単には移動できない強い依存関係に遭遇することがあります。今回の例では、コードの一部がWebコンポーネントに依存している可能性があり、新しいプロジェクトであるBlabberCoreは古いWebコンポーネントでは動作しないため、それらを共有プロジェクトに移動しても意味がありません。

　このような場合、コンポジションが役に立ちます。メインプロジェクトが提供できるインターフェイスを抽出し、実際の依存関係の代わりに実装に渡せます。

　Blabberの現在の実装では、Webサイトに投稿されたコンテンツをインメモリのスト

レージに保持しています。つまり、Webサイトを再起動するたびに、全てのプラットフォームのコンテンツが失われるということです。これはポストモダンアートプロジェクト[訳注8]としては理にかなっていますが、ユーザーはある程度の永続性を期待します。ここでは、使用しているフレームワークに応じて、Entity FrameworkまたはEntity Framework Core（EF Core）[訳注9]を使用したいとする一方で、移行中は2つのプロジェクト間で共通のデータベースアクセスコードを共有したいと考えています。こうすることで、移行の最終段階に必要な実際の作業は、はるかに少なくなります。

●依存性注入

インターフェイスを作成し、コンストラクタでその実装を受け取ることで、扱いたくない依存関係を抽象化できます。この手法は**依存性注入**（DI：Dependency Injection）と呼ばれます。**依存性の逆転**（Dependency Inversion）と混同しないでください。依存性の逆転は過大評価された原則で、基本的には「抽象に依存せよ」ということですが、このように表現すると、それほど深い意味があるようには思えません。

依存性注入も、やや誤解を招く用語です。この用語は何らかの干渉や妨害を想起させますが、実際にはそのようなことは一切ありません。これは、コンストラクタなどでの初期化時に依存関係を受け取ることなので、**依存性の受け入れ**（Dependency Reception）と呼ぶほうがよかったかもしれません。DIは**制御の反転**（IoC：Inversion of Control）とも呼ばれますが、この呼び名は場合によってはさらに混乱を招きます。典型的な依存性注入は、図5.5で示されているような設計変更です。依存性注入がない場合は、コード内で依存するクラスをインスタンス化します。依存性注入を使用する場合は、コンストラクタで依存するクラスを受け取ります。

訳注8 既存の概念を覆すことのたとえ。

訳注9 .NET Framework（あるいは.NET）用のORマッパー（オブジェクト指向言語におけるオブジェクトと、リレーショナルデータベース（RDB）におけるレコードとの対応付けを行うためのフレームワーク）で、データベースとのやり取りをオブジェクト指向のコードで行えるようにする。

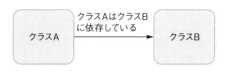
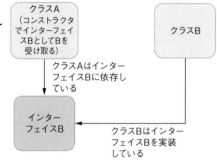

▲図5.5　依存性注入によるクラス設計の変更

　いくつかの簡単な抽象的なコードで依存性注入の動きを見てみましょう。そうすることで、実際に起こっている変化に焦点を当てられます。この例では、C# 9.0のトップレベルのプログラムコードが、MainメソッドやProgramクラス[訳注10]などを使わない場合に、どのように見えるのかを確認できます。次のリストのコードをプロジェクトフォルダ内の.csファイル[訳注11]に入力すれば、追加のコードなしですぐに実行できます。クラスAが、メソッドXが呼び出されるたびにクラスBのインスタンスを初期化する方法に注目してください。

▼リスト5.1　直接依存関係を使用するコード

```
using System;

var a = new A();         ← ここでメインコードはAのインスタンスを作成している
a.X();

public class A {
  public void X() {
    Console.WriteLine("Xが呼ばれた");
    var b = new B();     ← クラスAがクラスBのインスタンスを作成している
    b.Y();
  }
}
```

訳注10　C#アプリのエントリーポイントを示すメソッドとクラス。
訳注11　C#（C Sharp）のファイル。

```
public class B {
  public void Y() {
    Console.WriteLine("Yが呼ばれた");
  }
}
```

　依存性注入を適用すると、コードはクラスBのインスタンスをコンストラクタでインターフェイスを介して取得するため、クラスAとクラスBの間の結合はなくなります。リスト5.2で、それがどのように形成されるかを確認できます。ただし、違うところがあります。クラスBの初期化コードをコンストラクタに移動したため、リスト5.1のように毎回新しいインスタンスを作成するのではなく、常に同じBのインスタンスを使用します。これはガベージコレクタの負荷を軽減するので実際にはよいことなのですが、クラスの状態が時間とともに変化する場合、予期せぬ動作を引き起こす可能性があります。動作を壊してしまうこともあり得ます。だからこそ、まずテストカバレッジを持つことが重要なのです。

　リスト5.2で行ったコードの変更により、作成したインターフェイス（IB）を維持している限り、Bのコードを完全に削除し、Aのコードを壊すことなく完全に別のプロジェクトに移動できるようになりました。さらに重要なことは、Bが必要とする全ての要素を一緒に移動できることです。こうすることで、あちこちにコードを自由に動かせるという非常に大きな自由を手に入れることができるのです。

▼**リスト5.2**　依存性注入を適用したコード

```
using System;

var b = new B();    ◄──────┤ 呼び出し元がクラスBを初期化する
var a = new A(b);   ◄──────┤ クラスAにパラメータとして渡す
a.X();

public interface IB {
  void Y();
}

public class A {
  private readonly IB b;   ◄──────┤ ここでBのインスタンスが保持される
  public A(IB b) {
    this.b = b;
  }
  public void X() {
    Console.WriteLine("Xが呼ばれた");
    b.Y();    ◄──────┤ 共通のBのインスタンスが呼び出される
```

```
  }
}

public class B : IB {
  public void Y() {
    Console.WriteLine("Yが呼ばれた");
  }
}
```

　では、この手法をBlabberの例に適用し、メモリではなくデータベースストレージを使用するようにコードを変更して、再起動後もコンテンツが保持されるようにしましょう。この例では、特定のデータベースエンジンの実装（この場合はEntity FrameworkとEF Core）に依存する代わりに、コンポーネントに必要な機能を提供する独自のインターフェイスを受け取ることができます。こうすることで、共通コードが特定のデータベースの機能に依存していても、異なる技術を使用する2つのプロジェクトで同じコードベースを使用できます。これを実現するために、データベースの機能を表す共通インターフェイスIBlabDbを作成し、共通コードで使用します。こうすることで、2つの異なる実装で同じコードを共有しつつ、共通コードでは異なるデータベースアクセス技術を使用できます。実装は図5.6のようになります。

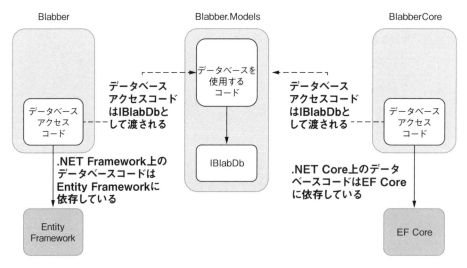

▲図5.6　依存性注入を用いて異なる技術を共通コードで使用する

これを実装するために、まずリファクタリングしたBlabber.ModelsのBlabStorage
の実装を変更し、インターフェイスに処理を委譲するようにします。BlabStorageクラス
のインメモリストレージの実装はリスト5.3のようになります。全てのリクエスト間で共有さ
れるリストのインスタンスを保持するため、ロックを使用して一貫性が損なわれないよう
にします。このリストは、項目を追加するだけで削除することはないため、Itemsプロパ
ティの一貫性については考慮しません。削除が必要な場合は問題になっていたでしょう。
Add()メソッドでは、AddではなくInsertを使用していることに注意してください。こう
することで、ソートせずに投稿を作成日の降順で保持できます。

▼**リスト5.3**　BlabStorageのインメモリストレージを使用した初期のバージョン

```csharp
using System.Collections.Generic;

namespace Blabber.Models {
  public class BlabStorage {                              デフォルトで空の
    public IList<Blab> items = new List<Blab>();◀──────  リストを生成する
    public IEnumerable<Blab> Items => items;          データ競合 訳注12 を防ぐために
    public object lockObject = new object();◀──────   ロックオブジェクトを使用する
    public static readonly BlabStorage Default = new BlabStorage();◀──

                                         どこからでも使用可能なデフォルトの
                                         シングルトンインスタンス
    public BlabStorage() {
    }

    public void Add(Blab blab) {
      lock (lockObject) {
        items.Insert(0, blab);◀──────  最新の項目が上に表示される
      }
    }
  }
}
```

　依存性注入を実装する場合、メモリ内のリストに関連する全てを削除し、データベース
に関連する全てのものに対して抽象インターフェイスを使用します。新しいバージョンは、
リスト5.4のようになります。データ保存のロジックに関連するものが全て削除されており、
BlabStorageクラス自体が実際に抽象化された様子がわかります。BlabStorageは何も
していないように見えますが、より複雑なタスクを追加していくにつれて、2つのプロジェ
クト間でロジックを共有できます。この例では、これで問題ありません。

──

訳注12　複数スレッドから同時並行に読み書きが行われることにより、データに不整合が発生すること。

依存関係は、dbというプライベートな読み取り専用フィールドに保持します。オブジェクトの作成後に変更されないフィールドにはreadonlyキーワードを付けるのがよい習慣です。こうすることで、開発者がコンストラクタ以外での変更を試みた場合に、コンパイラが検出できるようになります。

▼**リスト5.4** 依存性注入を用いた BlabStorage

```
using System.Collections.Generic;

namespace Blabber.Models {
  public interface IBlabÐb {          ← 依存関係を抽象化するインターフェイス
    IEnumerable<Blab> GetAllBlabs();
    void AddBlab(Blab blab);
  }

  public class BlabStorage {
    private readonly IBlabÐb db;

    public BlabStorage(IBlabÐb db) {   ← コンストラクタを通じて依存関係を受け取る
      this.db = db;
    }

    public IEnumerable<Blab> GetAllBlabs() {
      return db.GetAllBlabs();  ←
    }
                                        実際の作業を行うコンポーネントに
                                        委譲する
    public void Add(Blab blab) {
      db.AddBlab(blab);  ←
    }
  }
}
```

実際の実装はBlabÐbと呼ばれ、IBlabÐbインターフェイスを実装し、Blabber.ModelsではなくBlabberCoreプロジェクトに存在しています。サードパーティのソフトウェアのセットアップを必要とせず、すぐに実行を開始できるという実用的な理由から、SQLite（シークエルライトと発音する）データベースを使用しています。SQLiteは、人類を見限る前に神が世界に与えた最後の贈り物です。冗談です。本当はリチャード・ヒップが人類を見限る前に作成しました。私たちのBlabberCoreプロジェクトは、リスト5.5のようにEF Coreで実装しています。

EF Core、Entity Framework、ORM（Object Relational Mapping：オブジェクトリレーショナルマッピング）に慣れていないかもしれませんが、問題ありません。ご覧の通

り、かなり簡単です。AddBlab メソッドは、メモリ内に新しいデータベースレコードを作成し、Blabs テーブルへ保留中のレコードを挿入し、SaveChanges メソッドを呼び出してデータベースに変更を書き込みます。同様に、GetAllBlabs メソッドは、データベースから全てのレコードを日付の降順で取得するだけです。SQLite は DateTimeOffset 型をサポートしていないので、タイムゾーン情報が失われないように、日付を UTC（協定世界時）に変換する必要があることに注意してください。どれだけ多くのベストプラクティスを学んだとしても、それらが最適ではない場面に必ず遭遇します。その際は柔軟に対応し、状況に応じた最適な解決策を見出す必要があります。

▼**リスト5.5** BlabDb の EF Core を使ったバージョン

```
using Blabber.Models;
using System;
using System.Collections.Generic;
using System.Linq;

namespace Blabber.DB {
  public class BlabDb : IBlabDb {
    private readonly BlabberContext db;   ◀──── │ EF Core のデータベースコンテキスト

    public BlabDb(BlabberContext db) {   ◀──── │ 依存性注入でコンテキストを受け取る
      this.db = db;
    }

    public void AddBlab(Blab blab) {
      db.Blabs.Add(new BlabEntity() {
        Content = blab.Content,
        CreatedOn = blab.CreatedOn.UtcDateTime,  ◀── │ DateTimeOffset をデータベー
      });                                             │ スに互換性のある型に変換
      db.SaveChanges();
    }

    public IEnumerable<Blab> GetAllBlabs() {
      return db.Blabs
        .OrderByDescending(b => b.CreatedOn)
        .Select(b => new Blab(b.Content,
          new DateTimeOffset(b.CreatedOn, TimeSpan.Zero)))◀─ │ データベースの時間を
        .ToList();                                             │ DateTimeOffset に変換
    }
  }
}
```

リファクタリング中に、機能開発のワークフローを妨げることなく、データベースストレージを使用したバックエンドをプロジェクトに導入できました。依存関係の直接的な結合を避けるために、依存性注入を使用しました。さらに重要なのは、図5.7で示したように、コンテンツがセッション間や再起動後も保持されるようになったことです。

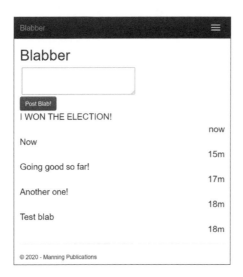

▲図5.7　SQLiteDBで動作するBlabberのスクリーンショット

5.2.5　最終段階

　新旧のプロジェクト間で共有できるコンポーネントは可能な限り抽出できますが、最終的には2つのWebプロジェクト間で共有できないコードに遭遇します。例えば、コントローラのコードは、ASP.NETとASP.NET Coreで構文が同じなので変更する必要はありませんが、両者で全く異なる型を使用しているため、そのコードを共有できません。ASP.NET MVCコントローラは System.Web.Mvc.Controller から派生し、ASP.NET Coreコントローラは Microsoft.AspNetCore.Mvc.Controller から派生しています。これに対する理論上の解決策はあります。例えば、コントローラの実装をインターフェイスに抽象化して隠し、そのインターフェイスを使用するカスタムクラスを作成し、コントローラクラスを直接継承しないようにすることです。しかし、それは手間がかかりすぎます。一見すると洗練されているように思える解決策を見つけたときには、常に「それをやるだけの価値があるか？」と自問する必要があります。エンジニアリングにおける洗練さは、常にコストを考慮しなければなりません。

つまり、ある時点で、ほかの開発者の作業と競合するリスクを抱えながら、コードを新しいコードベースに移行する必要があるということです。私は、これを**最終段階**と呼んでいますが、事前のリファクタリングのおかげで、この段階にかかる時間は短縮されます。この作業のおかげで、最終的には区画化された設計が実現され、将来のリファクタリングにかかる時間は短縮されます。これは、よい投資です。

今回の例では、モデルコンポーネントがプロジェクトの中に占める割合が非常に小さいため、節約効果はごくわずかです。しかし、大規模なプロジェクトでは共有可能なコードが大量に存在することが予想され、作業量を大幅に削減できる可能性があります。

最終段階では、全てのコードとアセットを新しいプロジェクトに移行し、全てが機能するようにする必要があります。コード例では、BlabberCoreという別のプロジェクトを追加しました。これには新しい.NETコードが含まれており、いくつかの構成要素を.NET Coreに変換する方法を確認できます。

5.3 信頼のおけるリファクタリング

IDE（Integrated Development Environment：統合開発環境）は、メニューオプションをランダムに選択してもコードが壊れないように多大な努力を払っています。手動で名前を編集すると、その名前を参照する全てのコードが壊れます。しかし、IDEのリネーム機能を使用すると、その名前への全ての参照もリネームされます。とはいえ、それでも常に保証されるわけではありません。コンパイラが認識せずに名前を参照する方法は数多くあるからです。例えば、文字列を使用してクラスをインスタンス化しているかもしれません。マイクロブログのBlabberでは、全てのコンテンツを「blab」と呼び、コンテンツを定義するBlabという名前のクラスがあります。

▼**リスト5.6** コンテンツを表すクラス

```
using System;

namespace Blabber
{
  public class Blab
  {
    public string Content { get; private set; }          コンストラクタで無効な
                                                         投稿がないことが保証さ
    public DateTimeOffset CreatedOn { get; private set; }  れている
    public Blab(string content, DateTimeOffset createdOn) {
      if (string.IsNullOrWhiteSpace(content)) {
        throw new ArgumentException(nameof(content));
      }
```

```
        Content = content;
        CreatedOn = createdOn;
    }
  }
}
```

　通常、クラスはnew演算子を使用してインスタンス化しますが、コンパイル時に作成するクラスが不明な場合など、特定の用途ではリフレクションを使用してBlabクラスをインスタンス化することも可能です。

```
var blab = Activator.CreateInstance("Blabber.Models",
    "Blabber", "test content", DateTimeOffset.Now);
```

　文字列で名前に言及すると、IDEは文字列の内容を追跡できないため、リネーム後にコードが壊れるリスクがあります。うまくいけば、支配者となったAIによるコードレビューが始まれば、この問題はなくなっているはずです。その架空の未来では、まだ私たちが仕事をしていて、AIは私たちの仕事を評価しているのはなぜなのか、私にもわかりません。AIは私たちの仕事を奪うはずではなかったのでしょうか。結局のところ、AIは私たちが考えているよりもはるかに賢かったようです。

　AIが世界を支配するまでは、IDEは完全に信頼できるリファクタリングを保証できません。確かに、「第4章　おいしいテスト」で説明したように、文字列にハードコーディングする代わりにnameof()のような構文を使用して型を参照すれば、多少の融通は効きますが、ほんの少ししか役に立ちません。

　信頼のおけるリファクタリングの秘訣は、テストです。コードに適切なテストカバレッジがあれば、変更の自由度が大幅に向上します。そのため、長期的なリファクタリングプロジェクトを開始する際には、通常、まず関連するコードに不足しているテストを作成するのが賢明です。「第3章　役に立つアンチパターン」で紹介したアーキテクチャ変更の例を挙げると、より現実的なロードマップには、アーキテクチャ全体に不足しているテストを追加することが含まれます。今回の例では、コードベースが非常に小さく、手動テストを行うのが簡単だったため（例えば、アプリを実行し、投稿して、表示されるかどうかを確認する）、この手順を省略しました。図5.8には、プロジェクトにテストを追加する段階を含めた、修正版のロードマップが示されています。これにより、信頼のおけるリファクタリングが可能になります。

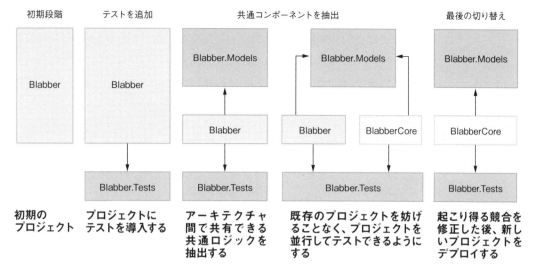

▲図5.8　テストを用いた信頼のおけるリファクタリング

5.4　リファクタリングすべきでない場合

　リファクタリングのよい点は、コードを改善する方法を考えるようになることです。悪い点は、ある時点で、まるでEmacsのように、手段ではなく目的になってしまうリスクがあることです[監訳注1]。ご存じない方のために説明すると、Emacsは、テキストエディタであり、開発環境であり、Webブラウザであり、OSであり、ポストアポカリプス[訳注13]のロールプレイングゲームでもあります。これらは、誰かが自制できなかったせいで作られました。リファクタリングでも同じことが起こり得ます。全てのコードが改善できそうな気がしてきます。変更のための変更をする口実を作り出すほど中毒になった結果、そのメリットを考慮しなくなります。これは自身の時間を無駄にするだけでなく、チームの時間も無駄にします。なぜなら、導入した全ての変更にチームが適応する必要があるからです。

　現場(ストリート)で作業しているときは、本質的に「十分によい」コードと価値についての理解を深めるべきです。確かに、コードは触らずに放置すると錆びてきますが、「十分によい」コードであれば、その負荷に余裕で耐えることができます。「十分によい」コードに必要な基準は、次の通りです。

監訳注1　Emacsとviの対立を背景としたEmacへの悪口。Wikipediaのエディタ戦争の項（https://ja.wikipedia.org/wiki/エディタ戦争）を参照。

訳注13　世界の終末後の世界を舞台にした作品全般を指す。

- リファクタリングの理由が「こっちのほうがエレガントだから」だけではないか？
エレガントさは主観的であるだけでなく、曖昧で無意味でもあるため、それは大きな危険信号である。「毎回使用するたびに書かなければならないボイラープレートの量を減らすことで、このコンポーネントを使いやすくする」「新しいライブラリへの移行の準備ができる」「コンポーネントXへの依存関係がなくなる」などの確固たる論拠とメリットを考慮すること。
- 対象のコンポーネントは最低限のコンポーネントに依存しているか？
これは、将来、簡単に移動やリファクタリングできるかどうかを示す。リファクタリングを行っても、コードの硬直した場所を特定するのには役に立たないかもしれない。リファクタリングは、より確固たる改善計画を立てるまで延期できる。
- テストカバレッジが不足していないか？
これは、リファクタリングを避けるべき明らかな危険信号である。特にコンポーネントに依存関係が多すぎる場合は、なおさらである。
- それは共通の依存関係か？
つまり、十分なテストカバレッジと正当な理由があったとしても、チームのワークフローを妨げると、チームの開発効率に影響を与える可能性がある。求めるメリットがコストに見合わない場合は、リファクタリングの延期を検討する必要がある。

　これらの基準のいずれかに該当する場合は、リファクタリングを避けるか、少なくとも延期することを検討するべきです。優先順位は常に相対的なものであり、海には常に多くの魚がいるように、リファクタリング以外のタスクもたくさんあります。

まとめ

- リファクタリングは表面的な改善以上の価値があるので、積極的に取り組むべきである
- 大規模なアーキテクチャの変更は段階的に実施できる
- 大規模なリファクタリング作業では、テストを活用して潜在的なリスクを最小化する
- コストだけでなく、リスクも見積もる
- 大規模なアーキテクチャの変更に取り組む際は、常に段階的な作業のロードマップを頭の中または文書で作成しておく
- リファクタリングでは、依存性注入を使用して、密結合などの問題を解消する。この手法によって、コードの硬直性も軽減できる
- 費用対効果が低い場合は、リファクタリングを行わないことも検討しよう

セキュリティを精査する

本章の内容

- セキュリティの概要について理解する
- 脅威モデルを活用する
- SQLインジェクションやCSRF、XSS、オーバーフローといったよくあるセキュリティの落とし穴を回避する
- 攻撃者の脅威を減らすためのテクニック
- シークレットを正しく保管する

　セキュリティは、現在のトルコ西部にあったとされる古代都市トロイで起きた不幸な事件以来ずっと、誤解されやすい問題でした。トロイア人は、自らが築きあげた城壁は難攻不落だと信じ、安全だと感じていましたが、現代のソーシャルプラットフォームと同様に、敵のソーシャルエンジニアリングの能力を侮っていました。ギリシア人は戦闘から撤退し、置き土産として巨大な木馬を残していきました。トロイア人はそれを喜び、城壁の中へ丁重に運び入れてしまいます。夜が更けると、木馬の中に隠れていたギリシア兵は外に出て城門を開き、ギリシア軍を招き入れ、都市を陥落させました。これが、ホメロスが残した**ポストモーテムのブログ記事**から知り得る、歴史上初めての**無責任な情報開示**の例です。

ポストモーテムと責任ある開示

　ポストモーテムのブログ記事とは、たいていは非常に恥ずかしいセキュリティインシデントを発生させてしまった後に長々と書かれる記事で、経営陣が可能な限り多くの詳細を透明性を持って公開しているように見せかけながら、本当は失敗したという事実をひた隠そうとするためのものです。

　責任ある開示とは、そもそも問題の特定に投資していなかった企業に、問題を修正するための十分な猶予を与えた後に、セキュリティの脆弱性を公開する慣行です。企業は、この行為に精神的プレッシャーをかける目的でこの用語を考案し、セキュリティ研究者に罪悪感を抱かせたのでしょう。セキュリティの脆弱性自体は**インシデント**と呼ばれ、**無責任**とは呼ばれることはありません。そもそも、責任ある開示は、**時限付き開示**と呼ばれるべきだったと私は考えています。

　セキュリティとは、このトロイの木馬の物語のように、人間の心理に関わる広く奥深い用語です。あなたがまず抱くべき視点は、セキュリティは、ソフトウェアや情報に限られるものではなく、人や環境も関わるということです。このテーマは広大であるため、本章を読み終わってもセキュリティの専門家になれるわけではありません。しかし、セキュリティに対する理解が深まり、より優れた開発者になれるはずです。

6.1　ハッカーの上を行く

　ソフトウェアのセキュリティは、通常、脆弱性、エクスプロイト[訳注1]、攻撃、ハッカーの観点から考えられています。しかし、セキュリティは、一見、無関係な要因によって侵害されることもあります。例えば、Webのログにユーザー名とパスワードを誤って記録してしまうと、データベースよりもはるかに安全性の低いサーバーに保存される可能性があります[※注1]。これは、Twitterなどの数十億ドル規模の企業でも発生しており、内部ログに平文のパスワードを保存していたことが判明しました。これにより、攻撃者はハッシュ化されたパスワードを解読せずとも、アクセスしたパスワードをすぐに使えてしまいます。

　Facebookは、開発者向けにユーザーの友達リストを取得できるAPIを提供していました。ある企業は、その情報を利用してユーザーの政治的な略歴を作成し、精緻なターゲット広告を使って2016年のアメリカ大統領選挙に影響を与えました[監訳注1]。このAPIは

訳注1　脆弱性を悪用してコンピュータを攻撃するための手段やソフトウェアのこと。

※注1　『Twitter says bug exposed user plaintext passwords』を参照。https://www.zdnet.com/article/twitter-says-bug-exposed-passwords-in-plaintext/

監訳注1　ケンブリッジ・アナリティカという企業が起こした事件。『グレート・ハック: SNS史上最悪のスキャンダル』というドキュメンタリー映画にもなっている。

設計通りに機能しており、バグも、セキュリティホールも、バックドアもなく、ハッカーの関与すらありませんでした。誰かが開発し、別の誰かが利用し、そこで得られた情報が意に反して操作され、被害を及ぼしたのです。

パスワードなしでインターネット上でデータベースにアクセスできるようにしている企業がどれほど多いかを知れば、きっと驚くでしょう。MongoDBやRedisといったデータベーステクノロジーは、デフォルトではユーザー認証せず、手動で有効にする必要があるのです。当然、多くの開発者は有効にしておらず、大量のデータ漏洩が発生しています。

開発者やDevOpsの人々の間には、「金曜日にデプロイするな」という有名なモットーがあります。理由は至ってシンプルです。週末に何かが壊れてしまっても対処できる人がいないので、リスクの高いアクティビティは週の始め付近で行うべきということです。そうしないと、スタッフと会社の双方にとって、非常に悪い事態になりかねません。週末の存在はセキュリティの脆弱性ではありませんが、悲惨な結末につながる可能性があります。

では、ここでセキュリティと信頼性の関係について考えてみましょう。セキュリティは、テストと同様に、サービス、データ、ビジネスの信頼性の一端を担っています。信頼性の観点からセキュリティを見ると、前の章で説明したように、テストなどの信頼性のほかの側面を検討する際に同時にセキュリティの知識も身に付くため、セキュリティ関連の決定を下しやすくなります。

開発するプロダクトのセキュリティに全く責任がない立場であっても、コードの信頼性を考慮することで、将来の頭痛の種を回避するための意思決定に役立ちます。ストリートコーダーは、現在だけではなく未来も最適化します。人生における大きな成功を最小の努力で達成することが目標です。セキュリティ関連の決定を信頼性に対する技術的負債と見なすことで、人生全体を最適化できます。潜在的なセキュリティへの影響にかかわらず、全てのプロダクトでこれを行うことをお勧めします。例えば、信頼できる人のみがアクセスするアクセスログ用の社内向けダッシュボードを開発しているとします。この場合、社内向けであっても、SQL文の実行にパラメタライズドクエリを使用するなど、安全なソフトウェアのためのベストプラクティスを適用することをお勧めします。これについては、後ほど詳しく説明します。少し手間に思うかもしれませんが、こうすることで習慣が身に付き、長い目で見れば役に立ちます。怠れば、倍の手間が返ってきます。

開発者も人であることはわかり切っているので、人間の弱点、特に確率の計算を間違えることを認めざるを得ません。2000年代初頭の数年間、ほぼ全てのプラットフォームで「password」をパスワードにしていた私は身をもって知っています。「誰も私がそこまで愚かだとは思わないだろう」と考えていました。結局、私は正しかったのです。幸いにも、私はハッキングされたことはありません。少なくともパスワードが漏洩したことはなかったし、当時はハッキングの標的になった人もそれほどいなかったのです。つまり、私の脅威モデルが正しい、あるいは運がよかったのです。

6.2　脅威モデリング

脅威モデルとは、セキュリティの観点から何が問題となり得るかを明確に理解することです。脅威モデルの評価は、一般に「まあ、大丈夫だろう」や「いや、ちょっと待て……」と表現されます。脅威モデリングを行う目的は、実行すべきセキュリティ対策に優先順位を付け、コストを最適化し、効果を高めることです。プロセスが複雑になる可能性があるため、この用語自体は非常に専門的に聞こえますが、脅威モデリングを理解することは技術的なものではありません。

脅威モデルは、セキュリティリスクではないものや保護する価値のないものを効果的に明らかにします。このことは、シアトルで壊滅的な干ばつが発生したり、サンフランシスコでアフォーダブルハウジング^{訳注2}が突如台頭したりする可能性について、たとえそれらが実際に起こり得るとしても心配しないことと同じです。

実は、私たちは無意識のうちに脅威モデルを作り上げています。最も一般的な脅威モデルの1つは、「隠すものはない！」というもので、ハッキングや政府による監視、あるいは10年前に大人になるはずだった元パートナー^{訳注3}などの脅威に対して用いられます。つまり、自分たちのデータが漏洩して何らかの目的で使用されても、実際には気にしないということです。これは、主に、自身のデータがどのように使われているかという想像力が欠如しているからです。プライバシーは、その意味でシートベルトのようなものです。ほとんどの時間で役に立っていないのですが、万が一の際に命を救ってくれます。ハッカーがあなたの社会保障番号^{訳注4}を盗み、あなたになりすましてクレジットカードを申請し、全てのお金を奪って多額の借金を残したとしたら、あなたは隠すべきものが1つ2つあるかもしれないことに徐々に気付き始めます。携帯電話のデータが誤って殺人事件の発生時刻と座標に一致したら、あなたはプライバシーの最大の擁護者になるでしょう。

実際の脅威モデリングはもう少し複雑で、アクター、データフロー、信頼境界の分析といったものが含まれます。脅威モデルを作成するための正式な手法は開発されていますが、あなたの主な役割がセキュリティ研究者で、所属組織のセキュリティ責任者でもない限り、脅威モデリングに正式なアプローチは必要ありません。しかし、基本的な理解として、セキュリティの優先付けは間違いなく必要です。

訳注2　低所得層や中所得層が安定的な生活を送れるような手頃な価格の住宅、またはそのような住宅を供給する取り組みのこと。

訳注3　いまだ子供のような行動を行うことの比喩だと思われる。

訳注4　アメリカで生活インフラや携帯電話の契約、自動車免許の取得時などに必要な番号。

まず、この世界のルールを受け入れる必要があります。それは、セキュリティの問題は、遅かれ早かれアプリやプラットフォームを襲うということです。逃れることはできません。「ただの社内向けWebサイトだ」「VPNで保護してる」「しかし、暗号化されたデバイス上のただのモバイルアプリだ」「誰も私のサイトなど知らない」「PHPを使っている」といった言い訳は、状況を一向に改善しません（特に最後のやつ）。

セキュリティの問題を避けられないという事実は、全てのものがつながっているということを強く示唆しています。絶対に安全なシステムはありません。銀行、病院、信用格付け企業、原子炉、政府機関、仮想通貨取引所、その他ほぼ全ての機関が、程度の差こそあれ、一度はセキュリティインシデントを経験しています。とびっきりキュートな猫ちゃんの写真を評価するあなたのWebサイトは例外だと思うかもしれませんが、問題は、あなたのWebサイトが高度な攻撃の手口に利用される可能性があるということです。人はパスワードを覚えるのがあまり得意ではないため、保存しているユーザーのパスワードの1つに、その人が勤務する原子力研究施設と同じログイン情報が含まれている可能性だってあります。図6.1を見れば、このことがどのように問題に発展するかがわかるでしょう。

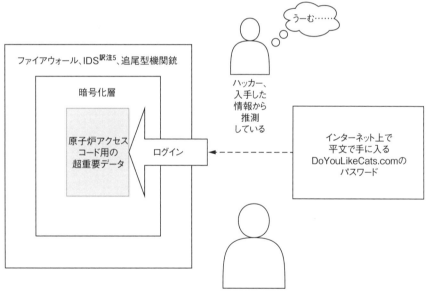

▲図6.1　セキュリティは、必ずしもソフトウェアに限った話ではない

訳注5　「Intrusion Detection System」の略。コンピューターネットワークやホストコンピュータを監視し、不正アクセスや異常な通信を検知して管理者に通知するセキュリティシステムのこと。

しかし、ほとんどの場合、あなたのWebサイトをハッキングしているときでさえ、ハッカーはそのことに気付いていません。なぜなら、ハッカーは世界中の全てのWebサイトを個々に見て回っているわけではないからです。脆弱性をスキャンするという大変な作業は全てボットが実行しており、後でデータを収集するだけです。結局のところ、ロボットは私たちの仕事を奪っているのです。

6.2.1 ポケットサイズの脅威モデル

アプリの全ての部分で脅威モデリングを行う必要はないかもしれません。セキュリティインシデントの影響を受けない可能性もあります。ただし、最低限安全なコードを書くことは期待されており、特定の原則に従えば、それほど難しいことではありません。基本的に、アプリにはミニ脅威モデルが必要です。このモデルには、次の要素が含まれています。

- **アプリの資産**
  基本的に、ソースコード、設計ドキュメント、データベース、秘密鍵、APIトークン、サーバーコンフィグ、Netflixの視聴履歴など。失いたくない、または漏洩したくないものは全て資産である。

- **資産を保管するサーバー**
  全てのサーバーは何らかの関係者によってアクセスされ、全てのサーバーは別のサーバーにアクセスする。潜在的な問題を理解するためには、これらの関係を把握することが重要である。

- **情報の機密性**
  「この情報が公開された場合、何人の個人や機関が被害を受けるか？」「潜在的な被害の深刻度は、どの程度か？」「トルコの刑務所にいたことはあるか？」[訳注6]といった質問を自問することで、これを評価できる。

- **リソースへのアクセス経路**
  あなたのアプリは、あなたのデータベースにアクセスできる。「ほかにアクセスする方法はあるか？」「誰がアクセスできるか？」「それは、どの程度安全か？」「誰かが彼らを騙してデータベースにアクセスすると、どうなるか？」「シンプルに■■■■■■■■を実行すれば、本番データベースを削除できるか？[※注2]」「彼らはソースコー

訳注6　『フライングハイ』という映画で、飛行機の操縦席にいる機長がジョーイという少年に対し「トルコの刑務所に入ったことがあるかい？」と聞くシーンから。このトルコの刑務所は、『ミッドナイト・エクスプレス』という主人公が脱獄する映画からのパロディ。この質問をした機長は食中毒を起こし、大変なことになる。

※注2　検閲済み。機密情報。これで当社のデータベースは安全です。

184

ドにしかアクセスできないのか？」など、このようにして、ソースコードにアクセスできる人であれば誰でも、事実上、本番環境のデータベースにもアクセスできてしまうのだ。

こうして得た情報を利用して、基本的な脅威モデルを描けます。あなたのアプリやWebサイトを利用するユーザーからは、図6.2のように見えるかもしれません。この図からわかるように、誰もがモバイルアプリとWebサーバーにしかアクセスできません。一方で、Webサーバーはデータベースなど、ほとんどの重要なリソースにアクセスでき、かつインターネットに公開されています。つまり、図6.2に示すように、Webサーバーは外部に公開されている最もリスクの高い資産なのです。

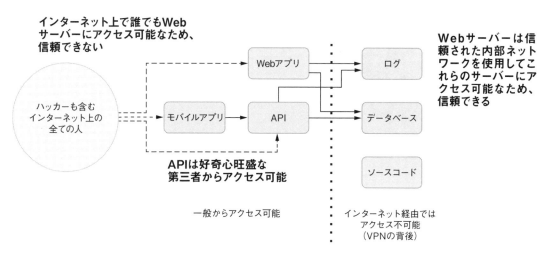

▲図6.2　ネットワーク上のサーバーへのアクセス可能性

通常のユーザー以外に、サーバーとそこに含まれる資産へのさまざまなアクセス権限を持つ、ほかの種類のユーザーがいます。図6.3では、さまざまな種類のロールがさまざまなサーバーにどのようにアクセスできるかを確認できます。CEOはあらゆる細部にまでアクセスして制御したがるため、このサーバーに侵入する最も簡単な方法は、CEOに電子メールを送信することです。ほかのロールは、必要なリソースにのみにアクセスが制限されていると予想されますが、図6.3に示すように、通常はそうではありません。

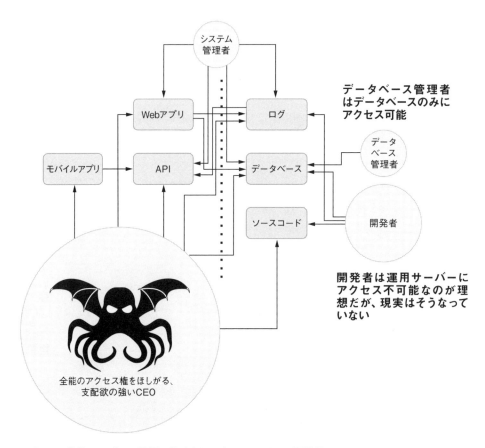

▲図6.3　特権ユーザーの種類に基づくサーバーへのアクセス可能性

　このモデルを俯瞰的に見ると、VPNにログインして何かを確認するようにCEOに依頼し、フィッシングサイトにリダイレクトさせるメールを送信することで、悪意のある攻撃者が会社の全ての情報にアクセスできることは明らかです。脅威モデルは、こうしたことを明確にし、リスク要因を理解するのに役立ちます。

　支配欲の強いCEOがビジネスに損害を与える最初の候補だとしたら、Webサーバーで実行されているコードは次の候補です。しかも、あなた自身のコードだけではありません。サーバーのセキュリティアップデートが遅れ、乗っ取られる可能性もあります。しかし、Webサイトのフォームにテキストを入力するだけでアクセスできるようになったり、データベースの全てのデータを破壊したりできることほど悪いことはありません。

　WebアプリやAPIは、ハッカーやボットが目的を達成するための、CEOに次ぐ最も簡単な侵入ポイントの1つです。これは、あなたのアプリが独自のものだからです。アプリは、あなたのサーバー上だけに存在していて、このアプリをテストしたのは、あなただけなのです。サーバー上の全てのサードパーティコンポーネントは、何百万回ものテスト、

バグ修正、セキュリティ監査を経てきました。たとえ、自分のアプリに対してそれらの全てを行う予算があったとしても、短期間で全てを行うことは時間的に不可能でしょう。

　ハッカーやボットの目的は、さまざまです。対抗手段を失った競合他社の依頼を受けてレンタルDoS（サービス拒否）で単純にあなたのサービスを停止させることに始まり、同じパスワードを使ってどこかで貴重なリソースを取得するためにユーザーデータを抽出すること、さらにはサーバー上のプライベートデータにアクセスすることまで、多岐にわたります。

　考え得る脅威のリストができたら、その穴を塞ぐことで対処を開始できます。WebアプリやAPIは狙われやすい標的の1つであるため、Webアプリを作成する際の安全なコードの書き方を知っておくことが重要です。

6.3 　安全なWebアプリを書く

　アプリによって異なりますが、コーディング中に適用しやすいプラクティスを活用することで、セキュリティの問題に対するアプリの耐性を高めることができます。ストリートコーダーとして、これらのプラクティスが最適な場合とそうでない場合についても検討するでしょう。プログラムの書き方や設計を変えることで防御できる、Webアプリに対する一般的な攻撃について見ていきましょう。

6.3.1 　セキュリティを考慮した設計

　セキュリティは、後付けが困難です。主な理由は、そもそも安全ではないコードを書くことにつながった全ての設計上の決定にあります。アプリのセキュリティの設定を変更するために、設計を見直す必要があるかもしれません。したがって、設計時にセキュリティを考慮することが重要です。次の手順で確認してください。

1. 文書、あるいは頭の中の脅威モデルをレビューする。リスク、今すぐセキュリティ対策を行うコスト、後からセキュリティ対策を行うコストを理解する
2. アプリのシークレット（データベースのパスワード、APIキー）を保管する場所を決める。それを厳密なポリシーとし、ソースコードは誰でもアクセスできるものと想定する。シークレットを保管するためのベストプラクティスについては、本章の後半で解説する
3. 最小権限の原則に従って設計する。理想をいえば、タスクを実行するために必要な権限のみを求めるべきである。例えば、アプリで定期的にデータベースのリカバリ操作をスケジュールする必要がなければ、アプリにデータベースの管理者権限を与

えない。より高い権限を要するタスクが少ない場合は、別のアプリに分割するなど、独立したエンティティに分けることを検討する。可能な限り、Webアプリは最小限の権限を持つアカウントで実行する

4. この原則を組織全体に適用する。従業員は、日常業務の実行に必要のないリソースにアクセスできないようにするべきである。CEOは、データベースやサーバーに一切アクセスできないようにする。誰も信頼できないからではなく、外部の関係者によってアクセス権が侵害される可能性があるからだ

新しいアプリや機能を書き始める前にこれらの手順を実行することで、長い目で見れば、はるかによい結果が得られるはずです。

次のセクションでは、Web／API開発のみに適用されるトピックもあります。例に挙げたものは、通常、特定のライブラリに固有のものです。リモートでアクセス可能なものを何も扱っていない場合は、ユーザーシークレットの保管に関するセクションまで、ほとんどスキップできます。そうでなければ、このまま読み進めましょう。

6.3.2 隠蔽によるセキュリティの有効性

ソフトウェアのセキュリティは、時間との戦いです。ソフトウェアが絶対に安全だと思っていても、結局は人々とソフトウェアを取り巻くあらゆるものが安全でなければなりません。全てのセキュリティ対策は、最終的には破られてしまう可能性があります。かつては4,096ビットのRSAキーを解読するには宇宙の寿命よりも長い時間がかかると推定されていましたが、これは量子コンピュータが登場するまでの時間の問題だったということが判明したのです。つまり、全てのセキュリティ対策の唯一の目標は、時間を稼ぎ、攻撃者の作業をより困難にすることです。

情報セキュリティの専門家は、隠蔽によるセキュリティを嫌っています。ベンジャミン・フランクリンでさえ、「隠蔽によってセキュリティを実現しようとする者は、セキュリティも隠蔽も得られない」[訳注7]と述べています。まあ、正確にはそうはいっていないかもしれませんが、ほぼそんな感じです。隠蔽によるセキュリティに反対する理由は、それでは時間を稼げない、あるいは稼げたとしてもほんの僅かだからです。専門家が反対しているのは、「隠蔽だけで十分である」という考え方です。隠蔽だけでは不十分で、単独では決して

訳注7 アメリカ建国の父の1人として称賛されているアメリカの政治家。科学者としても数々の業績を残しており、凧を用いて雷が電気であることを解明した実験でも知られている。これは、フランクリンの実際の発言ではなく、彼の「Those who would give up essential Liberty, to purchase a little temporary Safety, deserve neither Liberty nor Safety（ほんのひとときの安全を得ようとして自由をを放棄する者は、どちらも得られない）」という名言からもじったもの。

効果的ではありません。隠蔽を優先すべきではなく、ほかに利用可能なリソースがあるときのみに採用すべきです。最終的には、わずかながらセキュリティを向上させるかもしれません。

　それでも、はっきりさせておきましょう。最低限のセキュリティは、セキュリティではありません。プロジェクトが一定レベルに成長するまでの一時的な絆創膏のようなものに過ぎないのです。Ekşi Sözlük を公開した最初の年、私は、管理者向けインターフェイスを難解なURL上に、認証を一切かけずに配置していたことを覚えています。事情を説明すると、これは1999年頃の話で、Webサイトのユーザーはせいぜい1,000名であり、そのURLを誰とも共有していませんでした。複雑な認証や認可のメカニズムに多額の投資をするのではなく、ユーザーに関わるWebサイトの機能を優先していました。ただし、誰かに見つかるのは時間の問題であることは重々承知していたので、できるだけ早く、その仕組みを認証システムにアップグレードしました。

　同様に、長い間、Webは（暗号化されていない）HTTPプロトコル上で実行され、パスワードを暗号化せずにBase64※注3でエンコードするだけのBasic認証方式を使用していました。これは、まさに隠蔽によるセキュリティでした。確かに、まともなセキュリティ専門家はこれを推奨していませんでしたが、開発者がリスクを認識しているか否かにかかわらず、多くのWebサイトが使用していました。公衆のWi-Fiアクセスポイントなど、ユーザー同士が同じネットワーク上にいる場合、Basic認証を使用しているユーザーのセッションから、パスワードやWebトラフィックを簡単に抜き出せます。中間者（MITM：Man In The Middle）攻撃やパスワードスキミングアプリが蔓延し、過去10年間でHTTPS、HTTP/2、TLS 1.3、OAuth2といった安全な認証プロトコルへの移行が大きく進みました。それまで隠蔽によるセキュリティは、私たちの目の前で何十年もの間、機能していたのです。

　つまり、脅威モデルに基づいてセキュリティを優先し、モデルが許容するのであれば、隠蔽によるセキュリティも役に立つかもしれないということです。犬を飼っていなくても、フェンスに「猛犬注意」の標識を掲げておけば、強盗のリスクを軽減できるのと同じです。

　完璧なセキュリティは実現不可能であり、UXとセキュリティの間には、常にトレードオフが発生します。例えば、チャットアプリのTelegramはWhatsAppよりもセキュリティモデルが劣っていますが、Telegramのほうがはるかに使いやすいため、人々はそれを承知の上でTelegramに切り替えています。自分が下すトレードオフの決定の結果について、同様の認識を持つことが非常に重要です。「おい、隠蔽によるセキュリティはよくないぞ」

※**注3**　Base64は、表示してはいけない文字を判読できない文字に変換するバイナリエンコード方式。

という大義名分を振りかざし、あらゆる対策を拒絶するだけでは何の解決にもなりません。

とはいえ、真のセキュリティも、お手頃になってきています。かつてはWebサイトをHTTPS上で稼働させるには500ドルのSSL証明書を購入する必要がありましたが、今ではLet's Encrypt[訳注8]の証明書を使用すれば、完全に無料でHTTPS化できます。安全な認証システムを構築するには、適切なライブラリをプロジェクトに組み込むだけで済みます。優れたセキュリティを実現するための要件を大袈裟にしたり、単に隠蔽によるセキュリティを利用して、実際には脆弱なセキュリティになっている言い訳にしたりしないでください。労力の差がわずかでリスクが大きい場合は、隠蔽によるセキュリティよりも真のセキュリティを常に優先しましょう。隠蔽によって真のセキュリティを得ることはできませんが、問題を解決するまでの時間を稼ぐことはできます。

6.3.3 セキュリティメカニズムを自作しない

セキュリティは複雑です。ハッシュ、暗号化、スロットリング[訳注9]などのセキュリティメカニズムを自作しないでください。実験としてコードを書くのは全く問題ありませんが、本番環境では、自作のセキュリティコードを使用しないでください。一般に、このアドバイスは「独自の暗号を作るな（Don't roll your own crypto）」と呼ばれています。通常、セキュリティ関連の仕様は、開発者が安全なソフトウェア開発の要件を理解していることを前提としていますが、多くの開発者は実装する際に重要な詳細を見落とし、結果としてセキュリティが全く確保されない状態を作り出してしまう可能性があります。

例えば、ハッシュを考えてみましょう。暗号の専門家チームでさえ、全く弱点がなく、暗号論的に安全なハッシュアルゴリズムを作成するのは困難です。SHA2以前のほぼ全てのハッシュアルゴリズムには、深刻なセキュリティ上の弱点があります。

読者の皆さんが、独自のハッシュアルゴリズムを実装しようとするような、大胆な行動に出るとは思っていません。しかし、独自の文字列比較関数でさえも実装すべきでないことは認識しているでしょうか？　なぜなら、安全ではないからです。それについては、「6.5　シークレットの保管」で詳しく説明します。

何もゼロから実装する必要はなく、日々の作業方法を変えるだけで、脆弱性に対する防御策を講じることが可能なのです。一般的な攻撃経路について説明しますが、これは網羅的なリストではなく、適切なセキュリティを確保するために多大な労力が必要ではないことを示すための優先順位付けされたサンプルです。以前と同様に効率的に作業しながら、より安全なソフトウェアを書けます。

訳注8　https://letsencrypt.org/
訳注9　システムの過負荷や独占を避けるため、一時的にリソースや性能を落とすこと。

6.3.4 SQLインジェクション攻撃

　SQLインジェクション攻撃は、すでに解決策が存在する古い問題ですが、依然として
Webサイトを侵害する一般的な手段です。ジョージ・ルーカスの映画監督としてのキャリ
アとほぼ同時期に地球上から消え去るべきでしたが、どういうわけかジョージ・ルーカス
とは違って生き延びています。

　この攻撃は至って単純です。Webサイト上で実行されているSQLクエリがあるとしま
す。よくあるシナリオとして、そのユーザーのプロフィールを表示するために、ユーザー名
からユーザーIDを検索したいとしましょう。クエリは次のようになります。

```
SELECT id FROM users WHERE username='<username here>'
```

　与えられたユーザー名を入力としてクエリを作成する愚直な方法は、文字列操作を使
用してユーザー名をクエリに埋め込むことです。リスト6.1は、ユーザー名をパラメータとし
て受け取り、文字列を連結して実際のクエリを作成する単純なGetUserId関数を示して
います。初心者がSQLクエリを構築する際によく見られるアプローチで、最初は問題ない
ように見えるかもしれません。このコードは、基本的にコマンドを作成し、与えられたユー
ザー名を設定してクエリを実行します。レコードが全く存在しない可能性があるため、
結果はnull許容整数として返されます。また、「第2章　実践理論」で説明したように、
文字列を連結していますが、ループ内では行なっていません。この手法には、冗長なメモ
リ割り当てのオーバーヘッドはありません。

▼**リスト6.1**　DBからユーザーIDを取得する素朴な実装

```csharp
public int? GetUserId(string username) {
  var cmd = db.CreateCommand();
  cmd.CommandText = @"
    SELECT id
    FROM users
    WHERE name='" + username + "'";      ← ここで実際のクエリを作成する
  return cmd.ExecuteScalar() as int?;    ← 結果を取得するか、レコードが
}                                           存在しない場合はnullを返す
```

オプショナルな戻り値

　リスト6.1のGetUserId関数では、-1や0などの値がないことを示す疑似的な
識別子ではなく、明示的にnull許容な型を戻り値として使用しています。これは、
コンパイラが呼び出し元のコードで未チェックのnull許容の戻り値をキャッチし、

プログラミングエラーを見つけられるようにするためです。0や-1といった単なる整数値を使用した場合、コンパイラはそれが有効な値であるかどうかを判断できません。C# 8.0以前では、コンパイラにこれらの機能はありませんでした。今、未来は、この手の中にあります！[訳注10]

関数を頭の中で実行してみましょう。placid_turnという値で実行していることを想像してください。余分な空白を削除すると、実行されるSQLクエリは、次のようになります。

```
SELECT id FROM users WHERE username='placid_turn'
```

次に、ユーザー名に「hackin'」のようにアポストロフィが含まれている場合を考えましょう。クエリは、次のようになります。

```
SELECT id FROM users WHERE username='hackin''
```

さて、何が起きるか、わかるでしょうか？　構文エラーが発生します。このクエリは構文エラーで失敗し、SqlCommandクラスはSqlExceptionを発生させ、ユーザーにはエラーページが表示されます。今のところ、それほど恐ろしくはありません。ハッカーはエラーを引き起こしただけで、サービスの信頼性やデータのセキュリティには影響がありません。では、「' OR username='one_lame'」のようなユーザー名を考えてみましょう。これも構文エラーが発生しますが、クエリは次のようになります。

```
SELECT id FROM users WHERE username='' OR username='one_lame''
```

最初のアポストロフィで引用符が閉じられ、追加の式を使用してクエリを続行できてしまいました。少し恐ろしくなってきました。ユーザー名の末尾に二重ダッシュを追加して構文エラーを解消するだけで、本来表示すべきでないレコードを表示できるようにクエリを操作できるのです。

```
SELECT id FROM users WHERE username='' OR username='one_lame' --'
```

SQLでは、二重ダッシュはインラインコメントを意味し、行の残りの部分はコメントとして扱われます。これは、（少なくとも初期バージョンの）C言語を除く、全てのCス

訳注10　アメリカの文化人類学者のマーガレット・ミードの言葉で「今、行動しよう！」という意味合いを持っている。

タイルの言語の二重スラッシュ（//）に似ています。つまり、クエリは正常に実行され、placid_turnではなくone_lameの情報が返されます。

また、SQL文は1つに限定されません。ほとんどのSQLの方言[訳注11]では、セミコロンで区切ることで複数のSQL文を実行できます。長いユーザー名を入力できる場合、次のようなことができます。

```
SELECT id FROM users WHERE username='';DROP TABLE users --'
```

このクエリは、ロック競合やアクティブなトランザクション[訳注12]によるタイムアウトが発生しない限り、usersテーブルとその中にある全てのレコードを即座に削除します。考えてみてください……。特別な細工を施したユーザー名を入力してボタンをクリックするだけで、Webアプリに対してリモートで実行できるのです。データの漏洩や損失につながる可能性もあります。スキルがあれば、バックアップから失われたデータを復元できるかもしれませんが、漏洩したデータを取り戻すことはできません。

バックアップと3-2-1ルール

前の章で、リグレッションは完璧に建てられた建物を破壊して一から建て直すように、時間を浪費する最悪のバグだと説明したことを覚えていますか？ バックアップがないと、さらに事態を悪化させるかもしれません。リグレッションが発生すると、バグを再び修正するハメになりますが、データが失われるとデータを最初から作成し直さなければなりません。これが自身のデータでない場合、利用者であるユーザーは2度とデータを作成しようとはしないでしょう。これが、私の開発キャリアの中で最初に学んだ教訓の1つです。私は、駆け出しの頃は非常にリスクを冒す（つまり、愚かな）人間でした。1992年に圧縮ツールを開発し、それを圧縮ツール自身のソースコードに試して、上書きをしてしまったのです。ツールはソースコード全体を1バイトに圧縮し、ソースの中身は「255」だけになっていました。遠い未来、その高密度に圧縮されたビットからコードを取り出すアルゴリズムが現れると今でも信じていますが、私は不注意でした。当時、個人開発でバージョン管理システムを使用することは一般的ではなかったのですが、このとき、私はバックアップの重要性を学びました。

訳注11 自然言語の方言と同様に、基本的な文法や機能を共通しながら細かい振る舞いに見られる差異。

訳注12 処理する一連の作業の単位や、複数の処理を1つの処理としてまとめることを指す。

バックアップに関する2つ目の教訓を学んだのは、2000年の初頭でした。Ekşi Sözlükを作成してから1年が経ち、幸いにも2000年問題[訳注13]は発生しませんでした。バックアップの重要性は理解していましたが、同じサーバーに毎時バックアップを作成し、週に1度だけリモートサーバーにコピーしていました。ある日、サーバーのディスクが文字通り燃え尽き、データは完全に復旧不能になりました。このとき、別のサーバーにバックアップすることの重要性を理解しました。その後、キャリアを積むにつれて、業界では「3-2-1ルール」と呼ばれる暗黙のルールがあることを知りました。これは、「3つの別々のバックアップを用意し、2つは別のメディアに、1つは別の場所に置く」というものです。もちろん、適切なバックアップ戦略を立てるには、それ以上の考慮が必要です。それはあなたの仕事ではないかもしれませんが、少なくとも検討すべき最低限のことです。

●SQLインジェクションへの間違った対処法

アプリに存在するSQLインジェクションの脆弱性は、どのように修正するとよいでしょうか？ 最初に思いつくのは、エスケープ処理です。つまり、全てのアポストロフィ（'）を二重アポストロフィ（''）に置き換えることです。二重アポストロフィは構文の要素ではなく、通常の文字と見なされるため、ハッカーはSQLクエリで開かれた引用符を閉じることができません。

このアプローチの問題は、Unicodeのアルファベットには単一のアポストロフィがないことです。エスケープ処理をするものはUnicodeのポイント値がU+0027（APOSTROPHE）ですが、例えばU+02BC（MODIFIED LETTER APOSTROPHE）も、用途は異なりますが、アポストロフィ記号を表します。また、使用しているデータベース技術によっては、後者を通常のアポストロフィとして扱うものの、データベースがアポストロフィに似た別の文字を全て受け入れる文字へ変換する可能性があります。したがって、問題は、基盤となる技術を十分に理解しなければ、代わりに正しくエスケープ処理できないという点にあります。

●SQLインジェクションへの理想的な対処法

SQLインジェクションの問題を解決する最も安全な方法は、**パラメタライズドクエリ**を使用することです。クエリ文字列自体を変更する代わりに、追加のパラメータリストを渡すと、基盤となるデータベースプロバイダが全て処理します。リスト6.1のコードにパラメタライズドクエリを適用すると、リスト6.2のようになります。クエリ内に文字列をパラメータ

訳注13 西暦2000年になると、年表示を2桁で表示している（96年など）システムなどで誤作動する可能性があるとされた問題。「Y2K問題」とも表記されていた。

として直接指定するのではなく、@parameterNameのような構文でパラメータを指定し、この値をそのコマンドに関連付けられた個々のParametersオブジェクトに指定します。

▼リスト6.2　パラメタライズドクエリの使用

```
public int? GetUserId(string username) {
  var cmd = db.CreateCommand();
  cmd.CommandText = @"
    SELECT id
    FROM users
    WHERE username=@username";          パラメータ名
  cmd.Parameters.AddWithValue("username", username);   ここで実際の値を渡す
  return cmd.ExecuteScalar() as int?;
}
```

じゃーん！　ユーザー名には任意の文字を送ることができますが、クエリを変更する方法はありません。クエリとパラメータの値は別々のデータ構造として送られるため、エスケープ処理すら行われません。

　パラメタライズドクエリを使用するもう1つの利点は、**クエリプランキャッシュ**の汚染を減らせることです。クエリプランは、データベースがクエリを初めて実行するときに作成する実行計画のことです。データベースのクエリは、このプランをキャッシュに保存し、同じクエリを再度実行するときに、既存のクエリを再利用します。辞書のような構造を使用しているため、検索はO(1)で非常に高速です。ただし、宇宙に存在する万物と同様に、クエリプランキャッシュの容量には限界があります。次に並べたクエリをデータベースに送ると、キャッシュ内に全て異なるクエリプランのエントリが生成されます。

```
SELECT id FROM users WHERE username='oracle'
SELECT id FROM users WHERE username='neo'
SELECT id FROM users WHERE username='trinity'
SELECT id FROM users WHERE username='morpheus'
SELECT id FROM users WHERE username='apoc'
SELECT id FROM users WHERE username='cypher'
SELECT id FROM users WHERE username='tank'
SELECT id FROM users WHERE username='dozer'
SELECT id FROM users WHERE username='mouse'
```

　クエリプランキャッシュの容量は限られているため、これらのクエリを相当数の異なるユーザー名を使用して実行すると、ほかの有用なクエリプランのエントリがキャッシュから削除され、おそらく役に立たないエントリでいっぱいになります。これがクエリプランキャッシュの汚染です。

代わりにパラメタライズドクエリを使用すると、実行されるクエリは全て同じに見えます。

```
SELECT id FROM users WHERE username=@username
SELECT id FROM users WHERE username=@username
SELECT id FROM users WHERE username=@username
SELECT id FROM users WHERE username=@username
SELECT id FROM users WHERE username=@username
SELECT id FROM users WHERE username=@username
SELECT id FROM users WHERE username=@username
SELECT id FROM users WHERE username=@username
SELECT id FROM users WHERE username=@username
SELECT id FROM users WHERE username=@username
```

　全てのクエリで同じテキストが使用されるため、データベースはこのように実行する全てのクエリに対して単一のクエリプランキャッシュのエントリのみを使用します。ほかのクエリは、このキャッシュを見つける可能性が高まり、SQLインジェクションを完全に防ぐだけではなく、クエリ全体のパフォーマンスも向上します。しかも、これは全て追加のコストがかかりません！

　本書にある全ての推奨事項と同様に、パラメタライズドクエリは万能薬ではないことを覚えておいてください。「そんなによいものなら、全てをパラメタライズしよう！」といいたくなるかもしれません。しかし、定数値などを不必要にパラメタライズすべきではありません。なぜなら、クエリプランの最適化とは、特定の値に対して、よいクエリプランを見つけることができるものだからです。例えば、statusの値として常にactiveを使用する場合でも、次のようなクエリを書けます。

```
SELECT id FROM users WHERE username=@username AND status=@status
```

　クエリプランの最適化プロセスは、statusとして任意の値を送ることができると考え、@statusに設定できるあらゆる入力値に対して機能するプランを選択します。これは、activeに対して間違ったインデックスを使用し、パフォーマンスの低いクエリを選択してしまう可能性があります。うーん、もしかしてデータベースに関する章が必要かも？

●パラメタライズドクエリを使用できない場合

　パラメタライズドクエリは、非常に汎用的です。コード内で@p0、@p1、@p2のようにパラメータに名前を付け、ループ内でパラメータ値を追加することで、可変数のパラメータを使用することもできます。しかし、場合によっては、パラメタライズドクエリを使用でき

ない、または使用したくない状況があります。例えば、クエリプランキャッシュの汚染を回避する場合や、パラメタライズドクエリでサポートされていないSQL構文（LIKE演算子や%、_などの文字を使用したパターンマッチング）を必要とする場合です。こういったときには、エスケープ処理ではなく、入力テキストを徹底的にサニタイズする必要があります。

　パラメータが数値の場合は、正しい数値型（int、float、double、decimalなど）に解析し、クエリ内に文字列として直接配置するのではなく、その数値型を使用してください。たとえ、整数と文字列の間の不必要な変換を複数回行うことになるとしても、です。

　文字列であっても、特殊文字が不要な場合、または特殊文字の一部のみが必要な場合は、有効な文字以外の全てを文字列から削除します。最近では**許可リスト**と呼ばれており、拒否する要素のリストではなく、許可する要素のリストを持つという意味です。これによって、SQLクエリへの悪意のある文字の混入を防ぐことができます。

　一部のデータベースの抽象化層では、一般的な方法でパラメタライズドクエリをサポートしていないかのように見える場合があります。そういった場合でも、パラメタライズドクエリを渡すための代替手段が用意されています。例えば、Entity Framework Core（EF Core）[訳注14]では、FormattableStringインターフェイスを使用して同じ操作を行います。リスト6.2と同等のクエリは、EF Coreではリスト6.3のようになります。FromSqlInterpolated関数は、FormattableStringとC#の文字列補間構文を組み合わせて、巧みに処理を行います。これによって、ライブラリは文字列テンプレートを使用し、引数をパラメータに置き換え、ユーザーの見えないところでパラメタライズドクエリを構築できます。

「補間して、複雑にして、高めて」（バンドRushから）[訳注15]

　最初に登場したのは、String.Format()でした。これを使えば、厄介な文字列結合の構文に悩まされることなく、文字列を置き換えることができました。例えば、「a.ToString() + "+" + b.ToString() + "=" + c.ToString()」の代わりに、「String.Format("{0}+{1}={2}", a, b, a + b)」と書くだけで済みます。String.Formatを使用すると、結果の文字列がどうなるかを理解しやすくなりますが、どのパラメータがどの式に対応するかは、それほど直感的ではありません。その後、C# 6.0で文字列補間構文が登場し、同じ式を「$"{a}+{b}={a+b}"」と書けるようになりました。これは素晴らしいです。結果の文字列がどうなるかを

訳注14　Microsoftが開発したオープンソースのオブジェクトリレーショナルマッピング（ORM）フレームワーク。https://learn.microsoft.com/ja-jp/ef/core/

訳注15　原文は「Interpolate me, complicate me, elevate me」で、カナダのバンドRushの曲『Animate』の歌詞からもじったもの。

理解しやすく、どの変数がテンプレートのどこに該当するかも明確です。

　問題は、「$"..."」は、ほぼ String.Format(..., ...) 構文のシンタックスシュガーであり、関数を呼び出す前に文字列を処理することです。関数自体で補間引数が必要な場合は、String.Format の関数シグネチャと同様の新しい関数シグネチャを作成し、自分でフォーマットを呼び出す必要がありました。これは作業を複雑にします。

　幸いにも、新しい文字列補間構文では、文字列テンプレートとその引数の両方を保持する FormattableString クラスに自動でキャスト可能です。文字列パラメータの型を FormattableString に変更すると、関数は文字列と引数を個別に受け取ることができます。こうすることで、ログライブラリでのテキスト処理の遅延や、リスト6.3の例のように、文字列を処理せずにパラメタライズドクエリを実行するなど、興味深い使い方が可能になります。FormattableString は、JavaScript のテンプレートリテラルとほぼ同じ機能を提供し、同じ目的を果たします。

▼**リスト6.3**　EF Core を用いたパラメタライズドクエリ

```
public int? GetUserId(string username) {
  return dataContext.Users        文字列補間を利用して、パラ    FromSqlInterpolatedに渡
    .FromSqlInterpolated(◄────    メタライズドクエリを作成する   す際に、FormattableString
      $@"SELECT * FROM users WHERE username={username}")◄─  にキャストする
    .Select(u => (int?)u.Id)◄───
    .FirstOrDefault();◄───        デフォルト値を「0」ではなく「null」にするために、
}                                 整数型をnull許容型にキャストする
                                  何か値があれば、最初の値を返す
```

● **まとめ**

　パラメタライズドクエリは、主にユーザー入力に使用し、過度な使用は避けましょう。パラメタライズは強力で、アプリの安全性を確保し、クエリプランキャッシュを適切なサイズに保つのに最適です。しかし、クエリの最適化がうまくいかないようなパラメタライズの落とし穴を理解し、定数値に使用するのは避けましょう。

6.3.5　クロスサイトスクリプティング

　クロスサイトスクリプティング（CSSと略すとWebで使われているスタイルシート言語になってしまうので、XSSと表記することが多い）は、そのおびただしい影響力から**JavaScript インジェクション**と呼ぶべきだったと思います。クロスサイトスクリプティングは、クロスカントリースキーのようで、プログラミングの競技種目のように聞こえます。私がその意味を知らなければ、「わー、クロスサイトスクリプティングいいなあ。スクリプトがサ

イトをまたいで動作するなんて素敵！」と、その考えに簡単に飛びついたことでしょう。

XSSは二段階からなる攻撃です。一段階目でページにJavaScriptのコードを挿入し、二段階目でネットワーク経由でより大きなJavaScriptコードを読み込み、Webページ上で実行します。これには、複数のメリットがあります。例えば、「セッションハイジャック」と呼ばれる、別のセッションからセッションCookieを盗む行為で、ユーザーの行動、情報、さらにはセッション自体を奪えます。

● デイブ、気の毒だが、インジェクトするわけにはいかなくなった[訳注16]

XSSは、主にHTMLのエンコード処理が不十分なことから発生します。その意味でSQLインジェクションに似ています。ユーザーの入力の際、アポストロフィの代わりに山括弧を使用することでHTMLコードを操作できます。HTMLコードを変更できるのであれば、<script>を挿入し、内部にJavaScriptコードを埋め込むことが可能です。

簡単な例は、Webサイトの検索機能です。検索を実行すると検索結果が表示されますが、何も見つからなかったときには「"フラックスコンデンサ　販売中"の検索結果は見つかりませんでした」といったエラーメッセージが表示されます。では、「<script>alert('hello!');</script>」と検索すると、どうなるでしょうか？出力が適切にエンコードされていない場合、図6.4のようなものが表示される可能性があります。

▲図6.4　あなたのコードが別のサイト上で実行される。どんな問題が起こり得るだろうか？

こんな単純なalertコードを挿入できるのなら、間違いなくもっといろいろなコードを挿入できるはずです。Cookieを読み取り、ほかのWebサイトに送信できます。外部のURLからJavaScriptのコード全体をロードして、ページ上で実行できます。ここで「クロスサイト」という用語が出てきます。JavaScriptのコードが第三者のWebサイトに送信できるようにすることを「クロスサイトリクエスト」と呼びます。

訳注16　映画『2001年宇宙の旅』で、HAL 9000という人工知能搭載のコンピュータが放ったセリフをもじったもの。

●XSSを防ぐには

XSSを防ぐ最も簡単な方法は、特殊なHTML文字をエスケープ処理するように、テキストをエンコードすることです。表6.1に示すように、それらの文字自体ではなく、同等のHTMLエンティティで表されます。通常、このような表は必要なく、既存の十分にテストされた関数を使って任意のエンコード処理を実行できます。この表は、HTML上でこれらのエンティティを見つけたときに認識するための参照用です。HTMLエンティティでエスケープ処理がされると、図6.5で示すように、ユーザーの入力はHTMLとして見なされず、プレーンテキストとして表示されます。

文字	エスケープ処理済みHTMLエンティティ	代替のエンティティ
&	&	&
<	<	<
>	>	>
"	"	"
'	'	'

▲**表6.1**　特殊文字とHTMLエンティティの対応

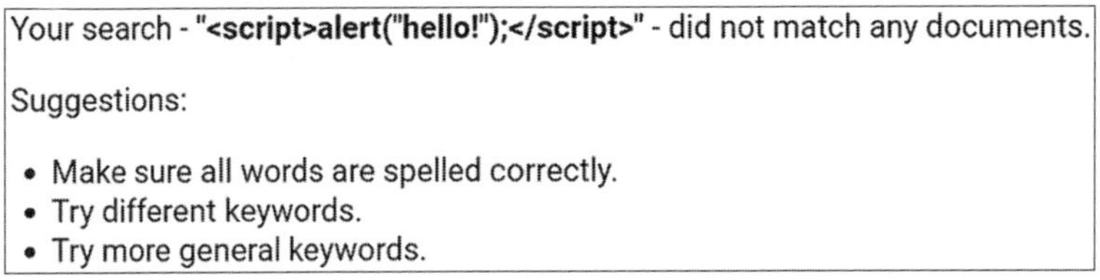

Your search - **"\<script\>alert("hello!");\</script\>"** - did not match any documents.

Suggestions:

- Make sure all words are spelled correctly.
- Try different keywords.
- Try more general keywords.

▲**図6.5**　適切にエスケープ処理をすると、HTMLは全く無害になる

多くの最新のフレームワークは、デフォルトで通常のテキストのHTMLにエンコード処理をします。次のリストにある、当社の検索エンジンFoobleのRazorテンプレートのコードを見てみましょう。ご覧の通り、@構文を利用して、エンコード処理を全く実行せずに、検索結果のHTMLページに値を直接埋めています。

▼**リスト6.4**　検索エンジンの結果ページからの抜粋

```
<p>
  Your search for <em>"@Model.Query"</em>  ◀──┐ エンコード用の追加のコードが
  didn't return any results.                  │ ない
</p>
```

クエリ文字列を直接出力しても、図6.6に示すように、XSSの問題は発生しません。生成されたWebページのソースコードを表示すると、次のリストのように、文字列が完全に引用符に囲まれているのがわかります。

Welcome to Fooble

Fooble is the ultimate useless search engine that returns nothing.

Your search for "*<script>alert("hello!");</script>*" didn't return any results.

| Enter your search query | Search! | I'm feeling a little peculiar |

▲**図6.6** XSS攻撃を完璧に防いでいる

▼**リスト6.5** 実際に生成されたHTMLソース

```
<p>
  Your search for <em>"&lt;script&gt;alert(&quot;hello!&quot;);&lt;/script&gt;"</em>
  didn't return any results.                    当然のようにエンコード処理がされている
</p>
```

では、なぜXSSに注意する必要があるのでしょうか？　繰り返しになりますが、プログラマーは人間だからです。洗練されたテンプレート技術が登場したにもかかわらず、生のHTML出力を使い続けるほうがよいと考えてしまうことがあります。

● よくあるXSSの落とし穴

よくある落とし穴の1つは、モデル内にHTMLを保持するなど、関心の分離の原則について無知なことです。ページを表示するコードにロジックを統合するほうが簡単であるため、HTMLが埋め込まれた文字列を返したくなるかもしれません。例えば、テキストがクリック可能かどうかに応じて、getメソッドでプレーンテキスト、またはリンクを返したい場合もあります。ASP.NET MVCを使うと、簡単だと感じるかもしれません。

まずは、次のように書きます。

```
return View(isUserActive
  ? $"<a href='/profile/{username}'>{username}</a>"
  : username);
```

そして、ビューでは、次のように書きます。

```
@Html.Raw(Model)
```

また、次のように、新しいクラスを作成して、activeとusernameを別々に保持します。

```
public class UserViewModel {
  public bool IsActive { get; set; }
  public string Username { get; set; }
}
```

さらに、コントローラで、そのモデルを作成します。

```
return View(new UserViewModel()
{
  IsActive = isUserActive,
  Username = username,
});
```

また、テンプレートで条件付きロジックを利用して、usernameを適切にレンダリングします。

```
@model UserViewModel
. . . ほかのコードは省略
@if (Model.IsActive) {
  <a href="/profile/@Model.IsActive">
    @Model.Username
  </a>
} else {
  @Model.Username
}
```

　コードの記述量を減らすことだけが目的であれば、正しい方法を使用するのが面倒に感じるかもしれません。ただし、多くのオーバーヘッドを回避する方法があります。ASP. NET MVCからRazor Pagesに切り替えることで、作業を大幅に簡素化することもできますが、それが不可能な場合は、既存のコードでも多くのことができます。例えば、次のようにタプルを使用することで、余計なモデルを排除できます。

```
return View((Active: isUserActive, Username: username));
```

こうすることで、テンプレートコードをそのまま維持できます。新しいクラスを作る必要がなくなるので、手間が省けます。ただし、新しいクラスを作ることによる再利用性などのメリットは得られません。C#の新しいレコード型を使えば、ビューモデルを1行のコードで宣言し、かつイミュータブルにでき、同じようなメリットが得られます。

```
public record UserViewModel(bool IsActive, string Username);
```

Razor Pagesアプリで作られたアプリは、独立したモデルクラスが不要になるため、コードを短縮できます。コントローラのロジックは、ページで作成されたViewModelクラスにカプセル化されています。

MVCコントローラやRazor PagesのビューモデルでHTMLコードを扱わなければならない場合は、HtmlString型やIHtmlContent型の使用を検討してください。これらを使用することで、明示的な宣言で適切にエンコード処理されたHTML文字列を定義できます。HtmlStringを使用して同じものを作成したい場合は、リスト6.6のようになります。ASP.NETはHtmlStringに対してエンコード処理をしないため、Html.Rawでラップする必要もありません。

リスト6.6には、XSSに対して安全なHTML出力の実装方法が示されています。Usernameをstringではなく IHtmlContentとして定義しています。この方法では、Razorは、その文字列の内容をエンコード処理せずに直接使用します。エンコード処理は、HtmlContentBuilderが明示的に指定した部分だけに対して行います。

▼**リスト6.6** HTMLエンコードのためにXSSに対して安全な構造を使う

```
public class UserModel : PageModel {
  public IHtmlContent? Username { get; set; }

  public void OnGet(string username) {
    bool isActive = isUserActive(username);
    var content = new HtmlContentBuilder();
    if (isActive) {
      content.AppendFormat("<a href='/user/{0}'>", username);  ◀── このHTMLは
    }                                                               usernameだけを
    content.Append(username);  ◀── これもusernameをエンコードする      エンコードする
    if (isActive) {
      content.AppendHtml("</a>");  ◀── ここでは何もエンコードされない
    }
```

```
    Username = content;
  }
}
```

● コンテントセキュリティポリシー（CSP）

CSP（Content Security Policy）は、XSS攻撃に対するもう1つの武器です。これは、第三者のサーバーから要求できるリソースを制限するHTTPヘッダです。現代のWebサイトでは、フォント、スクリプトファイル、アナリティクスコード、CDNコンテンツなど、多くの外部リソースが含まれるため、CSPは使いにくいと考えています。また、これらのリソースと信頼されたドメインは全て、いつでも変更される可能性があります。信頼できるドメインのリストを維持し、最新の状態に保つことは困難です。少し難解な構文を理解することも困難です。外部リソースの正当性を検証することも困難です。Webサイトが警告なしに動作し続ける場合、CSPは適切に設定されているのでしょうか？　それともポリシーが緩すぎるのでしょうか？　CSPは強力な味方になり得ますが、ここでは基本的な説明にとどめ、あなたを混乱させたり、崖から突き落としたりするような危険は冒しません。CSPを使用するかどうかに関係なく、HTML出力のエンコード処理は常に適切に行う必要があります。

● まとめ

HTMLを挿入することや、エンコード処理を一切しないなどの手抜きをしないことでXSSは簡単に回避できます。HTMLを挿入する必要がある場合は、値を適切にエンコード処理することに、とにかく注意してください。XSS対策によってコードサイズが大きくなると考えているのであれば、コードのオーバーヘッドを削減する方法があります。

6.3.6 クロスサイトリクエストフォージェリ（CSRF）

HTTPプロトコルでは、Web上のコンテンツを変更する操作は、GETではなくPOSTを使用して実行されます。これには理由があります。POSTアドレスへのクリック可能なリンクを作成できず、POSTを送信できるのは一度だけです。失敗した場合、ブラウザは再送信が必要かどうかを警告します。したがって、フォーラムへの投稿、ログイン、重要な変更は、通常はPOSTが使用されます。同様の目的を持つDELETEとPUTもありますが、それほど一般的には使用されず、HTMLフォームからトリガーすることもできません。

このPOSTの性質によって、私たちは過剰にPOSTを信頼しています。POSTの弱点は、元のフォームがPOSTリクエストの送信元と同じドメインに存在する必要がないことです。元のフォームは、インターネット上の任意のWebページに配置できます。これにより、

攻撃者はWebページ上のリンクをクリックするように誘導し、POSTを送信させることができます。例えば、Twitterの削除操作がhttps://twitter.com/delete/{tweet_id}のようなURLでPOST操作のように動作すると仮定しましょう。

私のドメインであるstreetcoder.org/aboutにWebサイトを設置し、JavaScriptを1行も使用せずに次のリストのようなフォームを配置するとどうなるでしょうか？

▼**リスト6.7**　完全に無害なWebフォーム。本当だよ

```
<h1>とてつもなく秘密のWebページへようこそ！</h1>
<p>ボタンをクリックして続行してください</p>
<form method="POST"
      action="https://twitter.com/i/api/1.1/statuses/destroy.json">
  <input type="hidden" name="id" value="123" />
  <button type="submit">続行</button>
</form>
```

幸運なことに、idが123のツイートはありませんが、もし存在し、TwitterがCSRFに対する防御策を知らないスタートアップの企業だとしたら、怪しいWebサイトにアクセスするように依頼するだけで、誰かのツイートを削除できてしまいます。JavaScriptを使用できる場合は、Webフォーム要素を一切クリックせずにPOSTリクエストを送信することもできます。

この種の問題を回避するには、生成される全てのフォームにランダムに生成された数値を使用し、フォーム自体とWebサイトのレスポンスヘッダの両方に複製することです。怪しいWebサイトは、これらの数値を知ることも、Webサーバーのレスポンスヘッダを操作することもできないため、リクエストをユーザーから送信されたものであるかのように装うことはできません。幸いにも、通常は使用するフレームワークが対応しているため、クライアント側でトークンの生成と検証を有効にするだけで済みます。ASP.NET Core 2.0では、自動的にフォームにトークンが含まれるため、何らかのアクションを実行する必要はありませんが、独自のHTMLヘルパーを使用してフォームを作成する場合は、必ずトークンが検証されていることを確認しなければなりません。その場合、次のようなヘルパーを使用して、テンプレートでCSRFトークンを明示的に生成する必要があります。

```
<form method="post">
  @Html.AntiForgeryToken()
  ...
</form>
```

サーバー側でもトークンが検証されることを確認しなければなりません。通常、これは自動的に行われますが、グローバルで無効にしている場合は、特定のコントローラアクションやRazor Pagesで、`ValidateAntiForgeryToken`属性を使用して選択的に有効にできます。

```
[ValidateAntiForgeryToken]
public class LoginModel: PageModel {
    ...
}
```

ASP.NET Coreのような最近のフレームワークでは、CSRF対策はすでに自動化されているため、そのメリットを理解するために基本を理解するだけで済みます。しかし、自前で実装する必要がある場合は、その仕組みと理由を理解することが重要です。

6.4 先に洪水を招いた者[訳注17]

サービス拒否（DoS）攻撃とは、サービスを機能停止させる攻撃の総称です。これは、サーバーの停止・フリーズ・クラッシュを引き起こすものや、CPU使用率を急上昇させたり利用可能な帯域幅を飽和させたりするものがあります。後者のタイプの攻撃は、**フラッド**と呼ばれることがあります。ここでは、フラッドとその対策について詳しく見ていきます。

フラッドに対する完全な解決策はありません。なぜなら、多数の正規のユーザーが大量にアクセスするだけでもWebサイトがダウンする可能性があるからです。正規のユーザーと攻撃者を区別することは困難です。しかし、DoS攻撃の影響を軽減し、攻撃者の能力を低下させる方法はあります。その中でも代表的な対策の1つがCAPTCHAです。

6.4.1 CAPTCHAを使用しない

CAPTCHAは、Webの悩みの種です。攻撃者と正規のユーザーを区別する一般的な方法ですが、ユーザーには大きな負担となります。基本的なアイデアは、人間には簡単に解けるものの、攻撃に利用される自動化ソフトウェアは解くのが難しい数学的に複雑な問題を出すことです。例えば、「今日のお昼は何にしますか？」などです。

CAPTCHAの問題点は、人間にとっても難しいことです。例えば、「信号機のあるパネ

訳注17 映画『ランボー』の原題『First Blood』は「Who drew first blood?（先に仕掛けてきたのは誰だ？）」という表現に由来している。原文の「Draw the first flood」は、それをもじったもの。https://www.jvta.net/la/%E6%84%8F%E5%A4%96%E3%81%A8%E7%9F%A5%E3%82%89%E3%81%AA%E3%81%84%E5%90%8D%E4%BD%9C%E3%81%AE%E5%8E%9F%E9%A1%8C-no-13-%E3%80%8Efirst-blood%E3%80%8F/

ルを全て選んでください」という問題を考えてみましょう。信号機の電球自体が表示されているパネルだけを選ぶべきでしょうか、それとも信号機の外枠も選ぶべきでしょうか？　支柱も選ぶべきでしょうか？　また、簡単に読めるはずの落書きのような文字は、どうでしょうか？　この文字は、「rn」なのか、単に「m」なのか？　数字の「5」は文字なのか？　なぜ、こんなに苦しめられるのか？　この体験は、図6.7に集約されています。

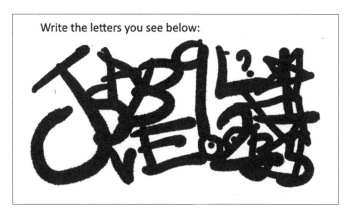

▲図6.7　私って人間だっけ？

　CAPTCHAはDoS攻撃対策として有効ですが、同時に有害でもあります。アプリの成長段階では、UXの摩擦は避けたいものです。私が1999年にEkşi Sözlükを初めてリリースした際、ログイン機能すらありませんでした。誰でも好きなニックネームですぐにWebサイトに投稿できたのです。人々が互いのニックネームを使って投稿し始めると、すぐに問題が発生しましたが、それはユーザーが本当にこのサイトを好きになり始めた後のことでした。十分に人気が出るまでは、ユーザーに苦労を強いるべきではありません。ボットがあなたのサイトを見つけて攻撃を仕掛けてくるかもしれませんが、ユーザーはすでにあなたのアプリを気に入っているので、多少の不便には耐えてくれるでしょう。

　この点は、技術的な問題に対処するためにUXの摩擦を伴うあらゆる種類の解決策に当てはまります。例えば、Cloudflare[訳注18]の「攻撃者か判定するため、5秒間お待ちください」というWebページも同様です。訪問者の53%は、ページの読み込みに3秒間待たされるとそのページから離脱します。誰かがWebサイトを攻撃して過剰に負荷をかけるだけの価値があると考えるかもしれないという、ほんのわずかな可能性のために、あなたは実質的にユーザーを失っていることになるのです。常に53%の訪問者を失いたいですか、それとも月に一度、1時間の間、全ての訪問者を失いたいですか？

訳注18　CDNやDDoS制御、分散型ドメインサービスを提供するインターネットセキュリティの企業。本文中の例のように、攻撃者からのアクセスを弾くために、Cloudflareのページが表示されることがある。

6.4.2 CAPTCHAの代替手段

パフォーマンスの高いコードを書き、積極的にキャッシュを使用し、必要に応じてスロットリングを行いましょう。特定のプログラミング技術のパフォーマンス上のメリットについてはすでに説明しましたし、今後、パフォーマンスの最適化のみを扱う章が控えています。

これらの全てに、落とし穴があります。IPアドレスに基づいてスロットリングを行うと、例えば企業や組織といった同じIPアドレスを使用している全員に制限をかけてしまいます。ある程度の規模を超えて成長すると、ユーザーの大多数からのリクエストを十分な速さで処理できない可能性があります。

スロットリングの代替手段として「プルーフ・オブ・ワーク」があります。これは、暗号通貨で耳にしたことがあるかもしれません。リクエストを行うためには、コンピュータやデバイスで、必ず一定以上の時間がかかる非常に難しい問題を解かなければならないというものです。1つは整数の因数分解です。もう1つの実績のある方法は、「生命、宇宙、そして万物についての究極の疑問の答え」[訳注19]についてコンピュータに問うことです。これは時間がかかることで知られています。

プルーフ・オブ・ワークは、クライアントのリソースを大量に消費するため、バッテリーの寿命や低速なデバイスのパフォーマンスに悪影響を与える可能性があります。また、CAPTCHAよりも、さらにUXに悪影響を及ぼす可能性もあります。

Webサイトの人気が高まった後にログインを要求するなど、よりユーザーに配慮した対応も可能です。認証チェックは簡単ですが、Webサイトへの登録とメールアドレスの確認に時間がかかるため、これもユーザーにとっての摩擦となります。例えば、登録やモバイルアプリのインストールを求めるなど、ユーザーにWebサイトのコンテンツにアクセスする前に何かを要求すると、多くのユーザーは不満を抱き、Webサイトを離脱してしまう可能性が高まります。攻撃者の能力を低下させる方法を検討する際には、これらの長所と短所を慎重に考慮する必要があるのです。

6.4.3 キャッシュを実装しない

辞書は、おそらくWebフレームワークで使用される最も一般的な構造です。HTTPリクエストとレスポンスのヘッダー、Cookie、キャッシュエントリは全て辞書に保持されます。これは、「第2章　実践理論」で説明したように、辞書はO(1)の時間計算量を持つため、非常に高速だからです。検索は瞬時に行われます。

訳注19　ダグラス・アダムスによる小説『銀河ヒッチハイク・ガイド』に登場するスーパーコンピュータが人類から聞かれた質問。答えを出すのに750万年かかった。パニくるな！

辞書の問題点は、あまりにも実用的であるため、何かをキャッシュとして保持するために、つい辞書を使ってしまいたくなることです。.NETにはスレッドセーフなConcurrentDictionaryという型も存在し、キャッシュを自作する際の候補として魅力的です。

　フレームワークに含まれる一般的な辞書は、ユーザー入力に基づくキー用に設計されていません。攻撃者が、使用しているランタイムを知っている場合、ハッシュ衝突[訳注20]攻撃を引き起こす可能性があります。「第2章　実践理論」で説明したように、同じハッシュコードに対応する多くの異なるキーを持つリクエストを送信することで、衝突を引き起こす可能性があります。これにより、検索時間がO(1)ではなくO(N)に近づき、アプリのパフォーマンスが低下します。

　SipHashなどのWeb向けコンポーネント用に開発されたカスタム辞書は、一般に、分散特性に優れ、衝突の可能性が低いハッシュコードアルゴリズムを使用します。このようなアルゴリズムは、平均的には通常のハッシュ関数よりもわずかに遅くなりますが、衝突攻撃に対する耐性があるため、最悪の場合のパフォーマンスが向上します。

　また、辞書にはデフォルトで自動削除のメカニズムがないため、無制限に成長します。ローカルでテストしたときは問題ないように見えても、本番環境では致命的な障害が発生する可能性があります。理想的には、キャッシュデータ構造は、メモリ使用量を抑えるために、古いエントリを削除できるようにすべきです。

　これらの全ての要因を考慮して、「そうだ、辞書にキャッシュすればいい」と思ったときはいつでも、既存のキャッシュインフラストラクチャ、できればフレームワークが提供する既存のキャッシュのインフラストラクチャを活用することを検討してください。

6.5　シークレットの保管

　シークレット（パスワード、秘密鍵、APIトークン）は、あなたの王国の鍵です。これらは小さなデータですが、不相応に強力なアクセス権限を提供します。本番環境のデータベースのパスワードを持っているでしょう？　そうであれば、全てにアクセスできるということです。APIトークンを持っているでしょう？　だとしたら、そのAPIが許可する全ての操作を実行できるということです。だからこそ、シークレットは脅威モデルの一部でなければなりません。

　コンパートメント化[訳注21]は、セキュリティ脅威に対する最良の対策の1つです。シークレットを安全に保管することは、それを実現する方法の1つです。

訳注20　異なる入力から、同じハッシュが得られること。

訳注21　一部を隔離すること。

6.5.1　ソースコードでのシークレットの保管

　　プログラマーは、解決への最短ルートを見つけるのが得意です。それには、近道や手抜きも含まれます。そのため、パスワードをソースコードに埋め込むことも、正直なところ、よくあることです。私たちは、フローの妨げになるものは何でも嫌うため、迅速なプロトタイピングが大好きなのです。

　　あなた以外誰もコードにアクセスできないから、あるいは開発者はすでに本番環境のデータベースのパスワードにアクセスできるから、ソースコードにシークレットを保管しても問題ないと思うかもしれません。問題は、時間という次元を考慮していないことです。長期的には、全てのソースコードはGitHubでホストされます[監訳注2]。ソースコードは本番環境のデータベースと同じレベルの機密性では扱われないにもかかわらず、本番環境のデータベースへの鍵を含んでいるのです。顧客は契約上の目的でソースコードを要求することがあります。開発者はレビューのためにソースコードのローカルコピーを保持することがあり、開発者のコンピュータが侵害される可能性があります。開発者は、本番環境のデータベースはサイズが大きすぎて扱えず、より機密レベルが高いと考えているため、同じ方法で保持しないでしょう。

●正しい保管方法

　　ソースコードにシークレットを含めないとしたら、ソースコードはどうやってそのシークレットを知るのでしょうか？　データベースに保管することもできますが、それではパラドックスが生じてしまいます。さて、データベースのパスワードは、どこに保管するのでしょうか？　これも、全ての保護されたリソースをデータベースと同じ信頼グループ[訳注22]に置いてしまうため、悪い考えです。データベースのパスワードを持っているということは、全てを持っているということです。あなたがペンタゴンのITを運用していて、そのデータベースが十分に保護されているため、核発射コードを従業員のデータベースに保管しているとしましょう。会計係が誤ってデータベースの間違ったテーブルを開いてしまった場合、厄介な状況が発生します。同様に、あなたのアプリはデータベースよりも重要なリソースへのAPIアクセス権を持っている可能性があります。脅威モデルでは、このような不釣り合いな権限を考慮する必要があります。

　　理想的な方法は、（Azure Key VaultやAWS KMSなどの）クラウドのKey Vault[訳注23]

監訳注2　この問題は、AWSのID／シークレットなどでもよく発生する。GitHubのパブリックリポジトリにプッシュされたAWSのID／シークレットを巡回しているボットが存在しており、間違えてプッシュすると、かなり短時間で捕捉されるといわれている。

訳注22　データベースやインスタンスなどが所属する、それぞれのアクセスなどの権限をまとめたもの。

訳注23　主にクラウド環境において、アプリやサービスで使用されるシークレット（APIキー、パスワード、証明書、暗号化キーなど）を安全に保管・管理するためのサービス。

といった専用のストレージにパスワードマネージャーをコールドストレージ[訳注24]として保管することです。Webサーバーとデータベースが脅威モデルで同じ信頼境界内にある場合は、サーバーの環境変数にこれらのシークレットを追加するだけで済みます。クラウドサービスでは、管理インターフェイスから環境変数を設定できます。

最新のWebフレームワークは、構成に直接マッピングできる環境変数に加えて、OSやクラウドプロバイダーの安全なストレージ機能をバックエンドに持つ、さまざまなシークレットの保管オプションをサポートしています。これによって、設定に直接マッピングできる環境変数を利用できます。例えば、アプリに次のような設定があるとします。

```
{
  "Logging": {
    "LogLevel": {
    "Default": "Information"
     }
  },
  "MyAPIKey": "somesecretvalue"
}
```

MyAPIKeyを構成に保存するのは避けるべきです。ソースコードにアクセスできる人なら、誰でもAPIキーにアクセスできてしまいます。そのため、構成からキーを削除し、本番環境では環境変数として渡します。開発者のマシンでは、環境変数の代わりにユーザーシークレットを使用できます。.NETを使用している場合は、次のdotnetコマンドを実行して、ユーザーシークレットを初期化して設定できます。

```
> dotnet user-secrets init -id myproject
```

これは、myproject idを、関連するユーザーシークレットへのアクセス識別子として使用するようにプロジェクトを初期化します。そして、次のコマンドを実行することで、開発者アカウントのユーザーシークレットを追加できます。

```
> dotnet user-secrets set MyAPIkey somesecretvalue
```

これで、構成にユーザーシークレットを読み込むようにすると、シークレットはユーザーシークレットファイルから読み込まれ、構成を上書きします。構成にアクセスするのと同じ方法で、シークレットのAPIキーにアクセスできます。

訳注24 通常のストレージのように頻繁にアクセスされるデータではなく、あまりアクセスされることがないデータを長期保存するためのストレージ。

```
string apiKey = Configuration[ "MyAPIKey" ];
```

　AzureやAWSのようなクラウドサービスでは、環境変数やKey Vaultの設定を通じて、同じシークレットを構成できます。

● データ漏洩は避けられない

　人気のあるWebサイト「Have I Been Pwned?」[注4]（https://haveibeenpwned.com/）は、メールアドレスに関連付いたパスワードが漏洩したかを通知してくれるサービスです。これを書いている時点で、私のアドレスはさまざまなデータ漏洩に遭っていて、16回漏洩しているようです。データは漏洩してきましたし、これからも漏洩するでしょう。データが公開されるリスクを常に想定し、それに備えた設計を行う必要があります。

● 不要なデータは収集しない

　そもそも存在しないデータは漏洩しません。サービスの機能に不可欠だと考えられない限り、データの収集は積極的に拒否しましょう。そうすれば、ストレージ要件の削減、パフォーマンスの向上、データ管理作業の軽減、ユーザーの負担軽減など、副次的なメリットもあります。例えば、多くのWebサイトでは登録時に氏名が必要ですが、本当にそのデータが必要でしょうか？

　例えば、パスワードなどの一部のデータはどうしても必要かもしれません。しかし、人は複数のサービスで同じパスワードを使い回す傾向があるため、他者のパスワードを扱う責任は重大です。つまり、あなたのサービスのパスワードデータが漏洩すると、ユーザーの銀行口座も危険にさらされる可能性があります。パスワードマネージャーを使用していないのはユーザーの自己責任だと思うかもしれませんが、相手は人間です。これを防ぐためにできる簡単な対策があります。

● パスワードハッシュの正しい方法

　パスワードの漏洩を防ぐ最も一般的な方法は、ハッシュアルゴリズムを使用することです。パスワードをそのまま保存するのではなく、暗号論的に安全なパスワードのハッシュを保存します。「第2章　実践理論」で紹介したGetHashCode()のような通常のハッシュアルゴリズムは、解読が容易であったり、衝突が発生しやすいため、使用できません。暗号論的に安全なハッシュアルゴリズムは、意図的に処理速度が遅くなるように設計されており、さまざまな形態の攻撃にも耐性があります。

※注4　pwnedはownedの変形で、ハッカーに支配されることを意味する。これは「徹底的にやられた」というスラング。例：「誕生日をPINにしたせいでpwnedされた」

暗号論的に安全なハッシュアルゴリズムは、それぞれ特性が異なります。パスワード
ハッシュとして、推奨される方法は、同じアルゴリズムを何度も繰り返し実行して処理速
度を遅くするアルゴリズムの使用です。同様に、最新のアルゴリズムは、特定のアルゴリ
ズムを解読するためだけに設計されたカスタムチップによる攻撃を防ぐために、処理内容
の割に大量のメモリを必要とするものもあります。

　SHA2、SHA3などの暗号論的に安全なハッシュ関数であっても、一度もイテレーショ
ンしてないハッシュ関数は使用しないでください。ましてや、MD5やSHA1はすでに解読
されているため、絶対に使用しないでください。暗号論的な安全性は、アルゴリズムの衝
突確率が非常に低いことを保証するだけで、ブルートフォース攻撃[訳注25]に対する耐性を
保証するものではありません。ブルートフォース攻撃への耐性を確保するには、アルゴリ
ズムの処理速度が非常に遅いことを確認する必要があります。

　処理速度が遅くなるように設計された一般的なハッシュ関数として、PBKDF2があ
ります。ロシアの秘密諜報機関の部署のような名前ですが、**Password-Based Key
Derivation Function Two**（パスワードベースの鍵導出関数2）の略です。任意のハッ
シュ関数と組み合わせることが可能で、単にループ内で実行して結果を組み合わせるだ
けです。ただし、現在では脆弱性のあるアルゴリズムとして知られているSHA1ハッシュ
アルゴリズムの亜種を使用していること、SHA1では日々衝突が生成されることから、
いかなるアプリでも使用すべきではありません。

　残念ながら、PBKDF2はGPUで並列処理でき、解読用の専用のASIC（カスタムチッ
プ）やFPGA（プログラム可能なチップ）が設計されているため、比較的簡単に破られる
可能性があります。漏洩したデータの解読を試みる攻撃者が、あまりにも速く組み合わ
せを試せるような状況は避けたいものです。bcrypt、scrypt、Argon2などの新しいハッ
シュアルゴリズムは、GPUまたはASICベースの攻撃にも耐性があります。

　最新のブルートフォース攻撃に耐性のあるハッシュアルゴリズムは全て、パラメータとし
て難易度係数またはイテレーション回数を受け取ります。Webサイトへのログイン試行が
DoS攻撃にならないように、難易度設定が高すぎないように注意すべきです。運用サー
バーで100ミリ秒以上かかる難易度は避けるべきでしょう。運用中にハッシュアルゴリズ
ムを変更することは困難なので、パスワードハッシュの難易度をベンチマークして、悪影
響がないことの確認を強くお勧めします。

訳注25　総当たり攻撃。

ASP.NET Coreのような最新のフレームワークは、パスワードハッシュ機能を標準で提供しており、その仕組みを理解する必要はほとんどありませんが、現在の実装はPBKDF2に依存しており、前述のようにセキュリティ面でやや遅れています。適切なハッシュ化について意識的に決定することが重要です。

アルゴリズムを選択する際は、使用しているフレームワークがサポートしているものを優先してください。それが利用できない場合は、最もテストされているものを選ぶべきです。一般に、新しいアルゴリズムは、古いものほどテストや検証がされていません。

●安全な文字列の比較

アルゴリズムを選択し、パスワード自体ではなくパスワードのハッシュを保存しました。あとは、ユーザーからパスワードを受け取り、それをハッシュ化して、データベース上のハッシュ化されたパスワードと比較するだけです。簡単そうですよね？　リスト6.8のように、単純なループ比較で簡単に実装できます。ここでは、単純な配列比較を実装していることがわかります。まず長さを確認し、次にループで各要素が等しいかどうかを確認します。不一致が見つかった場合はすぐに処理を終了し、残りの値を確認する必要はありません。

▼**リスト6.8**　2つのハッシュ値を比較する素朴な関数

```
private static bool compareBytes(byte[] a, byte[] b) {
  if (a.Length != b.Length) {
    return false;  ◀──────┐ 念のため、長さをチェック
  }
  for (int n = 0; n < a.Length; n++) {
    if (a[n] != b[n]) {
      return false;  ◀──────┐ 値の不一致
    }
  }
  return true;  ◀──────┐ 成功！
}
```

このコードは、なぜ安全ではないのでしょうか？　問題は、不一致の値が見つかったときに早期に処理を中断するという、ちょっとした最適化にあります。つまり、図6.8のように、関数がどれくらい早く返ってくるかを測定することで、どの程度一致しているかを判断できるのです。また、ハッシュアルゴリズムがわかっていれば、ハッシュの最初の値、最初の2つの値などに対応するパスワードを作成することで、正しいハッシュを見つけることができてしまいます。確かに、タイミングの違いはミリ秒、場合によってはナノ秒かも

しれませんが、それでも基準値と比較して測定できます。測定できない最初の段階でも、測定を繰り返すことで正確な結果を得ることができます。これは、全ての可能な組み合わせを試すよりもはるかに高速です。

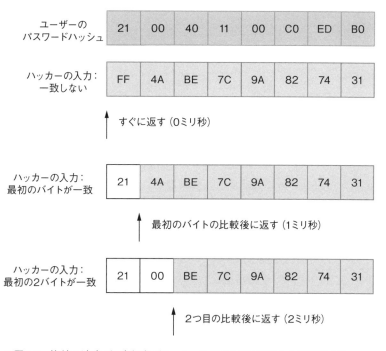

▲図6.8　比較の速度が、攻撃者がハッシュを見破るのにどのように役立つか

　この問題を解決するには、リスト6.9のように、一定時間で処理する比較関数が必要です。早期にリターンする代わりに、結果値を保持し、比較が失敗しても比較を続けます。こうして、全ての比較が一定時間で行われ、ユーザーのハッシュ値が漏洩することを防ぎます。

▼リスト6.9　安全なハッシュ値の比較

```
private static bool compareBytesSafe(byte[] a, byte[] b) {
  if (a.Length != b.Length) {
    return false;     ← これは例外的なケース。理想的には決して発生しないので、そのままにしておく
  }
  bool success = true;
  for (int n = 0; n < a.Length; n++) {
    success = success && (a[n] == b[n]);   ← 途中で終了せずに結果変数を継続的に更新
  }
  return success;   ← 最終結果を返す
}
```

●固定したソルトを使わない

　ソルトは、パスワードハッシュアルゴリズムに導入される追加の値で、同じハッシュ値であっても異なる値になるようにします。これは、攻撃者が1つのハッシュ値を推測するだけで、同じパスワードを持つ全てのユーザーのパスワードを解読できないようにするためです。こうすることで、たとえ全てのユーザーのパスワードが「hunter2」であっても、全てのユーザーは異なるハッシュ値を持つため、攻撃者の作業が困難になります。

　開発者は、ユーザー名のハッシュやユーザーIDなど、わかりやすい値をハッシュソルトに使用することがあります。これらは、ランダムな値の配列を生成するよりも簡単に生成できるため、十分に安全だと考えられていますが、実際にはセキュリティを大幅に低下させる危険な抜け道なのです。ソルトには常にランダムな値を使用すべきですが、ただの擬似乱数値だけでなく、CSPRNG (Cryptographically Secure Pseudo Random Number Generator：暗号論的擬似乱数生成器) によって生成された値を使用する必要があります。

●ああ乱数よ、チャンスをくれ！

　通常の乱数は、単純で予測可能なアルゴリズムで生成されます。その目的は、真の予測不可能性を生み出すことではなく、単にランダム性を模倣することです。ゲームで予測不能な敵を作る場合や、Webサイトで今日の注目記事を選ぶ場合には、それで問題ありません。それらは高速ですが、安全ではありません[訳注26]。これらの乱数は比較的短い間隔で繰り返される傾向があるため、予測可能であるか、有効な乱数の探索空間が絞り込まれる可能性があります。その昔、ラスベガスのカジノで、スロットマシンの設計者たちがまだ十分な知識を持っていなかった頃、スロットマシンの乱数生成アルゴリズムを解読することに成功した人たちがいました。

　暗号論的に安全な擬似乱数が必要となるのは、それが非常に予測しづらいからです。これらは、マシンのハードウェアコンポーネントといった複数の強力なエントロピー源と複雑なアルゴリズムを用いており、結果を予測するのが非常に困難です。その結果、通常の乱数生成に比べて当然遅くなるため、セキュリティのコンテキストのみで使用されるべきです。

　暗号論的に安全なハッシュライブラリの多くでは、ソルト自体ではなく、ソルトの長さのみを受け取るハッシュ生成関数を備えています。ライブラリがランダムなソルトの生成を処理し、その結果から取得できます。リスト6.10は、PBKDF2を使用した例です。ここでは、RFC2898鍵導出関数を独自に実装しており、これはHMAC-SHA1アルゴリズムを使用したPBKDF2です。using文を使用するのは、暗号プリミティブ[訳注27]がOSのアン

訳注26　セキュリティとはコンテキストが離れるが、ポケットモンスターシリーズにおける乱数調整などが参考になる。

訳注27　情報セキュリティにおいて、基本的な構成要素となる暗号技術や機能のこと。

マネージドリソースを使用する可能性があり、スコープ外に出るときにクリーンアップされるようにするためです。ハッシュと新しく生成されたソルトの両方を1つのパッケージで返すために、シンプルなレコード型を活用しています。

▼リスト6.10　暗号論的に安全な乱数値の生成

```
public record PasswordHash(byte[] Hash, byte[] Salt);    ◀──── ハッシュ値とソルト値を保持するレコード

private PasswordHash hashPassword(string password) {
  using var pbkdf2 = new Rfc2898DeriveBytes(password,
    saltSizeInBytes, iterations);    ◀──── ハッシュ生成器のインスタンスを作成
  var hash = pbkdf2.GetBytes(keySizeInBytes);    ◀──── ここでハッシュ値を生成
  return new PasswordHash(hash, pbkdf2.Salt);
}
```

● UUIDはランダム（乱数）ではない

　汎用一意識別子（Universally Unique IDentifiers：UUID）、またはMicrosoftの世界ではグローバル一意識別子（Globally Uunique IDentifiers：GUID）と呼ばれるものは、「14e87830-bf4c-4bf3-8dc3-57b97488ed0a」のようなランダムに見える数字です。かつては、ネットワークアダプタのMACアドレスやシステムの日付や時刻などのあいまいなデータに基づいて生成されていましたが、現在はほとんどランダムに生成されています。しかし、それらは一意性を保証するために設計されており、必ずしも安全ではありません。**暗号論的擬似乱数生成器**（CSPRNG）を使用して作成される保証がないため、やはり予測可能です。例えば、新しく登録されたユーザーに確認のメールを送信するときにアクティベーショントークンを生成する場合など、GUIDのランダム性に依存するべきではありません。セキュリティに強いトークンを生成するには、常にCSPRNGを使用してください。UUIDは完全にランダムではないかもしれませんが、単純な単調増加（1つずつ増加）の整数よりも識別子として安全です。単純な整数で生成された番号であれば、攻撃者は過去の注文履歴やこれまでの累計注文数を推測できてしまうかもしれません。完全にランダムなUUIDを使えば、そうした推測は不可能になります。

　一方、完全にランダムなUUIDはインデックスの分布が悪くなります。たとえ連続した2つのレコードを挿入した場合でも、データベースインデックス内の全く無関係な場所に配置され、順次読み取りが遅くなります。これを避けるために、新しいUUID標準、つまりUUIDv6、UUIDv7、UUIDv8が登場しました。これらのUUIDは、依然としてある程度のランダム性を持っていますが、タイムスタンプも含まれているため、より均一なインデックス分布を生成します。

まとめ

- 脅威モデルを、頭の中で構築したり紙に書き出したりして、セキュリティ対策の優先順位を決め、弱点を特定する
- セキュリティを後から追加するのは難しい場合があるため、最初からセキュリティを考慮して設計する
- 隠蔽によるセキュリティは、真のセキュリティとはいえず、実際には有害となる可能性がある。それを認識して優先順位を付ける
- 2つのハッシュ値を比較する場合でも、独自の暗号プリミティブを実装せず、十分にテストされ、適切に実装された解決策を信頼して利用する
- ユーザーの入力は悪意があるものと想定すること
- SQLインジェクション攻撃対策として、パラメタライズドクエリを使用する。何らかの理由でパラメタライズドクエリを使用できない場合は、ユーザー入力を積極的に検証およびサニタイズする
- XSS脆弱性を回避するために、ユーザー入力をページに含める際は、適切なHTMLエンコード処理が行われているのを確認する
- サービスの成長段階では、DoS攻撃対策としてCAPTCHAは避ける。まずはスロットリングや積極的にキャッシュを使用するなどの別の方法を試そう
- シークレットは、ソースコードではなく、別のシークレットストアに保管する
- パスワードハッシュは、パスワードハッシュ用に設計された強力なアルゴリズムを使用してデータベースに保存する
- セキュリティ関連のコンテキストでは、決してGUIDを使用せず、暗号論的に安全な擬似乱数を使用する

能動的な最適化

本章の内容
- 時期尚早な最適化を受け入れる
- パフォーマンス問題にトップダウンのアプローチを採る
- CPUおよびI/Oボトルネックの最適化
- 安全なコードをより速くし、危険なコードをより安全にする

　最適化に関するプログラミングの文献は、ほぼ必ず、著名な計算機科学者ドナルド・クヌースのよく知られた「時期尚早な最適化は諸悪の根源である」という有名な引用から始まります。この発言は誤りであるだけでなく、常に誤って引用されています。まず、この発言自体が誤っている理由は、誰もが知っている通り、あらゆる悪の根源はオブジェクト指向プログラミングだからです。オブジェクト指向プログラミングは親子関係の悪化と階級闘争につながります。また、引用の仕方が誤っているのは、実際の引用文はもっと微妙なニュアンスを含んでいるからです。これは、「Lorem ipsum」が意味のあるラテン語の文から切り取られたため無意味な言葉になっているのと、ほぼ同じです[訳注1]。クヌースの本当の言葉は、「97%のわずかな効率化については忘れるべきだ。時期尚早な最適化は

[訳注1] 「Lorem ipsum」は、「lorem ipsum…」で始まる文章で、プロトタイピングやモックなどで正式なテキストが存在しない場合などに使われるダミーテキスト。古代ローマの哲学者キケロの文章を元に作られている。

諸悪の根源である。だが、重要な3%の機会を見逃してはならない」というものです[注1]。

私は、「時期尚早な最適化は全ての学びの根源である」と主張します。自分が情熱を注いでいることから手を引かないでください。最適化は問題解決であり、時期尚早な最適化は、チェスプレイヤーが自分自身に挑戦するために駒を並べるように、存在しない仮説的な問題を作り出します。これは、よい訓練です。「第3章　役に立つアンチパターン」で述べたように、いつでも作業を放棄できる一方で、仮説的な問題を解決する中で得た知恵は残り続けます。リスクと時間を制御できる限り、探索的プログラミングはスキルを向上させる正当な方法です。学びの機会を自ら奪わないでください。

とはいえ、時期尚早な最適化を勧めないのには理由があります。最適化はコードから柔軟性を奪い、メンテナンスを難しくすることがあるからです。最適化は投資であり、そのリターンはそれをどれだけ長く維持できるかに大きく依存します。仕様が変更された場合、結果的に、実施した最適化によって抜け出すのが困難な落とし穴に陥ってしまうかもしれません。さらに、そもそも存在しない問題のための最適化を試み、コードの信頼性を低下させる可能性もあります。

例えば、ファイルコピーのルーチンでは、一度に読み書きするバッファサイズが大きいほど、全体の操作が速くなることを知っているかもしれません。バッファサイズを最大化するために、ファイル全体をメモリに読み込んでから書き出したくなるかもしれません。しかし、そのためにアプリが不必要にメモリを消費したり、非常に大きなファイルを読み込もうとした際にクラッシュしたりする可能性があります。最適化の際には、直面しているトレードオフを理解する必要があり、それには解決すべき問題を正しく特定する必要があるのです。

7.1　正しい問題を解決する

パフォーマンスの低下を解決する方法は多岐にわたりますが、問題の性質によって、解決策の効果とそれを実装するために費やす時間は大きく異なります。パフォーマンス問題の本質を理解するための最初のステップは、そもそもパフォーマンスに問題があるかどうかを判断することです。

7.1.1　シンプルなベンチマーク

ベンチマークとは、パフォーマンス指標を比較することです。パフォーマンスの問題の根本原因を特定することにはあまり役立たないかもしれませんが、問題の存在

[注1]　クヌースは、彼の元の記事における引用が改訂され、著書『Literate Programming』（邦訳『文芸的プログラミング』有沢 誠 訳／アスキー出版局／ ISBN4-7561-0190-9）に再掲載されていることを教えてくれた。彼から個人的に返信をもらえたことは、執筆過程の中で最も素晴らしいハイライトの1つであった。

を特定するのには役立ちます。BenchmarkDotNet（https://github.com/dotnet/BenchmarkDotNet）のようなライブラリを使用すると、統計誤差を避けるための安全対策を講じたベンチマークを非常に簡単に実装できます。しかし、ライブラリを使用しなくても、タイマーを使えば各コードの実行時間を把握できます。

　私は、Math.DivRem()関数が通常の除算と剰余の操作よりもどれだけ速いのか、ずっと疑問に思っていました。除算の結果と剰余を同時に必要とする場合は、DivRemを使用することが推奨されてきましたが、それが本当に正しいかどうかをテストする機会はこれまでありませんでした。

```
int division = a / b;
int remainder = a % b;
```

　このコードは極めて基本的なものとしか思えないので、コンパイラが問題なく最適化できることは容易に想像できます。一方で、Math.DivRem()を利用したコードは、次のような複雑な関数呼び出しのように見えます。

```
int division = Math.DivRem(a, b, out int remainder);
```

> **TIP**
>
> %演算子をモジュロ演算子と呼びたくなるかもしれませんが、実際は異なるものです。%演算子は、CやC#では剰余演算子です[訳注2]。正の値に対しては両者に違いはありませんが、負の値の場合は結果が異なります。例えば、「-7 % 3」は、C#では-1ですが、Pythonでは2です。

　BenchmarkDotNetを使えば、すぐにベンチマークの組み合わせを作成でき、そしてマイクロベンチマークに非常に適しています。マイクロベンチマークとは、小さくて高速な関数を測定するタイプのベンチマークで、ほかの選択肢が尽きたときや、上司からの助けが得られないときに非常に便利です。BenchmarkDotNetは、関数呼び出しのオーバーヘッドや変動による測定誤差を排除できます。リスト7.1は、BenchmarkDotNetを使用して作成したDivRemと、手動での除算・剰余演算の速度をテストするコードが示していま

訳注2　原文では、モジュロ演算子は「modulus operator」、剰余演算子は「remainder operator」と表現されている。ほとんどの日本語の文献ではどちらも「剰余演算子」と訳されているが、互いに異なる概念である。言語やツールによっては、関数や呼び出し方が異なるものもある。

す。基本的には、[Benchmark]属性でマークされた、ベンチマーク対象の操作を含む新しいクラスを作成します。BenchmarkDotNetは、1回だけの測定や数回のベンチマーク実行では誤差が生じやすいため、正確な結果を得るためには、その関数を何回呼び出す必要があるのかを自動で判断します。マルチタスクOSを使用している場合は、バックグラウンドで実行されているほかのタスクが、ベンチマーク対象のコードのパフォーマンスに影響を与える可能性があります。計算に使用する変数に[Params]属性を付加することで、コンパイラが不要と判断した操作を排除しないようにします。コンパイラは気が散りやすいのですが、賢いのです。

▼リスト7.1　BenchmarkDotNetコードの例

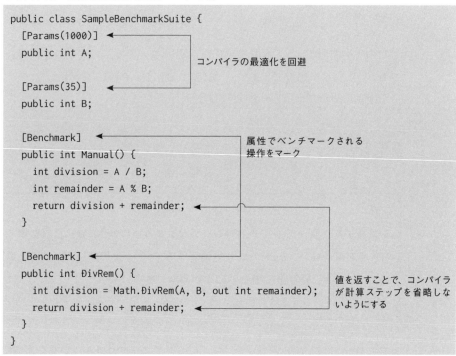

これらのベンチマークは、コンソールアプリケーションを作成し、using行を付け足し、MainメソッドにとRun呼び出しを追加するだけで簡単に実行できます。

```
using System;
using System.Diagnostics;
using BenchmarkDotNet.Running;

namespace SimpleBenchmarkRunner {
  public class Program {
```

```
    public static void Main(string[] args) {
      BenchmarkRunner.Run<SampleBenchmarkSuite>();
    }
  }
}
```

アプリケーションを実行すると、1分ほどでベンチマーク結果が表示されます（nsはナノ秒、Meanは平均、Errorは誤差）。

```
| Method  |  a   | b  |   Mean   |  Error   |  StdÐev  |
|-------- |----- |--- |----------:|----------:|----------:|
| Manual  | 1000 | 35 | 2.575 ns | 0.0353 ns | 0.0330 ns |
| ÐivRem  | 1000 | 35 | 1.163 ns | 0.0105 ns | 0.0093 ns |
```

Math.ÐivRem()は、除算と剰余演算を別々に行うよりも2倍速いことが判明しました。誤差の列に怯えないように。これは、BenchmarkDotNetが結果に確信がない場合に、読み手が精度を評価するための単なる統計的性質です。標準誤差ではなく、99.9%信頼区間[訳注3]の半分です。

BenchmarkDotNetは非常にシンプルで、統計誤差を減らす機能も備えていますが、簡単なベンチマークのためだけにこうした外部ライブラリを使いたくない場合もあります。その場合は、リスト7.2のようにStopwatchを使用して、独自のベンチマークランナーを作成すればよいでしょう。ループ内で十分な回数の反復処理を行うことで、異なる関数の相対的なパフォーマンスの違いについて大まかな着想を得ることができます。BenchmarkDotNet用に作成したものと同じsuiteクラスを再利用していますが、独自のループと結果の測定方法を使用しています。

▼リスト7.2　自作のベンチマーク

```
private const int iterations = 1_000_000_000;

private static void runBenchmarks() {
  var suite = new SampleBenchmarkSuite {
    A = 1000,
    B = 35
  };
```

訳注3　統計学における区間推定の1つで、母集団の真の値が、ある範囲内に存在する確率が99.9%であると推定される区間のこと。おおまかにいうと、平均±誤差の範囲に数値が入る確率が99.9%であることを意味すると考えればよい。

```
  long manualTime = runBenchmark(() => suite.Manual());
  long divRemTime = runBenchmark(() => suite.ĐivRem());

  reportResult("Manual", manualTime);
  reportResult("ĐivRem", divRemTime);
}

private static long runBenchmark(Func<int> action) {
  var watch = Stopwatch.StartNew();
  for (int n = 0; n < iterations; n++) {
    action();  ◄─────┐ ベンチマーク対象のコードの呼び出し
  }
  watch.Stop();
  return watch.ElapsedMilliseconds;
}

private static void reportResult(string name, long milliseconds) {
  double nanoseconds = milliseconds * 1_000_000;
  Console.WriteLine("{0} = {1}ns / operation",
    name,
    nanoseconds / iterations);
}
```

実行すると、結果はほぼ同じになります。

```
Manual = 4.611ns / operation
ĐivRem = 2.896ns / operation
```

　自作のベンチマークは、関数呼び出しのオーバーヘッドやforループ自体のオーバーヘッドを排除しないため、時間がかかっているように見えますが、それでもĐivRemが手動の除算と剰余演算よりも2倍速いことを確認できます。

7.1.2 パフォーマンス vs 応答性

　ベンチマークは相対的な数値しか報告できません。コードが速いか遅いかは示しませんが、ほかのコードと比べて速いか遅いかは教えてくれます。ユーザー視点から見た遅さの一般的な原則は、100ミリ秒を超える操作は遅延を感じ、300ミリ秒を超える操作は動きが鈍いと見なすということです。1秒かかるような操作などは考えないでください。ほとんどのユーザーは、3秒以上待たされると、Webページやアプリを離脱してしまいます。ユーザーのアクションに応答するまで5秒以上かかる場合、それは宇宙の寿命ほどの

長さに感じられてしまい、その時点でユーザーは「もうどうでもいい」となります。このことを図7.1で示しています。

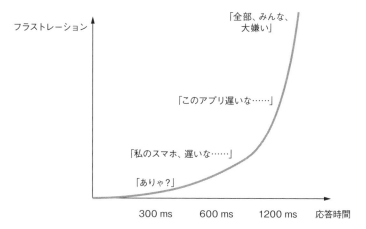

▲図7.1　応答の遅延とフラストレーションの関係

　当然のことながら、パフォーマンスは応答性に限った話ではありません。実際に、反応がよいアプリであるためには、あえてゆっくりと処理したほうがよい場合もあります。例えば、機械学習を使って動画の顔を自分の顔に置き換えるアプリがあるとしましょう。このようなタスクは計算量が非常に多いため、最も速い方法は、ほかの作業をせずに計算が完了するまで待つことです。しかし、それではUIをフリーズさせてしまい、ユーザーは何か問題が発生したと感じてアプリを閉じてしまうかもしれません。そのため、計算速度を最大化するのではなく、一部の計算サイクルを使ってプログレスバーを表示し、残り時間を算定したり、ユーザーが待っている間に楽しめるアニメーションを表示したりします。結局、コードは遅くなりますが、ユーザーからはよい評価が得られます。

　つまり、ベンチマークは相対的であっても、遅さについてはある程度は把握できるのです。ピーター・ノーヴィグ[訳注4]は自身のブログで、さまざまな状況で物事が桁違いに遅くなる可能性があることを把握するために、レイテンシーの数値をリスト化するアイデアを思い付きました[※注2]。私は、表7.1に示すように自分なりに大ざっぱに計算し、同じような表を作成しました。これを見れば、あなた独自の数値を思い付くかもしれません。

訳注4　アメリカの計算機科学者。Googleをはじめとする数多くの組織で研究本部長などの役職を務めていた。
※注2　『Teach Yourself Programming in Ten Years』(Peter Norvig)。http://norvig.com/21-days.html#answers

1バイトの読み取り元	時間
CPUレジスタ	1ナノ秒
L1キャッシュ	2ナノ秒
RAM（メモリ）	50ナノ秒
NVMe[訳注5]ディスク	250,000ナノ秒
ローカルネットワーク	1,000,000ナノ秒
地球の裏側にあるサーバー	150,000,000ナノ秒

▲**表7.1**　さまざまなコンテキストにおけるレイテンシーの数値

　レイテンシーは、UXだけではなく、パフォーマンスにも影響を与えます。データベースはディスク上に存在し、データベースサーバーはネットワーク上にあります。つまり、最速のSQLクエリを書き、データベースに最速のインデックスを定義したとしても、物理法則に縛られているため、1ミリ秒よりも速い結果を得ることはできないのです。全体のパフォーマンス時間からミリ秒単位の時間を消費してしまいますが、理想的には300ミリ秒未満に抑えたいところです。

7.2　遅さの解剖学

　パフォーマンスを改善する方法を理解するには、まずパフォーマンスがどのように低下するのかを理解しておく必要があります。すでに見てきたように、全てのパフォーマンスの問題が速度に関わるわけではなく、応答性に関する部分もあります。しかし、速度の問題のほとんどは、コンピュータの動作に関連しているため、低レベルの概念を理解しておくことはよい考えです。これを理解しておくことで、本章の後半で説明する最適化技術を理解しやすくなります。

　CPUは、RAMから読み取った命令を処理し、それをループで無限に実行するチップです。回転している車輪のようなものだと思ってください。図7.2に示しているように、車輪が1回転するごとに、通常は別の命令が実行されます。一部の操作では複数回必要な場合もありますが、基本単位は1回転で、一般に**クロック周期（クロックサイクル）**、または単に**周期（サイクル）**と呼ばれています[訳注6]。

訳注5　「Non-Volatile Memory Express」の略で、フラッシュメモリを採用したストレージ（SSD）に用いられるインターフェイス規格。主にハードディスク用に設計された従来規格のAHCIのボトルネックを解消し、SSDの性能を発揮できるようになっている。

訳注6　一般的には、1秒間に発生するクロック周期の回数である「クロック周波数（Clock Frequency）」が使われる。クロック周波数は、クロック周期の逆数として求められる。

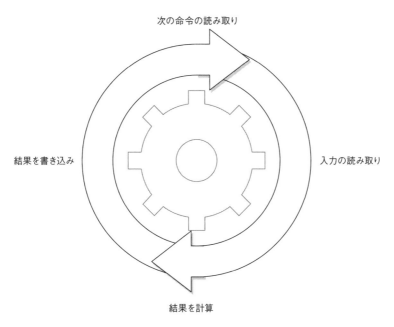

▲図7.2　CPU周期の俯瞰図

　CPUの速度は通常はヘルツ（Hz）で表され、1秒間に処理できるクロック周期の数を示します。最初の電子計算機であるENIACは、1秒間に10万周期、つまりは100KHzで処理できました。1980年代の私の8ビットホームコンピュータに搭載された古のCPUであるZ80（4MHz）は、1秒間に400万周期しか処理できませんでした。現代のCPUであるAMD Ryzen 5950X（3.4GHz）は、各コアで1秒間に34**億**周期を処理できます。しかし、これはCPUがその数の命令を処理できるという意味ではありません。命令の中には完了までに複数のクロック周期を要するものがあり、現代のCPUは単一のコアで複数の命令を並行して処理できるからです。したがって、CPUはクロックスピードが示すよりも多くの命令を実行できる場合もあります。

　CPUの命令の中には、ブロックメモリのコピーのように、引数に応じて任意の時間がかかる場合もあります。こうした命令は、ブロックの大きさに応じてO(N)の時間を要します。

　基本的に、コードの速度に関連する全てのパフォーマンス問題は、実行される命令の数とその回数に行き着きます。コードの最適化とは、実行される命令の数を減らすか、より高速な命令を使用しようとすることです。DivRem関数は、少ない周期で済む命令に変換されるため、除算と剰余演算よりも高速に実行されるのです。

7.3 トップから始める

　実行される命令数を減らす2番目によい方法は、より高速なアルゴリズムを選択することです。コードを完全に削除するのが最良の方法であることは明白です。私は至って真剣です。不要なコードは削除しましょう。不要なコードをコードベースに残してはいけません。たとえコードのパフォーマンスに直接影響しないものであったとしても、不要なコードが残っているせいで開発者のパフォーマンスが低下し、結果的にコードのパフォーマンスも低下します。コメントアウトされたコードも残してはいけません。古いコードを復元したいなら、GitやMercurialのようなお気に入りのソース管理システムの履歴機能を使えばよいのです。稀に必要となる機能であれば、コメントアウトするのではなく、コンフィグで管理するようにしましょう。こうすれば、久しぶりにそのコードを触ってみたら周りの環境が変わっていてコンパイルできないなんてことにはなりません。コードは最新の状態に保たれ、動作し続けます。

　「第2章　実践理論」で指摘したように、高速なアルゴリズムは、たとえ最適化が不十分でも大きな違いを生みます。したがって、まず「これは最良の方法なのだろうか?」と自問してください。最適化が不十分なコードを高速化するという方法もありますが、最も広い範囲、つまりシナリオ自体という**根本**から問題を解決することに勝るものはありません。そして、問題の実際の場所を特定するまで深く掘り下げていくべきです。こうしたほうがより速くなり、結果的にコードのメンテナンスも圧倒的に楽になります。

　ユーザーから「アプリでプロフィールの表示が遅い」とクレームがあり、あなた自身でもその問題を再現できるとしましょう。パフォーマンス問題は、クライアントまたはサーバーのどちらかに原因があるはずです。そこで、まずはトップの層から始め、問題が発生する可能性がある2つの層のうちの一方を排除することで、問題が発生している主要な層を特定します。直接APIを呼び出した際に同じ問題が発生しないのなら、問題はクライアントにあり、そうでなければサーバーにあるはずです。このようにして、実際の問題が特定できるまで、調査を進めていきます。ある意味では、図7.3に示した、バイナリサーチを行っていることになります。

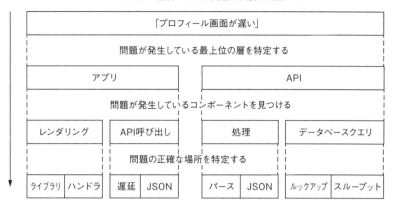

▲図7.3　根本原因を特定するためのトップダウンのアプローチ

　トップダウンのアプローチに従うと、推測に頼らず、効率的に問題の根本原因を見つけることができます。手動でバイナリサーチを行うことで、実務でもアルゴリズムを活用して作業を効率化しているわけです。いいですね！　問題が発生している場所を特定したら、明らかにコードが複雑になっている兆候がないかを確認しましょう。これにより、シンプルなコードで済む場面で、複雑化したコードが実行されている可能性のあるパターンを特定できます。いくつか見ていきましょう。

7.3.1　ネストされたループ

　コードを遅くする最も簡単な方法の1つは、そのコードを別のループ内に組み込むことです。ネストされたループを書くとき、その繰り返し回数が増えることによる影響を見落としがちです。ネストされたループは、必ずしも目に見えるとは限りません。遅いユーザープロフィールの例をさらに拡げて、プロフィールデータを生成するバックエンドのコードに問題を見つけたとします。ユーザーが持っているバッジを返し、それをプロフィールに表示する関数があります。サンプルコードは次のようになるでしょう。

```
public IEnumerable<string> GetBadgeNames() {
  var badges = db.GetBadges();
  foreach (var badge in badges) {
    if (badge.IsVisible) {
      yield return badge.Name;
    }
  }
}
```

このコードには、ネストされたループはないように見えます。実際に、LINQを使用すればループを使わずにこの関数を書くことも可能ですが、同じような遅さの問題が発生します。

```csharp
public IEnumerable<string> GetBadgesNames() {
  var badges = db.GetBadges();
  return badges
    .Where(b => b.IsVisible)
    .Select(b => b.Name);
}
```

「内部のループは、どこにあるのか?」ということは、皆さんのプログラミングのキャリアにおいて常に自問しなければなりません。犯人はIsVisibleプロパティです。なぜなら、そのプロパティの内部で何が行われているかがわからないからです。

　C#のプロパティは、言語の開発者が、どんなに単純なものでも、全ての関数名の前にgetと書くことにうんざりしたために作られました。実際に、プロパティのコードはコンパイル時に関数に変換され、名前にget_やset_といった接頭辞が追加されます。プロパティを使う利点は、クラス内のフィールドのように見えるメンバーの動作を、互換性を保ちながら自由に変更できることです。欠点は、潜在的な複雑さを隠してしまうことです。プロパティは単純なフィールドや基本的なメモリアクセスの操作のように見えるため、プロパティの呼び出しはまったくコストがかからないと思い込んでしまう可能性があります。理想的には、プロパティの中に計算量の多いコードを入れるべきではありませんが、少なくともコードを確認しない限り、ほかの誰かがそうしたことを行ったかどうかはわかりません。

　BadgeクラスのIsVisibleプロパティのソースを見ると、名前の見た目以上にコストがかかっていることがわかります。

```csharp
public bool IsVisible {
  get {
    var visibleBadgeNames = db.GetVisibleBadgeNames();
    foreach (var name in visibleBadgeNames) {
      if (this.Name == name) {
        return true;
      }
    }
    return false;
  }
}
```

なんということでしょう。このプロパティは、データベースを呼び出して表示可能なバッジ名のリストを取得し、それをループで比較して該当するバッジが表示できるかどうかを確認しています。このコードには説明し尽くせないほどの問題がありますが、まずここで覚えるべき教訓は、プロパティには要注意だということです。プロパティにはロジックが含まれており、そのロジックは必ずしも単純とは限りません。

　IsVisibleプロパティには多くの最適化の余地がありますが、何よりもまず、プロパティが呼び出されるたびに表示可能なバッジ名のリストを取得しないようにすることです。このリストが滅多に変更されないのであれば、1度だけ取得して静的リストに保持できます。リストが変更された際に再起動することが可能であれば問題ありません。キャッシュを使うこともできますが、その点については後で説明します。このようにすれば、プロパティのコードを次のように簡略化できます。

```
private static List<string> visibleBadgeNames = getVisibleBadgeNames();

public bool IsVisible {
  get {
    foreach (var name in visibleBadgeNames) {
      if (this.Name == name) {
        return true;
      }
    }
    return false;
  }
}
```

　リストを保持する利点は、既存のContainsメソッドによって、IsVisible内のループを取り除けることです。

```
public bool IsVisible {
  get => visibleBadgeNames.Contains(this.Name);
}
```

ついに内部のループは消えましたが、その魂はまだ残っています。塩を撒いて除霊しましょう。C#のリストは本質的に配列であり、検索の計算量はO(N)です。つまり、ループが消えたわけではなく、List<T>.Contains()という別の関数に移動しただけです。ループを取り除くだけでは計算量は減りません。そう、検索アルゴリズム自体も変更する必要があるのです。

リストをソートしてバイナリサーチを行うことで検索パフォーマンスをO(logN)に改善できますが、幸いにも皆さんは「第2章 実践理論」を読んでいるので、HashSet<T>を使うことで、ハッシュによってアイテムの位置を特定し、O(1)というはるかに優れた検索パフォーマンスが得られることを知っています。プロパティのコードは、ようやくまともに見え始めてきました。

```
private static HashSet<string> visibleBadgeNames = getVisibleBadgeNames();

public bool IsVisible {
  get => visibleBadgeNames.Contains(this.Name);
}
```

このコードに対してベンチマークを測定していませんが、この例でわかるように、計算量の問題点を見つけることで大きな洞察が得られます。それでも、コードにはいつも予期せぬ落とし穴や隠れた問題が存在するかもしれないため、修正後のパフォーマンスが本当に向上しているかは常にテストするべきです。

GetBadgeNames()には、まだ問題が残っています。例えば、なぜ開発者はデータベース内のBadgeレコードに単一のビットフラグを使わず表示可能なバッジ名の別のリストを保持しているのか、あるいは、なぜ単純に別のテーブルに保存してクエリ時に結合しないのかなどです。しかし、ネストの深いループに関していえば、これでおそらく桁違いに速くなったでしょう。

7.3.2 文字列指向プログラミング

文字列は非常に実用的です。読みやすく、あらゆる種類のテキストを保持でき、簡単に操作できます。適切な型を使うほうが文字列を使うよりもパフォーマンスが向上することはすでに説明しましたが、文字列は気付かないうちにコードに忍び込むことがあります。

文字列が不必要に使用される典型的なパターンの1つは、全てのコレクションが文字列コレクションであると想定することです。例えば、HttpContext.ItemsやViewDataのコンテナにフラグを保持したい場合、次のように書く人をよく見かけます。

```
HttpContext.Items["Bozo"] = "true";
```

そして、彼らは、そのフラグを次のようにチェックしていることに後で気付きます。

```
if ((string)HttpContext.Items["Bozo"] == "true") {
...
}
```

通常、文字列への型キャストは、コンパイラが「キャストを本当にやりたいんですか？これは文字列コレクションではありませんよ」と警告を出した後に追加されます。しかし、実際には、コレクションはオブジェクトの集合であるという全体像を見落としがちです。事実、このコードは単にブール型の変数を使って修正できます。

```
HttpContext.Items["Bozo"] = true;
```

そして、次のようにチェックします。

```
if ((bool?)HttpContext.Items["Bozo"] == true) {
...
}
```

ストレージとパースのオーバーヘッドを避けられるだけでなく、Trueとtrueを間違えるようなうっかりタイプミスも防げます。

実際のところ、こうした単純なミスのオーバーヘッドはごくわずかですが、これが当たり前になってしまうと、大量のオーバーヘッドが積み上がる可能性があります。水漏れしている船に釘を打って修理するのは不可能ですが、船を建造する段階で釘を適切に打つことで、浮かび続けることができます。

7.3.3 「2b || !2b」を評価する

C#のコンパイラは、if文内のブール式を記述された順番で評価し、不要なケースの評価を避けるように最適化されたコードを生成します。例えば、先ほどの非常に処理コストの高いIsVisibleプロパティを覚えているでしょうか？　次のようなチェックを考えてみましょう。

```
if (badge.IsVisible && credits > 150_000) {
```

コストの高いプロパティが、単純な値のチェックよりも先に評価されています。この関数を呼び出す際に、ほとんどの場合でxが150,000未満であるなら、IsVisibleは呼び出されません。これは、単純に式の順番を入れ替えるだけで解決できます。

```
if (credits > 150_000 && badge.IsVisible) {
```

こうすることで、コストの高い操作が無駄に実行されなくなります。この方法は論理OR演算（¦¦）にも適用できます。その場合、最初にtrueを返す式が見つかれば、それ以降の式は評価されません。もちろん、現場でこのようなコストの高いプロパティに出会うことは稀ですが、次のオペランドの種類に基づいて式を並び替えることをお勧めします。

1. 変数
2. フィールド
3. プロパティ
4. 関数呼び出し

ただし、全てのブール式が、安全に演算子の順番を変えられるわけではありません。次の例を見てみましょう。

```
if (badge.IsVisible && credits > 150_000 ¦¦ isAdmin) {
```

isAdminを先頭に移動すると評価の結果が変わってしまうため、単純に移動させることはできません。ブール式の評価を最適化する際は、if文のロジックを誤って壊さないように注意してください。

7.4 ボトルネックの解消

ソフトウェアにおける遅延には、CPU、I/O、人という3つの要因があります。それぞれのカテゴリを最適化する方法は、より速い代替手段を見つけるか、タスクを並列化するか、排除するかです。

適切なアルゴリズムやメソッドを使っていると確信できたら、次はコードそのものをどのように最適化するかが課題になります。最適化の選択肢を評価するためには、CPUが持つ特性を理解する必要があります。

7.4.1 データを詰め込まない

1023番地のようなメモリアドレスからの読み取りは、1024番地からの読み取りよりも時間がかかることがあります。これは、CPUがアラインメントに従っていないメモリアドレスへアクセスする際に、ペナルティが発生する可能性があるためです。図7.4で示しているように、ここでの「アラインメントに従う」とは、アクセスしようとしているメモリの位置が「4」「8」「16」など、少なくともCPUの**ワードサイズ**の倍数であることを指しています。一部の古いプロセッサでは、アラインメントに従っていないメモリアクセスを行えば、小さな影響が積み重なり、致命的な問題に繋がるものもありました。実際に、一部のCPU、例えばAmigaで使われているMotorolaのMC68000[訳注7]や一部のARMベースのプロセッサでは、アラインメントに従っていないメモリアクセスはできません。

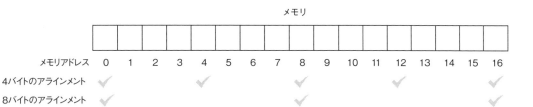

▲図7.4　メモリアドレスのアラインメント

> **CPUのワードサイズ**
>
> ワードサイズは、通常、CPUが一度に処理できるデータのビット数によって定義されます。この概念は、CPUが32ビットや64ビットと呼ばれることと密接に関連しています。ワードサイズは主に、CPUのアキュムレータレジスタ[訳注8]のサイズを反映しています。例として、Z80を考えてみましょう。Z80は、16ビットのレジスタを持ち、16ビットのメモリにアクセスできますが、8ビットのアキュムレータレジスタを持っているため、8ビットプロセッサと見なされます。

ありがたいことに、私たちにはコンパイラがあり、通常はアラインメントの問題を処理してくれます。しかし、コンパイラの動作を上書きすることもでき、上書きしても問題はないと感じるかもしれません。データを小さなスペースに詰め込むことで、読み取るメモリが少なくなるので、より速くなるはずです。リスト7.3のデータ構造を考えてみましょう。構造

訳注7　初期のMacintoshに採用されていた。日本ではX68000に採用されており、名前の由来になっているともいわれている。なお、実際にX68000に搭載されているのは、セカンドソースの日立製作所製のHD68HC000である。

訳注8　論理演算や算術演算の結果を保存するレジスタ。

体なので、C#はいくつかの経験則に基づいてアラインメントを適用しますが、これはアラインメントがまったく適用されない可能性も示唆しています。値をバイト単位で保持し、小さなパケットとして扱いたくなる人もいるかもしれません。

▼リスト7.3　データを詰め込んだ構造体

```
struct UserPreferences {
  public byte ItemsPerPage;
  public byte NumberOfItemsOnTheHomepage;
  public byte NumberOfAdClicksICanStomach;
  public byte MaxNumberOfTrollsInADay;
  public byte NumberOfCookiesIAmWillingToAccept;
  public byte NumberOfSpamEmailILoveToGetPerDay;
}
```

しかし、アラインメントされていない境界へのメモリアクセスは遅いため、ストレージを節約したメリットは構造体内の各メンバーへアクセスすることによるペナルティによって相殺されてしまいます。構造体内のデータ型をbyteからintに変更し、ベンチマークを作成して違いをテストすると、表7.2に示されているように、メモリの占有量が4分の1であるにもかかわらず、バイトへのアクセスはほぼ2倍遅いことがわかります。

メソッド	平均
ByteMemberAccess	0.2475 ナノ秒
IntMemberAccess	0.1359 ナノ秒

▲表7.2　アラインメントに従ったメンバーへのアクセスと従っていないメンバーへのアクセスの違い

この話の教訓は、メモリストレージを不必要に最適化しないことです。しかし、特定のケースでは最適化する利点があります。例えば、10億個の数値の配列を作成する場合、byteとintの違いは3ギガバイトにもなり得ます。I/Oにおいては小さいサイズが好ましいこともありますが、それ以外の場合はメモリアラインメントを信頼してください。ベンチマークにおける不変の法則は、「2度測り、1度最適化し、もう1度測る。そして、あのさ、しばらくは最適化を控えようよ」ということです。

7.4.2　近場で買い物を済ませる

キャッシングとは、頻繁に使用されるデータを、通常の場所よりも高速にアクセスできる場所に保持することです。CPUは速度の異なるさまざまなキャッシュメモリを持っていますが、いずれもRAMそのものよりも高速です。キャッシュの構造についての技術的な

詳細には触れませんが、基本的に、CPUはキャッシュ内のメモリをRAM内の通常のメモリよりもはるかに高速に読み取ることが可能です。例えば、メモリ内をランダムに読み取るよりも、順次読み取るほうが速いということです。つまり、配列を順次読み取るほうが、リンクリストを順次読み取るよりも速くなる場合があるということです。両方とも端から端まで読み取るのにO(N)の時間がかかりますが、配列のほうがリンクリストよりもパフォーマンスが優れていることがあります。配列の場合、次に読み取る要素もそのメモリキャッシュ内に存在する可能性が高いためです。一方で、リンクリストの要素は別々に割り当てられるため、メモリ内に分散しています。

16バイトのキャッシュを持つCPUがあり、3つの整数からなる配列と3つの整数からなるリンクリストがあるとします。配列の最初の要素を読み取ると、残りの要素もCPUキャッシュに読み込まれるのに対し、リンクリストを走査する場合はキャッシュミス[訳注9]が発生し、新しい領域をキャッシュに読み込む必要があることが、図7.5から読み取れます。

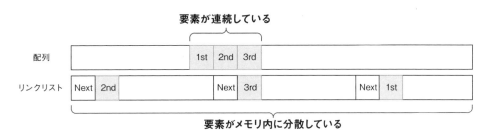

▲図7.5　配列とリンクリストにおけるキャッシュの局所性の比較

CPUは、通常、データを順次読み取ることを想定しています。だからといって、リンクリストに使い道がないわけではありません。リンクリストは挿入や削除のパフォーマンスに優れており、リストを拡張する際のメモリのオーバーヘッドも少なくて済みます。配列ベースのリストは、増加時にバッファの再割り当てやコピーが必要で、これが原因で非常に遅くなります。そのため、必要以上のメモリを割り当ててしまい、大きなリストでは過剰に大量のメモリを使用することがあります。ただし、ほとんどの場合、配列ベースのリストで十分であり、読み取り速度も速くなる可能性があります。

7.4.3　依存関係のある処理を分離する

単一のCPU命令は、プロセッサ上の個別のユニットによって処理されます。例えば、あるユニットが命令のデコードを担当し、別のユニットがメモリアクセスを担当します。しかし、デコードユニットは命令の完了を待つ時間があり、メモリアクセスが実行されて

訳注9　キャッシュメモリに必要なデータが存在せず、データを読み込めないこと。

いる間に次の命令のデコード処理を進めることができます。

　この技術は**パイプライン処理**と呼ばれ、次の命令が前の命令の結果に依存しない限り、CPUは単一のコアで複数の命令を並列に実行できることを意味します。

　例として、リスト7.4のように、バイト配列の値を単純に加算して結果を得るチェックサムを計算する必要があるとしましょう。通常、チェックサムはエラーチェックに使われるものであり、数値を単純に加算するのは最悪の実装ですが、これは政府からの要請だったということにしておきましょう。コードを見ると、常に結果の値が更新されていることがわかります。そのため、全ての計算はiとresultに依存しています。つまり、CPUは、特定の操作に依存しているため、処理を並列化できないということです。

▼**リスト7.4　単純なチェックサム**

```
public int CalculateChecksum(byte[] array) {
  int result = 0;
  for (int i = 0; i < array.Length; i++) {
    result = result + array[i];    ←──────┐ iと前のresultの値の両方に依存している
  }
  return result;
}
```

　依存関係を減らす、もしくは少なくとも命令のフローがブロックされる影響を減らす方法があります。1つは、命令の順序を調整して依存するコード間の間隔を広げ、次の命令がパイプラインでブロックされないように、最初の操作結果への依存をなくすことです。

　加算は任意の順序で行えるため、同じコード内で加算を4つに分割し、CPUは処理を並列化させます。このタスクは、次のリストのように実装できます。このコードには多くの命令が含まれていますが、4つの異なる結果アキュムレータ（r1、r2、r3、r4）がチェックサムを個別に計算して、合計しています。その後、残りのバイトを別のループで合計します。

▼**リスト7.5　単一のコアでの処理を並列化する**

```
public static int CalculateChecksumParallel(byte[] array) {
  int r0 = 0, r1 = 0, r2 = 0, r3 = 0;    ←──────┐ 4つのアキュムレータ!
  int len = array.Length;
  int i = 0;
  for (; i < len - 4; i += 4) {
    r0 += array[i + 0];
    r1 += array[i + 1];                    互いに独立した4つの計算
    r2 += array[i + 2];
    r3 += array[i + 3];
```

```
  }
  int remainingSum = 0;
  for (; i < len; i++) {   ◀─────────┤ 残りのバイトのチェックサムを計算
    remainingSum += i;
  }
  return r0 + r1 + r2 + r3 + remainingSum;  ◀─────┤ 全ての合計を取る
}
```

　リスト7.4の単純なコードよりも多くの処理を行っていますが、それでも、このプロセス
は私のマシンでは15%速くなりました。このような細かい最適化に劇的な変化を期待し
てはいけませんが、CPU負荷の高いコードに対処する際には役に立つはずです。ここ
での主なポイントは、コードの順序を変更したり依存関係を取り除いたりすることで、依
存するコードによってパイプラインが詰まるのを防ぎ、コードの速度を改善できるという
ことです。

7.4.4　予測可能にする

　Stack Overflowの歴史で最も高く評価され、最も人気のある質問は、「なぜソートされ
た配列の処理が、ソートされていない配列の処理よりも速いのか？」というものです[注3]。
その答えは、CPUが実行時間を最適化するために、コードの実行前に先回りして準備を
するからです。この際、CPUが使用する技術の1つは、**分岐予測**と呼ばれます。次のコー
ドは、比較や分岐処理をわかりやすくしただけの例です。

```
if (x == 5) {
  Console.WriteLine("X is five!");
} else {
  Console.WriteLine("X is something else");
}
```

　if文と中括弧（{、}）は、構造化プログラミングの要素で、CPUが処理する内容を少
しわかりやすくしたものです。実際には、このコードはコンパイル段階で次のような低レベ
ルコードに変換されます。

```
compare x with 5
branch to ELSE if not equal
write "X is five"
```

※**注3**　Stack Overflowでの質問は、こちら：http://mng.bz/Exxd

```
  branch to SKIP_ELSE
ELSE:
  write "X is something else"
SKIP_ELSE:
```

　実際の機械語はもっと難解なため、ここでは疑似コードを掲載していますが、全く不正確というわけでもありません。どんなにエレガントなコード設計をしても、最終的には、比較、加算、分岐操作の集まりなのです。リスト7.6では、同じコードに対するx86アーキテクチャの実際のアセンブリ出力を示しています。疑似コードを見た後なので、多少は親しみやすく感じるかもしれません。C#プログラムのアセンブリ出力を確認できる「sharplab.io」（https://sharplab.io/）という優れたオンラインツールがあります。このツールが本書よりも長生きすることを願っています。

▼リスト7.6　比較するコードに対する実際のアセンブリコード

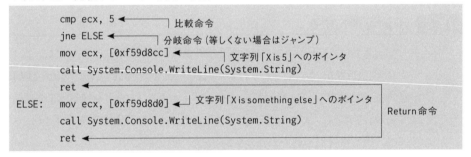

心配するのを止めてアセンブリを学ぶことを愛するようになったか[訳注10]

　マシンコードは、CPUのネイティブ言語であり、単なる一連の数値です。アセンブリは、マシンコードを人間が読みやすい形にした構文です。アセンブリの構文はCPUアーキテクチャによって異なるため、少なくとも1つに精通することをお勧めします。自分がいかに井の中の蛙であったかがわかり、裏で何が行われているのかに対する不安を和らげてくれます。一見複雑に思えるかもしれませんが、実は私たちがプログラムを書く言語よりも単純で原始的といっても過言ではありません。次のように、アセンブリのリストは、一連のラベルと命令で構成されています。

訳注10　原文は「Stop worrying, and learn to love assembly」で、スタンリー・キューブリック監督の映画『博士の異常な愛情 または私は如何にして心配するのを止めて水爆を愛するようになったか』（Dr. Strangelove or: How I Learned to Stop Worrying and Love the Bomb）をもじっている。この映画は、核の脅威に対する人間の狂気と、それを受け入れてしまう滑稽さを象徴していることで有名で、アセンブリ言語の難しさやプログラマーの抵抗感や苦手意識を示しつつ、それを学ぶことの意義を伝えている。ここでは「assembly」だが、この単語を入れ替えた形で、それに関して「難しいけど、学ぶべき」といった意味でよく使われている。

```
    let a, 42
some_label:
    decrement a
    compare a, 0
    jump_if_not_equal some_label
```

　これは42から0までカウントダウンする基本的なデクリメントループで、疑似的な
アセンブリ構文で書かれています。実際のアセンブリでは、命令は短くて書きやす
い反面、非常に読みにくいものです。例えば、同じループはx86 CPUでは次のよう
になります。

```
    mov al, 42
some_label:
    dec al
    cmp al, 0
    jne some_label
```

　ARMプロセッサのアーキテクチャでは、次のようになります。

```
    mov r0, #42
some_label:
    sub r0, r0, #1
    cmp r0, #0
    bne some_label
```

　これらは、異なる命令を使ってもっと簡潔に書けますが、アセンブリの構造に精通
していれば、JITコンパイラが生成するマシンコードを確認して、その実際の動作を
理解できます。特に、CPU負荷の高いタスクを理解する際には非常に役立ちます。

　CPUは、比較が成功するかどうかを事前に知ることはできませんが、分岐予測のおか
げで、過去のパターンを基に強力な推測を行えます。まず、CPUはこの推測に基づいて
「賭け」を行い、予測した分岐の命令から先に処理し始めます。その予測が的中すれば、
必要な準備はすでに整っているため、パフォーマンスが大幅に向上します。
　したがって、値の比較の際、ランダムな値を含む配列であれば、分岐予測が見事に外
れるため、処理が遅くなることがあります。一方で、ソート済みの配列は、CPUが順序を
正しく予測し、分岐を正確に予測できるため、より効率的に動作します。

データを処理する際には、分岐予測を念頭に置いてください。CPUにとって予想外の動作を少なくするほど、パフォーマンスは向上します。

7.4.5 SIMD

CPUは、単一の命令で複数のデータを同時に計算できる特殊な命令もサポートしています。この技術は、**シングルインストラクションマルチプルデータ**（SIMD：Single Instruction Multiple Data）と呼ばれます。複数の変数に対して同じ計算を行う場合、SIMDをサポートするアーキテクチャでは、パフォーマンスを大幅に向上させることができます。

SIMDは、複数のペンを束ねて一緒に使うようなものです。何を描くにしても、ペンは全て異なる座標に対して同じ操作を行います。SIMD命令は複数の値に対して算術演算を行いますが、処理自体は変わりません。

C#では、System.Numerics名前空間にあるVector型を通して、SIMD機能が提供されています。CPUごとにSIMDのサポート状況は異なり、一部のCPUではSIMDをサポートしていないため、まず最初にそのCPUで利用可能かどうかを確認する必要があります。

```
if (!Vector.IsHardwareAccelerated) {
    ...Vectorを使わない実装...
```

次に、特定のデータ型をCPUが一度にいくつ処理できるかを確認しなければなりません。これもプロセッサごとに異なるため、まずその情報を取得する必要があります。

```
int chunkSize = Vector<int>.Count;
```

この場合、int型の値を処理しようとしています。CPUが処理できる要素数は、データ型によって異なります。一度に処理できる要素数がわかれば、バッファをチャンクに分けて処理できます。

ここでは、配列内の値を掛け算する例を考えてみます。一連の値の乗算は、録音の音量を変える場合や画像の明るさを調整する場合など、データ処理でよくある問題です。例えば、画像のピクセル値を2倍にすると、明るさが2倍になります。同様に、音声データを2倍にすると、音量も2倍になります。素朴に実装すると、次のリストのようになるでしょう。単純にアイテムを反復処理し、その場で掛け算の結果で値を置き換えます。

▼**リスト7.7**　お馴染みのただの掛け算

```
public static void MultiplyEachClassic(int[] buffer, int value) {
  for (int n = 0; n < buffer.Length; n++) {
    buffer[n] *= value;
  }
}
```

　Vector型を使うとコードは複雑になり、正直にいって遅そうに見えます。リスト7.8に、そのコードを示しています。基本的に、SIMDのサポートを確認し、整数値に対するチャンクのサイズを調べます。その後、指定されたチャンクサイズでバッファを処理し、Vector<T>のインスタンスを作成してベクトルレジスタに値をコピーします。Vector<T>型は標準の算術演算子をサポートしているため、ベクトル型と指定された数値を掛け算するだけです。これによって、チャンク内の全ての要素が一度に掛け算されます。2つ目のループでnの最後の値から開始するため、nという変数はforループの外で宣言していることに注意してください。

リスト7.8　「カンザスのやり方じゃない[訳注11]」掛け算

```
public static void MultiplyEachSIMD(int[] buffer, int value) {
  if (!Vector.IsHardwareAccelerated) {
    MultiplyEachClassic(buffer, value);     ◀── SIMDがサポートされていない場合は、
  }                                             お馴染みの実装を呼び出す
  int chunkSize = Vector<int>.Count;     ◀── SIMDが一度に処理できる値の数を取得する
  int n = 0;
  for (; n < buffer.Length - chunkSize; n += chunkSize) {
    var vector = new Vector<int>(buffer, n);     ◀── 配列のセグメントをSIMD
    vector *= value;     ◀── 全ての値を一度に掛け算する      レジスタにコピーする
    vector.CopyTo(buffer, n);     ◀── 結果を置き換える
  }
  for (; n < buffer.Length; n++) {     残りのバイトはお馴染みの
    buffer[n] *= value;              方法で処理
  }
}
```

　面倒に見えますよね？　しかし、表7.3に示したように、ベンチマークの結果は驚くべきものです。今回のケースでは、SIMDベースのコードは、通常のコードの2倍の速度を実現しています。処理するデータ型やデータに対して行う操作次第では、さらに速くなる可能性があります。

訳注11　映画『オズの魔法使い』での主人公ドロシーがオズ王国に飛ばされた際のセリフ「We're not in Kansas anymore（私たちはカンザスにいないのね）」から。慣れ親しんだ場所（やり方）から離れてしまった様子を表している。

メソッド	平均
MultiplyEachClassic	5.641 ミリ秒
MultiplyEachSIMD	2.648 ミリ秒

▲**表7.3** SIMDの比較

　計算負荷の高いタスクがあり、複数の要素に対して同じ操作を同時に行う必要がある場合には、SIMDを検討しましょう。

7.5　I/Oにおける1と0

　I/Oには、ディスク、ネットワークアダプタ、さらにはGPUなどの周辺ハードウェアとCPUの間で行われるあらゆる通信を含みます。I/Oは、通常、パフォーマンスに影響を与える処理の中で最も遅い部分です。考えてもみてください。ハードディスクドライブは、スピンドルがデータを探し回る回転ディスクです。基本的には、常に動き回っているロボットアームです。ネットワークパケットは光の速さで移動できますが、それでも地球を一周するのに100ミリ秒以上かかります。プリンターは特に遅く非効率的で、人をイライラさせるように設計されています。

　その遅さの原因が物理的な制約によるため、ほとんどの場合、I/O自体を高速化することはできません。しかし、ハードウェアはCPUとは独立して動作できるため、CPUがほかの処理をしている間にも作業を進めることができます。つまり、CPUの処理とI/Oの処理を並行させることで、全体の操作を短時間で完了させることができるのです。

7.5.1　I/Oをより速くする

　確かに、I/Oはハードウェア固有の制約によって遅い処理なのですが、高速化は可能です。例えば、ディスクからの読み取りには、毎回、OSの呼び出しによるオーバーヘッドが発生します。次のリストに示されているようなファイルをコピーするコードを考えてみてください。非常にシンプルです。ソースファイルから読み取った全てのバイトをコピーし、それを宛先ファイルに書き込みます。

▼**リスト7.9**　シンプルなファイルコピー

```
public static void Copy(string sourceFileName, string destinationFileName) {
  using var inputStream = File.OpenRead(sourceFileName);
  using var outputStream = File.Create(destinationFileName);
  while (true) {
    int b = inputStream.ReadByte();  ◀─────┐ バイトの読み取り
    if (b < 0) {
```

```
      break;
    }
    outputStream.WriteByte((byte)b);  ◀─────┐ バイトの書き出し
  }
}
```

　問題は、全てのシステムコールが複雑な手続きを伴うことです。ここでのReadByte()
関数は、OSの読み取り関数を呼び出します。OSはカーネルモードへの切り替えを行う、
つまり、CPUが実行モードを変更するということです。OSのルーチンは、ファイルハンド
ルや必要なデータ構造を検索し、I/Oの結果がすでにキャッシュにあるかどうかを確認
します。キャッシュにない場合は、関連するデバイスドライバを呼び出して、実際のディス
クに対してI/O操作を行います。そして、メモリの読み取り部分は、プロセスのアドレス空
間内のバッファにコピーされます。これらの操作は非常に高速ですが、1バイトだけを読
み取る場合には、そのコストが重要になります。

　多くのI/Oデバイスは、ブロック単位で読み書きを行う**ブロックデバイス**です。ネット
ワークデバイスやストレージデバイスは、通常はブロックデバイスです。キーボードは一
度に1文字ずつ送信するため、キャラクターデバイスです。ブロックデバイスはブロックサ
イズ未満の読み取りができないため、一般的なブロックサイズよりも小さいデータを読み
取るのは無意味です。例えば、ハードディスクドライブのセクターサイズが512バイトの場
合、それがディスクの一般的なブロックサイズになります。最新のディスクはもっと大きな
ブロックサイズを持つこともありますが、512バイト単位で読み取るだけで、どれほどパ
フォーマンスが向上するのかを見てみましょう。次のリストは、バッファサイズをパラメータ
として受け取り、そのチャンクサイズで読み書きするコピー操作を示しています。

▼**リスト7.10**　より大きなバッファでファイルコピー

```
public static void CopyBuffered(string sourceFileName,  string
destinationFileName, int bufferSize) {

  using var inputStream = File.OpenRead(sourceFileName);
  using var outputStream = File.Create(destinationFileName);
  var buffer = new byte[bufferSize];
  while (true) {
    int readBytes = inputStream.Read(buffer, 0, bufferSize); ◀──┐ 一度にbufferSize
    if (readBytes == 0) {                                        │ 分のバイトを読み
      break;                                                     │ 込み
    }
    outputStream.Write(buffer, 0, readBytes); ◀──┐ 一度にbufferSize分のバイトを
  }                                               │ 書き込み
}
```

Chapter
7

能動的な最適化

245

バイトベースのコピー関数と、さまざまなバッファサイズを使用したバッファ付きのパターンのそれぞれをテストする簡単なベンチマークを作成すると、大きなチャンクを一度に読み取ることで、どれだけの差が生じるのかを確認できます。結果を表7.4に示します。

メソッド	バッファサイズ	平均
Copy	1	1,351.27 ミリ秒
CopyBuffered	512	217.80 ミリ秒
CopyBuffered	1024	214.93 ミリ秒
CopyBuffered	16384	84.53 ミリ秒
CopyBuffered	262144	45.56 ミリ秒
CopyBuffered	1048576	43.81 ミリ秒
CopyBuffered	2097152	44.10 ミリ秒

▲ **表7.4**　バッファサイズが I/O のパフォーマンスに与える影響

512バイトのバッファを使用するだけでも大きな違いがあり、コピー操作は6倍速くなります。そして、バッファサイズを256KBに増やすと差は最も大きくなりますが、それ以上大きくしても改善はわずかです。これらのベンチマークはWindowsマシンで実行しましたが、WindowsのI/O操作とキャッシュ管理では、256KBをデフォルトのバッファサイズとして使用しています。そのため、256KBを超えるとパフォーマンスの改善は急激に見られなくなります。食品パッケージのラベルに「写真はイメージです」と記載されているように、実際のOSの動作は環境によって異なる場合があります。I/Oを扱う際には、理想的なバッファサイズを見つけ、必要以上のメモリを割り当てないようにしましょう。

7.5.2　I/O をブロックしない

プログラミングで最も誤解されやすい概念の1つが非同期I/Oです。非同期I/Oはよくマルチスレッドと混同されます。マルチスレッドはタスクを別々のコアで実行することで、あらゆる操作を高速化する並列化モデルです。一方、非同期I/O（あるいはasync I/O）は、I/O中心の操作に特化した並列化モデルであり、単一のコアでも動作します。マルチスレッドと非同期I/Oは、異なるユースケースに対応するため、併用することも可能です。

CPUよりも遅いため、I/Oは本質的に非同期です。また、CPUは待機して何もしないことを嫌います。割り込みやダイレクトメモリアクセス（DMA：Direct Memory Access）といったメカニズムは、I/O操作の完了時にハードウェアがCPUに信号を送るように設計され、CPUは結果を適切な場所へ転送できます。つまり、I/O操作がハードウェアに発行されると、そのハードウェアが動作している間、CPUはほかの処理を続行でき、I/O

操作が完了した時点で結果を確認できます。このメカニズムが、非同期I/Oの本質です。

図7.6は、2つの並列化の仕組みを示しています。どちらの図においても、2番目の計算を行うコード（CPU Op #2）は、最初のI/Oコード（I/O Op #1）の結果に依存しています。左図のマルチスレッドの場合、計算を行うコードは同じスレッド上で並列化できないため、順番に実行され、4コアのマシンでのマルチスレッド処理よりも時間がかかります。一方、右の非同期I/Oでは、スレッドを消費したりコアを占有したりせずに、並列化の大きなメリットを享受できます。

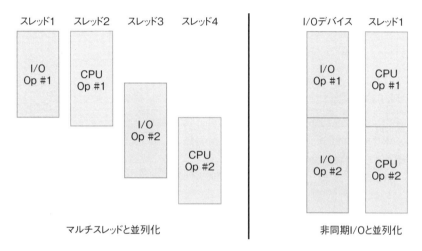

▲図7.6　マルチスレッドと非同期I/Oの違い

非同期I/Oのパフォーマンス上の利点は、追加の処理をすることなく、自然にコードを並列化できる点にあります。追加のスレッドを作成する必要さえありません。非同期I/Oでは、マルチスレッドで発生する競合状態などの問題を避けつつ、複数のI/O操作を並列実行し、結果を集めることが可能です。つまり、実用的でスケーラブルです。

非同期コードは、特にUIのようなイベント駆動型のメカニズムにおいて、スレッドを消費することなく応答性を向上させるのに役立ちます。UIはI/Oとは無関係に思えるかもしれませんが、ユーザー入力もタッチスクリーンやキーボード、マウスといったI/Oデバイスを利用しており、UIはこうしたイベントによってトリガーされます。これらのメカニズムは、非同期I/Oや一般的な非同期プログラミングの理想的な候補です。タイマーを利用したアニメーションも、デバイス上のタイマーの動作に依存しているため、非同期I/Oの理想的な候補となります。

7.5.3 古の方法

2010年代初頭まで、非同期I/Oはコールバック関数で管理されていました。非同期の
OS関数はコールバック関数を渡す必要があり、I/O操作が完了すると、OSがそのコー
ルバック関数を実行していました。その間、OSは別の処理を実行できました。古い非同
期の文法でファイルコピー操作を書いた場合、リスト7.11のような形になります。ただし、
これは非常に難解で見た目も悪く、そのためにベテランのプログラマーは非同期I/Oを
あまり好まないのかもしれません。実際のところ、私自身もこのコードを書くのに非常に
苦労し、最終的には、完成させるのにTaskのような最近の構文に頼らざるを得ませんで
した。これをお見せしているのは、最近の構文がいかに便利であり、どれほど時間を節
約してくれるかを理解し、ありがたさを実感してもらうためです。

▼**リスト7.11** 古いスタイルの非同期I/Oを使用したファイルコピーのコード

```
public static Task CopyAsyncOld(string sourceFilename, string
  destinationFilename, int bufferSize) {

  var inputStream = File.OpenRead(sourceFilename);
  var outputStream = File.Create(destinationFilename);
  var buffer = new byte[bufferSize];
  var onComplete = new Task(() => {         // 関数が終了したときに呼び出される
    inputStream.Dispose();
    outputStream.Dispose();
  });

  void onRead(IAsyncResult readResult) {    // 読み取り操作が完了するたびに
                                            //   呼び出される
    int bytesRead = inputStream.EndRead(readResult);  // 読み取ったバイト数を
                                                      //   取得する
    if (bytesRead == 0) {
      onComplete.Start();                   // 最後のタスクを開始する
      return;
    }
    outputStream.BeginWrite(buffer, 0, bytesRead,   // 書き込み操作を開始する
        writeResult => {
          outputStream.EndWrite(writeResult);       // 書き込みの完了を伝える
          inputStream.BeginRead(buffer, 0, bufferSize, onRead, null); // 次の読み取り操作を開始する
        }, null);
  }
                                            // 最初の読み取り操作を開始する
  var result = inputStream.BeginRead(buffer, 0, bufferSize, onRead, null);
  return Task.WhenAll(onComplete);          // onCompleteが終了するのを
}                                           //   待機可能なTaskを返す
```

この古いコードの最も興味深い点は、処理が即座に返ってくることです。まるで魔法の
ようです。つまり、I/Oはバックグラウンドで動作と処理が続いているため、その間に別の
処理を行えるのです。しかも、同一のスレッド上で動作しており、マルチスレッドは一切使
用していません。これが非同期I/Oの大きな利点の1つであり、OSのスレッドを節約でき
るため、よりスケーラブルになるのです。この点については「第8章　好まれるスケーラビ
リティ」で詳しく説明します。ほかにやることがなければ処理が完了するのを待つこともで
きますが、それはあくまでも好みの問題です。

　リスト7.11では、2つのハンドラ関数を定義しています。1つ目はonComplete()とい
う非同期Taskで、すぐにではなく、全ての処理が完了したときに実行したいものです。
もう1つはonRead()というローカル関数で、読み取り操作が完了するたびに呼び出され
ます。このハンドラをstreamのBeginRead関数に渡すことで、非同期I/O操作が開始
され、ブロックが読み取られたときに呼び出されるコールバックとしてonReadが登録さ
れます。onReadハンドラでは、読み取ったばかりのバッファの書き込み操作を開始し、
同じonReadハンドラをコールバックとして設定して、再び読み取り操作が呼び出される
ようにします。この処理はファイルの末尾に達するまで続き、その時点でonComplete タ
スクが開始されます。これは、非同期操作を表現するのには非常に複雑な方法です。

　このアプローチの問題点は、非同期操作を多く始めるほど、その操作を追跡するのが
難しくなることです。この状況は、Node.jsの開発者によって作られた用語である**コール
バック地獄**[訳注12]に陥りやすくなります。

7.5.4　モダンな async/await

　幸運なことに、Microsoftの優秀な設計者たちは、async/await構文を使って非同期
I/Oのコードを簡単に書く方法を見つけました。この仕組みは最初にC#で導入され、
その実用性から非常に人気となり、C++、Rust、JavaScript、Pythonといった多くの人
気プログラミング言語でも採用されました。

　リスト7.12に、同じコードのasync/awaitバージョンを示しています。なんと清々しいの
でしょう！　asyncキーワードを使って関数を宣言することで、関数内でawaitを使用
できます。await 文は処理の目印となりますが、実際にはその後の処理が完了するまで
待機するわけではありません。これらのawaitは、待機していたI/O操作が完了した際
の復帰ポイントを示すだけなので、続きの処理ごとに新しいコールバックを定義する必
要がありません。つまり、通常の同期コードのように書けるのです。そのため、リスト7.11
のように、関数は即座に値を返します。ReadAsyncとWriteAsync関数はいずれも、

訳注12　この単語は、イギリスのプログラマーであるTJ Holowaychukが最初に使用した（https://moldstud.com/
articles/p-surviving-the-callback-hell-in-nodejs-development）とされている。Node.jsでの非同期処理において、複
数のネストされたコールバック関数がコードを読みづらく、保守性を損なう問題を指している。

CopyAsyncと同様にTaskオブジェクトを返す関数です。ちなみに、Streamクラスには
コピー操作を簡単にするためのCopyToAsync関数がすでにありますが、ここでは元の
コードと合わせるために、読み取りと書き込み操作を分けています。

▼リスト7.12　モダンな非同期I/Oを使用したファイルコピーのコード

```
public async static Task CopyAsync(string sourceFilename,
  string destinationFilename, int bufferSize) {        この関数はasyncキーワードで
                                                        宣言されており、Taskを返す

  using var inputStream = File.OpenRead(sourceFilename);
  using var outputStream = File.Create(destinationFilename);
  var buffer = new byte[bufferSize];
  while (true) {
    int readBytes = await inputStream.ReadAsync( buffer, 0, bufferSize);
    if (readBytes == 0) {                              awaitに続く全ての操作は、
      break;                                           裏でコールバックに変換される
    }
    await outputStream.WriteAsync(buffer, 0, readBytes);
  }
}
```

　async/awaitキーワードを使ってコードを書くと、その内部では、コンパイル時にコー
ルバックなども含めてリスト7.11のようなコードに変換されます。async/awaitは、かなり
の手間を省いてくれるのです。

7.5.5　非同期I/Oの落とし穴

　プログラミング言語では、I/Oのためだけに非同期メカニズムを使用する必要はありま
せん。I/Oに関連する操作を一切呼び出さず、CPUの処理のみを行う非同期関数を宣
言することも可能です。その場合、メリットはなく、不要な複雑さを生み出してしまいま
す。コンパイラは、通常、そうした状況を警告しますが、企業の環境では修正することで
発生する問題の影響に誰も対処したくないため、警告が無視される例が多く見られます。
その結果、パフォーマンスの問題が積み重なり、最終的にはそれらの問題を一度に修
正せざるを得なくなり、さらに大きな影響に対処しなければならなくなります。コードレ
ビューでこの点を指摘し、意見をしっかり伝えましょう。

　async/awaitで覚えておくべき基本的なルールの1つは、awaitは実際には待機しない
ということです。確かに、awaitは処理が完了した後に次の行が実行されることを保証
しますが、実際には、裏で非同期コールバックが動いているため、待機やブロックをせず
に進行します。あなたの非同期コードが何かの完了を待機しているのであれば、それは
間違った実装です。

7.6　奥の手としてキャッシュを使う

　　キャッシュは、パフォーマンスを即座に向上させる最も強力な方法の1つです。キャッシュの無効化（破棄）は難しい問題かもしれませんが、無効化を心配する必要がないものだけをキャッシュすれば問題にはなりません。RedisやMemcachedのように、別のサーバー上に存在する精巧なキャッシング層も必要ありません。MicrosoftがSystem.Runtime.Cachingパッケージで提供しているMemoryCacheクラスのようなインメモリキャッシュを利用できます。確かに、一定の規模を超えるとスケールしませんが、プロジェクトの初期段階では、スケーリングは必要ないかもしれません。Ekşi Sözlükは、1日あたり1,000万件のリクエストを1台のデータベースサーバーと4台のWebサーバーで処理していますが、それでもインメモリキャッシュを使用しています。

　　キャッシュ用に設計されていないデータ構造の使用は避けましょう。これらは、通常、データのエビクション[訳注13]や期限切れのメカニズムを持たないため、メモリリークの原因となり、最終的にはクラッシュを引き起こします。キャッシュ用に設計されたものを使用しましょう。データベースも、優れた永続的なキャッシュとして活用できます。

　　宇宙が終わる前にキャッシュのエビクションかアプリの再起動は必ず発生するため、キャッシュの有効期限を無期限にしても心配ありません。

まとめ

- 時期尚早な最適化を訓練として活用し、そこから学ぶ
- 不要な最適化のせいで行き詰まらないようにする
- 最適化を行ったら、必ずベンチマークで検証する
- 最適化と応答性のバランスを取る
- ネストされたループや文字列の過剰な使用、非効率なブール式などの問題のあるコードを見分ける習慣を付ける
- データ構造を構築する際は、メモリアラインメントの利点を考慮して、よりよいパフォーマンスを目指す
- 細かい最適化が必要なときは、CPUの動作を理解し、キャッシュの局所性、パイプライン処理、SIMDといった技術を使いこなせるようにしておく
- 詳細なバッファリングメカニズムを使用して、I/Oのパフォーマンスを向上させる
- スレッドを無駄にせずにコードやI/O操作を並行して実行するために、非同期プログラミングを活用する
- 非常事態のときだけキャッシュを無効化する

訳注13　キャッシュが満杯の状態になると、自動で不要なデータを削除すること。

好まれるスケーラビリティ

本章の内容
- スケーラビリティ vs パフォーマンス
- 段階的なスケーラビリティ
- データベースのルールを破る
- よりスムーズな並列化
- モノリスの真実

> あれは最良の時代であり、最悪の時代だった。叡智の時代にして、大愚の時代だった。
>
> 『スケーラビリティについて』チャールズ・ディケンズ[訳注1]

1999年にEkşi Sözlükのために下した技術的な決断から、スケーラビリティについて、私にはそれなりの経験があります。当初、Webサイト全体のデータベースは、1つのテキストファイルでした。書き込み時にテキストファイルがロックされたため、Webサイト全体が応答せず、誰も利用できなくなっていました。読み取りもあまり効率的ではなく、1つのレコードを取得するのにO(N)時間、つまりデータベース全体をスキャンする必要がありまし

訳注1 『スケーラビリティについて』ではなく、『二都物語』の書き出しそのもの。

た。考え得る限り、これは最悪の技術設計でした。

コードがフリーズしたのは、サーバーのハードウェアが遅かったからというわけではありません。データ構造や並列化に関する全ての決断が、システムの遅さの原因となっていました。これこそがスケーラビリティの本質です。ハード面のパフォーマンスだけでは、システムをスケーラブルにできません。ユーザー数の増加に対応するには、設計のあらゆる側面を考慮する必要があります。

もっと重要なのは、ひどい設計よりもWebサイトをリリースする速さを優先したことであり、実際にわずか数時間でリリースできました。初期の技術的な決断は、技術的負債のほとんどをそのリリースの過程で解消できたため、長い目で見れば問題ではありませんでした。あまりにも問題が増えてきたタイミングで、すぐにデータベース技術を変更しました。使用していた技術が機能しなくなったときには、コードを最初から書き直しました。トルコのことわざに「キャラバンは道中で準備する」というものがあります。これは、「その場しのぎで何とかする」という意味です。

また、本書のいくつかの場所で、「2度測ってから1度行動しろ」と推奨していますが、これは一見すると「ケ・セラ・セラ※注1」のモットーと矛盾しているように思えます。なぜなら、あらゆる問題に効く万能な解決策は存在しないからです。私たちは、全ての問題に対する解決策をそれぞれ用意し、目の前の問題に適切な方法を選ぶ必要があります。

システムの観点から見ると、スケーラビリティとは、より多くのハードウェアを投入することでシステムを高速化する能力を指します。プログラミングの観点のスケーラブルなコードとは、需要が増加しても応答性を一定に保つ能力を指します。もちろん、あるコードが負荷に対応できる上限があることは明らかであり、スケーラブルなコードを書く目的は、その上限を可能な限り上に押し上げることです。

リファクタリングと同様に、スケーラビリティも、より大きな目標に向けて、具体的で小さなステップで段階的に対応するのが最適です。最初から完全にスケーラブルなシステムを設計することも可能ですが、それに要する労力と時間、そして得られるリターンは、プロダクトをできるだけ早くリリースすることの重要性に比べると見劣りします。

全くスケールしないものもあります。フレッド・ブルックスの名著『人月の神話』には、「何人の女性をもってしても、子供が生まれるまでに9か月はかかる」という巧みな表現があります。ブルックスは、遅延しているプロジェクトにより多くの人を割り当てても、さらに遅延させるだけという可能性を指摘しましたが、これはスケーラビリティの特定の要素に

※注1 1950年代の私の父のお気に入りの歌手ドリス・デイによるヒット曲『Que Será, Será』は、イタリア語で「なるようになる」という意味である。これは金曜日のコードデプロイ時の公式の合言葉となっており、たいてい土曜日には4 Non Blondesのヒット曲『What's Up?（何が起こった）』が続く。そして月曜日にエイミー・マンの『Calling It Quits（終わりにしよう）』で締めくくられるのである。

も当てはまります。例えば、CPUコアのクロック周波数よりも多くの命令を1秒の間に実行することはできません。確かに、SIMDや分岐予測などを利用することで若干それを超えることは可能ですが、単一のCPUコアで達成できるパフォーマンスには依然として上限があります。

スケーラブルなコードを実現するための第一歩は、スケーリングを妨げる悪いコードを取り除くことです。そのようなコードはボトルネックを生み出し、ハードウェアリソースを追加してもコードの実行速度が上がらない原因となります。そのようなコードを削除することは、直感に反するようにすら思えるかもしれません。こうした潜在的なボトルネックと、それをどう取り除けるのかを見ていきましょう。

8.1 ロックを使わない

プログラミングにおいて、ロックはスレッドセーフなコードを書くための機能です。**スレッドセーフ**とは、2つ以上のスレッドから同時に呼び出されても、コードが一貫して動作することを意味します。アプリ内で作成されたエンティティに対して、一意の識別子を生成するクラスを考えてみましょう。このクラスは連続した数値の識別子を生成する必要があると仮定します。「第6章 セキュリティを精査する」で述べたように、連続した数値の識別子はアプリの情報を漏洩する可能性があるため、通常はこうしたクラスを作ることはよいアイデアではありません。例えば、1日に受け取る注文数やユーザー数といった情報を公開したくない場合もあります。ここでは、例えば欠落した項目がないことを保証するためなど、連続した識別子を使用する正当なビジネス上の理由があるということにしておきましょう。単純な実装は、次のようになります。

```
class UniqueIdGenerator {
  private int value;
  public int GetNextValue() => ++value;
}
```

複数のスレッドがこのクラスの同じインスタンスを使用する場合、2つのスレッドが同じ値、あるいは順序が正しくない値を取得する可能性があります。これは、++valueという式がCPU上で複数の操作に変換されるためです。具体的には、valueを読み取る操作、値をインクリメントする操作、インクリメントした値をフィールドに格納する操作、最後に結果を返す操作です。JITコンパイラ[注2]のx86アセンブリ出力で明確に確認できます。

※**注2** JIT（Just In Time）コンパイラは、ソースコードや（バイトコード、IL、IRなどと呼ばれる）中間コードを、実行されているCPUアーキテクチャのネイティブ命令セットに変換することで、パフォーマンスを向上させる。

```
UniqueIdGenerator.GetNextValue()
  mov eax, [rcx+8]  ◀────────┤ メモリ内のフィールドの値をEAXレジスタに移動（read）
  inc eax  ──────┤ EAXレジスタの値をインクリメント（increment）
  mov [rcx+8], eax  ──────┤ インクリメントされた値をフィールドに格納（store）
  ret  ◀────────┤ EAXレジスタに格納された結果を返す（return）
```

　各行は、CPUが順番に実行する命令です。複数のCPUコアが同時に同じ命令を実行しているところを視覚化しようとすると、図8.1に示したように、クラス内で競合が発生する様子が理解しやすくなります。図では、関数が3回呼び出されたにもかかわらず、3つのスレッドが同じ値「1」を返しています。

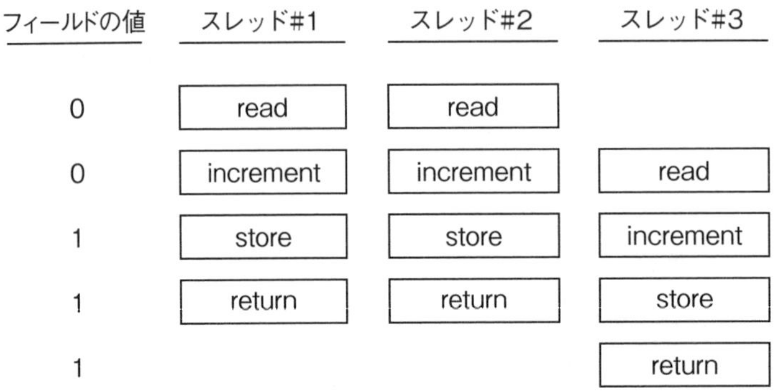

フィールドの値	スレッド#1	スレッド#2	スレッド#3
0	read	read	
0	increment	increment	read
1	store	store	increment
1	return	return	store
1			return

▲図8.1　同時に実行されている複数のスレッドが状態を破壊している

　このEAXレジスタを利用しているコードで最初のものは、スレッドセーフではありません。全てのスレッドがほかのスレッドを考慮せずにデータを操作しようとする状況は、**競合状態**と呼ばれます。CPU、プログラミング言語、OSは、その問題に対処するためのさまざまな機能を提供しています。それらの機能は、通常、ほかのCPUコアが同時に同じメモリ領域を読み書きするのを防ぐことへと行き着きます。そして、これがロックと呼ばれるものです。

　2つ目に挙げるのは、最適化を最も進めた方法で、メモリ位置の値を直接インクリメントするアトミックなインクリメント操作の使用です。これによって、ほかのCPUコアがその操作中に同じメモリ領域にアクセスすることを防ぎ、どのスレッドも同じ値を読み取ったり、値を誤ってスキップしたりすることがなくなります。実装は、次の通りです。

```csharp
using System.Threading;
class UniqueIdGeneratorAtomic {
  private int value;
  public int GetNextValue() => Interlocked.Increment(ref value);
}
```

この場合、ロックはCPU自体で実装され、実行されると図8.2のように動作します。CPUのロック命令は、直後に続く命令の実行中のみに並列コアでの実行を抑制します。その後、各アトミックなインメモリ加算操作が完了すると、自動的にロックが解放されます。return命令が返すのは、フィールドの現在の値ではなく、メモリ加算操作の結果である点に注目してください。これで、フィールドの値にかかわらず、常に連続した順序を保ちます。

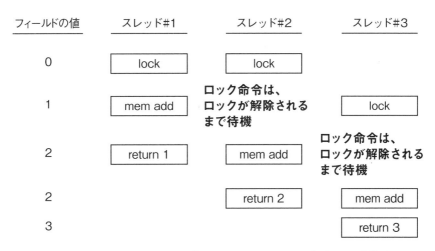

▲図8.2　アトミックなインクリメントが使用されると、CPUコア同士が互いに待機する

　単純なアトミックなインクリメント操作だけでは、コードをスレッドセーフにするのに不十分な場合が多くあります。例えば、2つの異なるカウンタを同期して更新する必要がある場合はどうでしょうか？　アトミック操作で一貫性を保証できない場合、リスト8.1のようにC#のlock文を使用できます。説明を簡単にするために、元のカウンタの例を使用しますが、ロックは同一プロセス内のあらゆる状態変更を直列化できます。.NETではオブジェクトのヘッダにロック情報を保持するため、ロックとして使用するためのダミーオブジェクトを新しく割り当てます。

▼リスト8.1　C#のlock文を使ったスレッドセーフなカウンタ

```
Uclass UniqueIdGeneratorLock {
  private int value;
  private object valueLock = new object();    ←  自分たちの目的に特化したロックオブジェクト
  public int GetNextValue() {
    lock (valueLock) {    ←  ほかのスレッドは、処理が完了するまで待機
      return ++value;     ←  スコープを抜けると、自動的にロックが解放される
    }
  }
}
```

なぜ新しいオブジェクトを割り当てるのでしょうか？ thisを使えば、独自のインスタンスもロックとして使えるのではないのでしょうか？ 問題は、自分で制御できないコードがインスタンスをロックする可能性があることです。その結果として、ほかのコードの完了を待つ羽目になるため、不要な遅延やデッドロックが発生する可能性があります。

> ### デッドロック「あー、はいはい」
> デッドロックは、2つのスレッドが、互いに相手が取得したリソースの解放を待っているときに発生します。非常に発生しやすい問題です。スレッド1がリソースAを取得し、リソースBが解放されるのを待機している間に、スレッド2がリソースBを取得してリソースAが解放されるのを待機している状況です。次の図を見てください。
>
>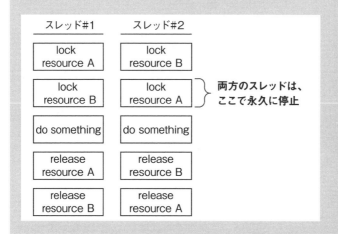
>
> この結果、決して満たされない条件を待ち続ける無限ループのような状態になります。そのため、どのロックをどの目的で使用するのかを明示することが重要です。ロック専用のオブジェクトを用意して使用するのは常によいアイデアで、特定のロックを使用するコードを追跡し、それが別のコードと共有されていないことを確認できます。これは、lock(this)ではできません。
> アプリがフリーズする原因の一部はデッドロックによるもので、よくいわれているように、マウスで机を叩いたり、モニターに向かって叫んだり、怒ってアプリを閉じたりしても解決しません。

> コード内のロックメカニズムを明確に理解する以外に、デッドロックに対する魔法のような解決策はありません。ただし、私の経験上、直近に取得したロックを最初に解放し、できるだけ早くロックを解放するのがお勧めです。Go言語のチャネル[訳注2]のように、ロックをなるべく使わず済むようにしてくれるプログラミング構造もありますが、可能性を低くするだけで、デッドロックが発生する可能性は依然として残っています。

私たちが実装したロックコードは、図8.3のように動作します。ご覧のように、アトミックなインクリメント操作ほど効率的ではありませんが、それでも完全にスレッドセーフです。

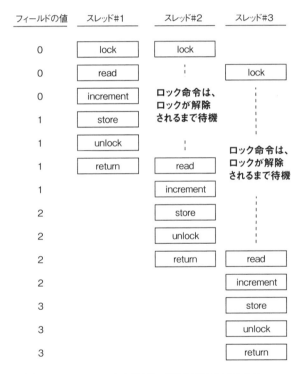

▲図8.3　C#のlock文を使用して競合状態を回避する

このように、ロックはほかのスレッドを停止させ、特定の条件が満たされるまで待機させることができます。一貫性を提供する一方で、スケーラビリティに対する最大の課題の1つとなり得ます。貴重なCPU時間を待機に費やすことほどの無駄はありません。できるだけ待ち時間を少なくするよう努めるべきです。どうすれば、それを実現できるでしょうか。

訳注2　ゴルーチンと呼ばれる並行で実行される関数に値を受け渡すための機構。

まず、本当にロックが必要かどうかを確認しましょう。優秀なプログラマーが書いたコードで、ロックを取得しなくても問題ないにもかかわらず、不要に特定の条件が満たされるまで待つコードを見たことがあります。オブジェクトのインスタンスがほかのスレッドによって操作されないのであれば、ロックは全く必要ないかもしれません。ただし、コードに副作用があるかを判断するのは難しいため、必ずしも不要だとは言い切れません。ローカルスコープのオブジェクトであっても、共有オブジェクトを使用する場合はロックが必要になることがあります。コードの意図と副作用を明確にするべきです。ロックで囲まれたコードが魔法のようにスレッドセーフになるからといって、ロックを使うべきではありません。ロックの仕組みを理解し、何をしているのかを明確にしましょう。

次に、使用している共有データ構造に**ロックフリー**な代替手段がないかを確認しましょう。ロックフリーなデータ構造とは、ロックを必要とせず、複数のスレッドから直接アクセスできるものです。とはいえ、ロックフリー構造の実装は複雑になるかもしれません。ロックを使用するよりも遅くなる場合すらありますが、スケーラビリティは高まる可能性があります。ロックフリー構造が効果的なよくあるシナリオは、共有辞書（プラットフォームによっては「マップ」と呼ばれるもの）です。特定のキーと値など、全てのスレッドで共有される何かの辞書が必要になる場合、通常はロックを使用して処理します。

例として、APIトークンの有効性を確認するために毎回データベースに問い合わせるのではなく、メモリ内に保持する必要がある場合を考えてみましょう。この目的に適したデータ構造はキャッシュであり、キャッシュのデータ構造にはロックフリーの実装もありますが、開発者は問題を解決しようとする際に、最も手近なツール、この場合は辞書（Dictionary）を使いがちです。

```
public Dictionary<string, Token> Tokens { get; } = new();
```

C# 9.0の便利なnew()構文に気付きましたか？　ついに、クラスメンバーを宣言する際に同じ型を2回書く時代は終わりました。コンパイラは、宣言に基づいて自動的に型を推定できるようになったのです。

何はともあれ、辞書はスレッドセーフではありませんが、スレッドセーフでなければならないのは、複数のスレッドが特定のデータ構造を変更する場合に限られます。これが重要なポイントです。アプリの開始時に初期化し、その後変更しないデータ構造がある場合、**副作用**のない読み取り専用の構造は全てスレッドセーフであるため、ロックしたり、別の手段でスレッドセーフにする必要もありません。

副作用

　コードに副作用があるとは、コードレビュー中に時々感じる頭痛や吐き気を除けば、どういう意味でしょうか？　この用語は関数型プログラミングの領域から来ています。関数がそのスコープ外の何かを変更する場合、それは副作用と見なされます。変数やフィールドだけではなく、あらゆるものが対象です。例えば、関数がログメッセージを書き込むとログ出力に不可逆な変化をもたらすため、これも副作用と見なされます。副作用のない関数は何度実行しても周囲の状態を変えません。副作用のない関数は純粋関数と呼ばれます。ほかの面積を計算して結果を返す関数は純粋関数です。

```
class Circle {
  public static double Area(double radius) => Math.PI * Math.Pow(radius, 2);
}
```

　これは、副作用がないだけではなく、アクセスするメンバーや関数も純粋であるため、純粋関数です。そうでなければ、それらが副作用を引き起こす可能性があり、関数も不純になってしまいます。純粋関数の利点の1つは、スレッドセーフであることが保証されているため、ほかの純粋関数と並行して問題なく実行できることです。

　この例ではデータ構造を操作する必要があるため、リスト8.2に示されているように、ロックを提供するラッパーインターフェイスが必要です。getメソッドでは、辞書内にトークンが見つからない場合、関連するデータをデータベースから読み取ってトークンを再生成していることがわかります。そして、データベースの読み取りには時間がかかるため、その間の全てのリクエストが保留されます。

▼**リスト8.2**　ロックを用いたスレッドセーフな辞書

```
class ApiTokens {
  private Dictionary<string, Token> tokens { get; } = new();  ◀──── 辞書の共有
                                                                    インスタンス
  public void Set(string key, Token value) {
    lock (tokens) {
      tokens[key] = value;  ◀──── 複数のステップを含む操作であるため、
    }                              ここでもロックが必要
  }

  public Token Get(string key) {
```

```
  lock (tokens) {
    if (!tokens.TryGetValue(key, out Token value)) {
      value = getTokenFromDb(key); ◄──────  この呼び出しには時間がかかる可能性が
      tokens[key] = value;                    あり、その間、ほかの呼び出し元が全て
      return tokens[key];                     ブロックされる
    }
    return value;
  }
}

private Token getTokenFromDb(string key) {
  . . . 長いタスク . . .
}
}
```

　これは全くスケーラブルではないので、ロックフリーの代替手段があるのなら、そちらが理想的です。.NETは、2種類のスレッドセーフなデータ構造を提供しています。1つはConcurrent*で始まるデータ構造で、短時間のみ保持されるロックを使用します。これらの構造は全てが完全にロックフリーというわけではなく、ロックを使用しているものの、ロックを短時間保持するように最適化されているため、非常に高速で、場合によっては真のロックフリーの代替手段よりもシンプルな場合があります。もう1つの代替手段はImmutable*で、元のデータは決して変更されることはなく、変更操作ごとにデータの新しいコピーが作成されます。想像通り、低速ながらも、Concurrentよりも好ましい場合があります。

　ConcurrentDictionaryを使用すると、次のリストに示しているように、コードのスケーラビリティが一気に向上します。これでlock文が不要になり、時間のかかるクエリはほかのリクエストと並行して効率的に実行でき、ブロックを最小限に抑えられます。

▼**リスト8.3**　ロックフリーでスレッドセーフな辞書

```
class ApiTokensLockFree {
  private ConcurrentDictionary<string, Token> tokens { get; } = new();

  public void Set(string key, Token value) {
    tokens[key] = value;
  }

  public Token Get(string key) {
    if (!tokens.TryGetValue(key, out Token value)) {
      value = getTokenFromDb(key); ◄──────  並行実行が可能に！
      tokens[key] = value;
```

262

```
      return tokens[key];
    }
    return value;
  }

  private Token getTokenFromÐb(string key) {
    . . . 長いタスク . . .
  }
}
```

　この変更のわずかな欠点は、ロックがなくなったことで、コストの高いgetTokenFromÐb
のような操作を、複数のリクエストが同じトークンに対して並行で実行できてしまうこと
です。最悪の場合、同じトークンに対して時間のかかる操作を不必要に並行して実行す
ることになりますが、それでもほかのリクエストをブロックすることはありません。そのた
め、代替案よりも優れている可能性があり、ロックを使用しないほうが割に合うかもしれ
ません。

8.1.1 ダブルチェックロッキング

　特定のシナリオでは、ロックの使用を回避できる簡単なテクニックがあります。例え
ば、複数のスレッドがオブジェクトを同時にリクエストしているときに、そのオブジェクト
のインスタンスが1つだけ生成されるように保証するのは難しいことがあります。2つのス
レッドが同時に同じリクエストを行った場合はどうなるでしょうか？　例えば、キャッシュ
オブジェクトがあるとします。誤って2つの異なるインスタンスが提供されると、コードの
異なる部分で異なるキャッシュが使用され、不整合や無駄が生じる可能性があります。
この問題を防ぐには、次のリストで示されているように、ロック内で初期化処理を保護し、
同時に複数のインスタンスが生成されないことを保証します。静的なInstanceプロパ
ティは、オブジェクトを生成する前にロックを保持することで、ほかのインスタンスが同じ
インスタンスを2回生成しないようにします。

▼**リスト8.4**　インスタンスが1つだけ生成されることを保証する

```
class Cache {
  private static object instanceLock = new object();  ←── ロックのためのオブジェクト
  private static Cache instance;  ←── キャッシュのインスタンス
  public static Cache Instance {
    get {
      lock(instanceLock) {  ←── このブロック内でほかのスレッドが実行中の
                                  場合、全ての呼び出し元はここで待機
        if (instance is null) {
```

```
        instance = new Cache();  ←──────┐ オブジェクトが生成される。しかも、一度だけ！
      }
    return instance;
    }
  }
 }
}
```

　このコードは正常に動作しますが、Instanceプロパティにアクセスするたびにロック
が発生し、不要な待機が発生するでしょう。目標はロックを減らすことです。リスト8.5に
示すように、インスタンスの値に2回目のチェックを追加することで、初期化済みの場合は
ロックを取得する前に値を返し、未初期化の場合のみにロックを取得します。簡単なコー
ドの追加ですが、コード内の99.9%のロック競合を排除でき、スケーラビリティが向上し
ます。ただし、別のスレッドがすでに値を初期化し、ロックを取得する直前にロックを解
放する可能性がわずかにあるため、lock文の中で2回目のチェックが必要です。

▼**リスト8.5**　ダブルチェックロッキング

```
public static Cache Instance {
  get {
    if (instance is not null) {  ←──────┐ C# 9.0で導入された、パターンマッチング
      return instance;  ←─────┐         │ による「not null」チェック
    }                         └ 何もロックせずにインスタンスを返す
    lock (instanceLock) {
      if (instance is null) {
        instance = new Cache();
      }
      return instance;
    }
  }
}
```

　ダブルチェックロッキングは、全てのデータ構造に使用できるとは限りません。例えば、
辞書のメンバーは操作されている間、ロックの外でスレッドセーフに読み取ることは不可
能なため、この手法は使用できません。

　C#は大きく進化し、LazyInitializerのようなヘルパークラスを使用することで、
かなり容易にシングルトンを安全に初期化できるようになりました。同じプロパティのコー
ドをより簡単に記述できます。LazyInitializerは、内部でダブルチェックロッキング
を行うため、余分な作業を省けます。

▼リスト8.6 LazyInitializerを使った安全な初期化

```
public static Cache Instance {
  get {
    return LazyInitializer.EnsureInitialized(ref instance);
  }
}
```

　ダブルチェックロッキングが役立つ場面は、ほかにもあります。例えば、リスト内の項目数を特定の上限内に収めたい場合、チェック中にリスト内の個々の項目にアクセスしないので、Countプロパティを安全にチェックできます。Countは、通常は単なるフィールドへのアクセスであり、読み取った数値を使用して項目を反復処理しない限り、ほとんどの場合はスレッドセーフです。リスト8.7に示した例は、完全にスレッドセーフです。

▼リスト8.7 ほかのダブルチェックロッキングのケース

```
class LimitedList<T> {
  private List<T> items = new();

  public LimitedList(int limit) {
    Limit = limit;
  }

  public bool Add(T item) {
    if (items.Count >= Limit) {          ◄─── 最初のチェックはロックの外で
      return false;
    }
    lock (items) {
      if (items.Count >= Limit) {        ◄─── 2回目のチェックはロックの中で
        return false;
      }
      items.Add(item);
      return true;
    }
  }

  public bool Remove(T item) {
    lock (items) {
      return items.Remove(item);
    }
  }

  public int Count => items.Count;
  public int Limit { get; }
}
```

Chapter 8 好まれるスケーラビリティ

265

リスト8.7のコードには、インデックスを使用してリストの項目にアクセスするindexerプロパティが含まれていないことに気付いたかもしれません。これは、リスト全体を事前にロックしないと、直接インデックスを使用してアクセスする際にスレッドセーフに列挙できないためです。このクラスは、項目にアクセスするのではなく、項目を数える場合のみに役立ちます。ただし、Countプロパティへのアクセス自体は安全であるため、ダブルチェックロッキングを活用することで、スケーラビリティを向上できます。

8.2　不整合を受け入れる

データベースは、ロック、トランザクション、アトミックなカウンタ、トランザクションログ、ページチェックサム、スナップショットなど、不整合を回避するために多くの機能を提供します。これは、銀行や原子炉、マッチングアプリなど、誤ったデータの取得が許されないシステム向けに設計されているからです。

信頼性は、白黒はっきりした概念ではありません。ある程度の信頼性を犠牲にすることと引き換えに、パフォーマンスとスケーラビリティを大幅に向上させることができます。例えば、NoSQLは、従来の外部キーやトランザクションといったリレーショナルデータベースの一貫性を保証する機能をなくす代わりに、パフォーマンスとスケーラビリティ、そしてわかりにくさを得るという思想です。

このようなアプローチのメリットを得るために、完全にNoSQLに移行する必要はありません。MySQLやMicrosoft SQL Serverなどの従来のデータベースでも、同様のメリットを得ることができます。

8.2.1　恐るべきNOLOCK

NOLOCKは、クエリヒント[訳注3]として、それを読み取るSQLエンジンが一貫性のない状態になり、まだコミットされていないトランザクションのデータを含む可能性があることを示しています。これは恐ろしく聞こえるかもしれませんが、果たして本当にそうでしょうか？　よく考えてみましょう。「第4章　おいしいテスト」で紹介したマイクロブログプラットフォーム「Blabber」を例に考えてみます。このブログシステムでは、投稿があるたびに、投稿数を保持する別のテーブルも更新されます。投稿が成功しなければ、カウンタも増加するべきではありません。リスト8.8に示したように、サンプルコードは全てをトランザクションでラップしています。そのため、操作が途中で失敗しても、投稿数が不整合な状態にはなりません。

訳注3　SQLのオプティマイザが行う最適化を制御するための句。

▼**リスト8.8**　2つのテーブルを操作する例

```
public void AddPost(PostContent content) {
  using (var transaction = db.BeginTransaction()) {  ◀──┤ 全てをトランザクションで囲う
    db.InsertPost(content);  ◀──┤ 投稿を専用のテーブルに挿入
    int postCount = db.GetPostCount(userId);  ◀──┤ 投稿数を取得
    postCount++;
    db.UpdatePostCount(userId, postCount);  ◀──┤ 増加した投稿数を更新
  }
}
```

　このコードを見て、「8.1　ロックを使わない」で紹介したUniqueIdGeneratorの例を思い出したかもしれません。そこでは、スレッドが、読み取りやインクリメント、保存などの手順を並行して処理し、値の一貫性を保つためにロックを使用する必要があったことを覚えていますか？　ここでも同じことが起こっています。そのため、スケーラビリティを犠牲にしています。しかし、このような厳密な一貫性は本当に必要でしょうか？　「結果整合性」という考え方を紹介しましょう。

　結果整合性とは、一定の一貫性を保証するものの、その一貫性の反映には遅れが生じるという考え方です。今回の例では、一定の時間間隔で誤った投稿数を更新する可能性があります。この方法の最大の利点は、システムが修正するまで、ユーザーは投稿数が実際の数を反映していないことに、ほとんど気付かないことです。保持するロックが少ないほど、データベース上で多くのリクエストを並行して処理できるようになるため、スケーラビリティは向上します。

　テーブルを更新する定期的なクエリは、引き続きテーブルのロックを保持しますが、より細かい単位のロックになります。おそらく、特定の行、最悪の場合でもディスク上の単一のページに対するロックになります。この問題はダブルチェックロッキングで緩和できます。最初に、更新が必要な行を検索するだけの読み取り専用クエリを実行し、次に更新クエリを実行します。こうすることで、データベース上で更新クエリを実行するだけになるため、データベースはロックを気にする必要はなくなります。リスト8.9に、同様のクエリを示しています。まず、不一致な投稿数を特定するために、ロックを保持せずにSELECTクエリを実行します。次に、不一致のレコードに基づいて投稿数を更新します。こうした更新をバッチで処理することも可能ですが、個別に実行するために行レベルでより細かい単位のロックを保持でき、必要以上に長くロックを保持することなく、同じテーブルに対してより多くのクエリを実行できます。各行の更新に時間がかかることが欠点ですが、最終的に更新は完了します。

▼**リスト8.9** 結果整合性を実現するために、定期的に実行させるコード

```
public void UpdateAllPostCounts() {
  var inconsistentCounts = db.GetMismatchedPostCounts();  ◀─── このクエリの実行中は
  foreach (var entry in inconsistentCounts) {                  ロックを保持しない
    db.UpdatePostCount(entry.UserId, entry.ActualCount);  ◀─── このクエリの実行
  }                                                            中は一行にのみ
}                                                              ロックを保持する
```

　SQLのSELECTクエリはテーブルのロックを保持しませんが、ほかのトランザクションによって遅延する可能性があります。そこで、クエリヒントとしてNOLOCKの出番です。NOLOCKを使用すると、クエリは**ダーティデータ**を読み取ることができますが、その代わりに、ほかのクエリやトランザクションが保持するロックを無視できます。使い方も簡単です。例えば、Microsoft SQL Serverでは「SELECT * FROM customers」の代わりに「SELECT * FROM customers (NOLOCK)」のように使用すると、customersテーブルにNOLOCKを適用します。

　ところで、ダーティデータとは何でしょうか？　トランザクションがデータベースにレコードを書き込み始めたけれどもまだ完了していない場合、それらのレコードはダーティデータと見なされます。つまり、NOLOCKヒントを使用したクエリは、まだデータベースに存在しない、あるいは最終的に存在しないかもしれない行を返す可能性があるのです。多くのシナリオでは、これはアプリが許容できるレベルの不整合でしょう。例えば、ユーザー認証には、セキュリティ上の問題を引き起こす可能性があるため、NOLOCKを使用すべきではありませんが、投稿の表示などでは問題ありません。最悪の場合、一時的に存在していた投稿が見えてしまうことがありますが、次の更新で消えます。これは、あなたが使用しているソーシャルプラットフォームで経験したことがあるかもしれません。ユーザーがコンテンツを削除しても、その投稿はフィードに表示され続けますが、操作しようとするとエラーが発生します。これは、プラットフォームがスケーラビリティのために、ある程度の不整合を許容しているためです。

　SQL接続内の全てにNOLOCKを適用するには、最初に「SET TRANSACTION ISOLATION LEVEL READ_UNCOMMITTED」という、やたらと難解なSQL文を実行します。確か、ピンク・フロイドが似たようなタイトルの曲を出していた気がします[訳注4]。ともあれ、この文は、より合理的で、より明確に意図を伝えることができます。

　結果がわかっていれば、不整合を恐れることはありません。トレードオフの影響を明確に把握できれば、意図的に不整合を許容して、スケーラビリティを向上させる余地を残すことができます。

訳注4　イングランド出身のバンドでピンク・フロイドが不思議で難解に見えるタイトルの曲を数多くリリースしていることから言及している。

8.3 データベースコネクションのキャッシュを避ける

データベースへの単一のコネクションを開き、コード内で共有することは、よくある誤った慣習です。確かに理にかなっているようには見えます。クエリごとにコネクションを開いて認証するオーバーヘッドを避けるため、クエリの実行が速くなります。また、至るところにコネクションを開閉するコマンドを書くのは面倒です。しかし、実際には、データベースに対して単一のコネクションしかない場合、並行して複数のクエリを実行できません。事実上、一度に1つのクエリしか実行できないのです。図8.4で示されているように、これがスケーラビリティの大きな障害となります。

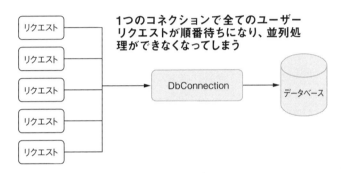

▲図8.4　アプリで単一のコネクションを共有することによって生じるボトルネック

単一のコネクションを使用することがよくない理由は、ほかにもあります。クエリは、実行時に異なるトランザクションスコープが必要になる場合があり、複数のクエリで1つのコネクションを同時に再利用しようとすると、競合が発生する可能性があります。

実際にはコネクションではないものを「コネクション」と呼んでいることが、問題の一因であることは認めざるを得ません。たいていのクライアントサイドのデータベースコネクションライブラリは、コネクションオブジェクトを作成しても、実際にはコネクションを開きません。代わりに、すでに開いている一定数のコネクションを保持し、その中から1つを取得するだけです。コネクションを開いていると思っているとき、実際には、**コネクションプール**と呼ばれるものから、すでに開いているコネクションを取得しています。コネクションを閉じるときも、実際のコネクションは閉じられません。コネクションは再びプールに戻され、状態がリセットされるため、以前に実行されたクエリの残作業が新しいクエリに影響を与えることはありません。

「なるほど！　リクエストごとにコネクションを保持して、リクエストが終わったらコネクションを閉じればいいんだ！」と思っていませんか？　そうすれば、図8.5に示したように、リクエスト同士がブロックされることなく、並行して実行できるようになります。各リ

クエストが別々のコネクションを取得し、そのおかげで並行して実行できていることがわかります。

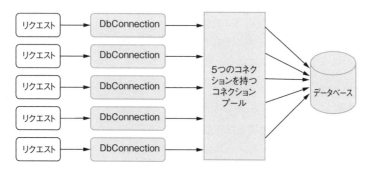

▲図8.5　HTTPリクエストごとに単一のコネクションを保持する

　このアプローチの問題は、リクエストが5つを超えると、コネクションプールが使用可能なコネクションを提供できるようになるまで、クライアントを待機させる必要があることです。こうしたリクエストはキューで待機し、その時点でリクエストがコネクションを使用していなくても、スケールアップできません。これは、コネクションプールは、明示的に閉じられない限り、リクエストされたコネクションが使用中かどうかを知る術がないためです。この状況を図8.6に示しました。

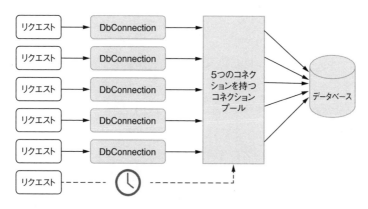

▲図8.6　リクエストごとのコネクションオブジェクトが、ほかのリクエストを待機させてしまう

　実は、直感的ではないものの、コードのスケーラビリティを最大限に高める、さらに優れた方法があります。その秘策は、クエリが実行されている間だけコネクションを保持することです。こうすることで、コネクションはできるだけ早くプールに戻され、ほかのリクエストがそのコネクションを利用できるようになり、スケーラビリティが最大化されます。図8.7に、この仕組みを示しました。コネクションプールが一度に処理するクエリは3つ以下であり、追加で1つか2つのリクエストに対応する余裕があることがわかります。

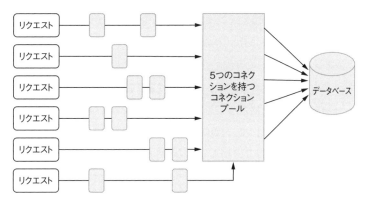

▲図8.7　クエリごとのデータベースコネクション

　これがうまくいく理由は、リクエストは単にクエリを実行するだけではないからです。通常、クエリ自体以外にも何らかの処理が行われています。つまり、無関係な処理が実行されている間は、コネクションオブジェクトを保持している時間が無駄になります。コネクションをできるだけ短時間しか開かないようにすることで、ほかのリクエストが利用できるコネクションの数を最大化できるのです。

　問題は、手間がかかることです。顧客の名前に基づいて設定を更新する例を考えてみましょう。通常、クエリの実行は、リスト8.10のようになります。コネクションの存続時間を考慮せずに、すぐにクエリを実行します。

▼リスト8.10　共有されたコネクションインスタンスを使用したクエリの実行の典型例

```
public void UpdateCustomerPreferences(string name, string prefs) {
  int? result = MySqlHelper.ExecuteScalar(customerConnection,
    "SELECT id FROM customers WHERE name=@name",
  new MySqlParameter("name", name)) as int?;
  if (result.HasValue) {
    MySqlHelper.ExecuteNonQuery(customerConnection,
      "UPDATE customer_prefs SET pref=@prefs",
      new MySqlParameter("prefs", prefs));
  }
}
```

共有されたコネクションの使用

これは、再利用可能な開いているコネクションがあるからです。コネクションを開閉するコードを追加した場合、リスト8.11のように、少し複雑になっていたでしょう。2つのクエリの間でコネクションを閉じたり開いたりして、接続をほかのリクエストのために接続プールに戻すべきだと考えるかもしれませんが、このような短時間であれば全く不要です。むしろ、オーバーヘッドを増やしてしまいます。また、関数の最後でコネクションを明示的に閉じていない点に注目してください。これは、冒頭のusingステートメントによって、関数の終了時にコネクションオブジェクトに関連する全てのリソースが即座に解放され、コネクションも自動的に閉じられるためです。

▼リスト8.11　各クエリごとにコネクションを開く

```
public void UpdateCustomerPreferences(string name, string prefs) {
  using var connection = new MySqlConnection(connectionString);   ─┐ データベースへ
  connection.Open();                                               │ のコネクション
  int? result = MySqlHelper.ExecuteScalar(customerConnection,      │ を開くための
    "SELECT id FROM customers WHERE name=@name",                   │ 流れ
    new MySqlParameter("name", name)) as int?;
  //connection.Close();  ┐ バカげている
  //connection.Open();   ┘
  if (result.HasValue) {
    MySqlHelper.ExecuteNonQuery(customerConnection,
    "UPDATE customer_prefs SET pref=@prefs",
    new MySqlParameter("prefs", prefs));
  }
}
```

コネクションを開く処理をヘルパー関数にラップすれば、毎回同じコードを書かずに済みます。

```
using var connection = ConnectionHelper.Open();
```

こうするとキー入力は減らせますが、ミスを起こしやすくなります。呼び出し前にusing文を書き忘れたり、コンパイラがそれを指摘し忘れたりする可能性があります。この方法では、コネクションを閉じ忘れてしまうかもしれません。

8.3.1 ORMを使うと？

　幸いなことに、現代のオブジェクトリレーショナルマッピング（ORM：Object Relational Mapping）ツールは、Entity Framework[訳注5]を始めとして、異なる抽象化レイヤーを用いてデータベースの複雑さを隠蔽するライブラリです。これにより、コネクションの開閉を気にする必要がなくなります。必要なときに自動でコネクションを開き、処理が終わると閉じてくれます。Entity Frameworkでは、リクエストのライフサイクル全体で1つの共有DbContextインスタンスを使用できます。ただし、DbContextはスレッドセーフではないため、アプリ全体で1つのインスタンスを使い回すことは推奨されません。

　リスト8.11と似たクエリは、Entity Frameworkを使ってリスト8.12のように書けます。LINQ構文を使って同じクエリを書くこともできますが、この関数型構文のほうが読みやすく、構成しやすいと私は感じています。

▼**リスト8.12**　Entity Frameworkを使用した複数のクエリ

```
public void UpdateCustomerPreferences(string name, string prefs) {
  int? result = context.Customers
    .Where(c => c.Name == name)
    .Select(c => c.Id)
    .Cast<int?>()
    .SingleOrDefault();    ◄
  if (result.HasValue) {
    var pref = context.CustomerPrefs
      .Where(p => p.CustomerId == result)
      .Single();    ◄
    pref.Prefs = prefs;
    context.SaveChanges();    ◄
  }
}
```

各行の実行前にコネクションが開かれ、実行後に自動的に閉じられる

　Connectionクラス、コネクションプール、データベースへの実際のネットワーク接続のライフサイクルの仕組みを理解していると、アプリのスケーラビリティを高める余地が広がります。

8.4　スレッドを使わない

　スケーラビリティは、並列実行可能な処理を増やすだけでなく、リソースの節約にもつながります。メモリが満杯の状態やCPU使用率が100%を超えた状態では、スケーリン

訳注5　https://learn.microsoft.com/ja-jp/dotnet/framework/data/adonet/ef/overview

グすることはできません。ASP.NET Coreでは、Webリクエストに並行して対応するために、スレッドプール構造を使用して、一定数のスレッドを保持します。この仕組みはコネクションプールに似ており、事前に初期化されたスレッドを保持することで、毎回スレッドを作成する際に発生するオーバーヘッドを回避できます。スレッドが、主にI/O処理などの何かしらの処理が完了するのを待機することが多いため、スレッドプールには通常、CPUコア数よりも多くのスレッドが含まれています。こうすることで、特定のスレッドがI/Oの完了を待機している時間を利用して、ほかのスレッドを同じCPUコアでスケジュールできます。図8.8には、CPUコア数以上のスレッドを用意することで、CPUコアを効率的に利用できる様子が示されています。CPUは、スレッドの待機時間を利用して、CPUコア数を超えるスレッドを実行できます。

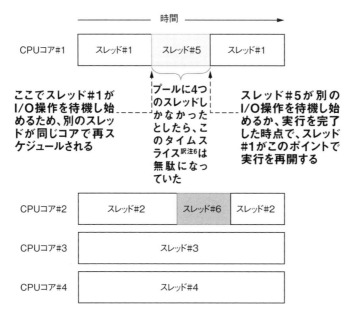

▲図8.8　CPUコア数を超えるスレッドを用意することでCPU使用率を最適化する

　これは、CPUコアの数と同じ数のスレッドを用意するよりは優れていますが、貴重なCPU時間を最大限に活用するのには不十分です。OSは、スレッドに短い実行時間を与え、その後、全てのスレッドが適切な時間内に実行される機会を得られるように、ほかのスレッドに実行時間を与えます。この技術は**プリエンプション**と呼ばれ、かつてシングルコアCPUでマルチタスクを実現していました。OSは、同じコア上で全てのスレッドを切り替えることで、あたかもマルチタスクが行われているような錯覚を作り出していたのです。

訳注6　マルチタスクオペレーションシステムにおける、プロセス管理の時間単位。

幸いなことに、多くのスレッドはI/Oを待機するため、ユーザーはCPU集約型アプリ[訳注7]を実行しない限り、スレッドが順番に単一のCPU上で実行されていることに気付くことはありませんでした。しかし、CPU集約型アプリを実行すると、シングルコアの影響を感じるでしょう。

　OSのスレッドスケジューリングの仕組み上、スレッドプールのスレッド数をCPUコア数よりも多くすることは、CPU使用効率向上の目安に過ぎず、むしろスケーラビリティを低下させるリスクもあります。スレッドが多すぎると、各スレッドに割り当てられるCPU時間が減少し、実行に時間がかかるため、WebサイトやAPIの動作が非常に遅くなります。

　I/Oの待機時間を有効活用する確実な方法は、「第7章　能動的な最適化」で説明した非同期I/Oを使用することです。非同期I/Oは明示的です。awaitキーワードがある場合、スレッドがコールバックの結果を待機するため、ハードウェアがI/Oリクエストを処理している間、同じスレッドを別のリクエスト処理に利用できます。図8.9に示したように、同じスレッド上で複数のリクエストを並行して処理できます。

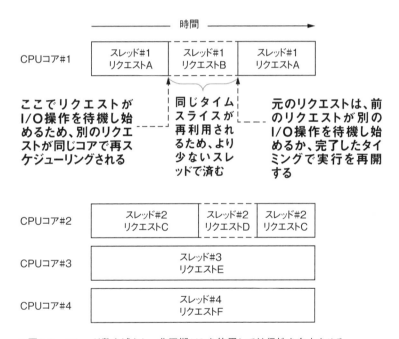

▲図8.9　スレッド数を減らし、非同期I/Oを使用して並行性を向上させる

　非同期I/Oは、非常に有望です。既存のコードを非同期I/Oにアップグレードすることも、根本的に非同期呼び出しをサポートするフレームワークがあれば簡単です。例えば、ASP.NET Coreでは、フレームワークが周囲に必要なスキャフォールディングを自動で構

訳注7　リソースとしてCPUを多く使っているアプリ。

築してくれるため、コントローラのアクションやRazor Pages訳注8のハンドラは、通常のメソッドとしてもasyncメソッドとしても記述できます。必要なのは、非同期呼び出しを使用して関数を書き直し、メソッドをasyncとマークするだけです。もちろん、コードの動作確認とテストは必要ですが、それでもプロセスは簡単になっています。

リスト8.6の例を修正し、リスト8.13のように非同期に変換してみましょう。変更点は太字で強調しているため、元のコードを確認する必要はありません。違いを見てみましょう。後で詳しく解説します。

▼**リスト8.13**　処理をブロックするコードを非同期コードに変換する

```
public async Task UpdateCustomerPreferencesAsync(string name,
  string prefs) {
  int? result = await MySqlHelper.ExecuteScalarAsync(
    customerConnection,
    "SELECT id FROM customers WHERE name=@name",
    new MySqlParameter("name", name)) as int?;
  if (result.HasValue) {
    await MySqlHelper.ExecuteNonQueryAsync(customerConnection,
      "UPDATE customer_prefs SET pref=@prefs",
    new MySqlParameter("prefs", prefs));
  }
}
```

このリストにあるコードが何のためにあるのかを理解し、意識的かつ正しく使用することが重要です。

- 実際のところ、非同期関数であっても関数名にAsyncという接尾辞を付ける必要はないが、この命名規則に従うことで、それがawaitする必要がある関数であることがわかりやすくなる。「asyncキーワードが付いていれば十分ではないか?」と思うかもしれないが、このキーワードは実装のみに影響を与えるもので、関数シグネチャには含まれない。本当に非同期の関数かどうかを確認するためには、ソースコードを調べる必要がある。非同期関数をawaitしないと、関数がすぐに制御を返してしまうため、誤って処理が完了したと判断してしまう可能性がある訳注9。URLルートとしても使われるために、特定の名前が必要なコントローラアクションなどの場合を除き、この規則に従うようにすること。また、戻り値の型の違いだけでは

訳注8　ASP.NET Coreの一部として提供されるWebアプリケーションフレームワーク。
訳注9　言語によっては、「asyncの付いた関数だがawaitをしない」とコンパイル時にエラーを出すものもある。このコンテキストを始め、ここでの箇条書きはC#での場合ということを理解して読むとよい。

オーバーロードと見なされないため、同じ名前で同じ関数のオーバーロードを2つ作成する場合にも役立つ。そのため、.NETでは、ほとんど全ての非同期メソッドにAsyncという接尾辞が付いている

- 関数宣言の先頭にあるasyncキーワードは、その関数内でawaitできることを意味する。裏では、コンパイラがこうしたasync文を受け取り、必要な処理コードを生成し、一連のコールバックに変換する

- 全ての非同期関数はTaskまたはTask<T>を返す必要がある。戻り値がない非同期関数はvoidを返すこともできたが、こうすると問題があることがわかっている。例えば、例外処理のセマンティクスが変わり、ほかの構造からの変更のしやすさが失われる。非同期関数の構造は変更がしやすいため、ContinueWithのようなTaskを返すメソッドを使用して、関数が完了したときに実行されるアクションをプログラム上に定義できる。そのため、戻り値のない非同期関数は、常にTaskを使用する必要がある。関数にasyncキーワードを付けると、return文の後の値が自動的にTask<T>でラップされるため、自身でTask<T>を作成する必要はない

- awaitキーワードは、前の式が完了した後のみに次の行が実行されることを保証する。複数の非同期呼び出しの前にawaitを付けない場合、それらは並行して実行される。これが望ましい場合もあるが、タスクが中断される可能性があるため、完了を待機しなければならない。一方で、並列処理はバグが発生しやすくなる。例えば、Entity Framework CoreではDbContext自体がスレッドセーフではないため、同じDbContextを使って複数のクエリを並列実行できない。ただし、ファイルの読み取りなど、ほかのI/O操作はこの方法で並列化できる。例えば、2つのWebリクエストを同時に行い、互いの処理を待たせたくない場合を考えてみよう。リスト8.14に示したように、2つのWebリクエストを同時に行い、両方が完了するのを待機できる。URLのリストを受け取り、各URLのダウンロードタスクを、前のタスクの完了を待たずに開始する関数を定義することで、ダウンロードが単一スレッドで並行に実行される。HttpClientオブジェクトはスレッドセーフであるため、単一のインスタンスを使用できる。関数は全てのタスクが完了するまで待機し、全てのタスクの結果から最終的なレスポンスを作成する

▼**リスト8.14**　単一スレッド上で複数のWebページを並列にダウンロードする

```
using System;
using System.Collections.Generic;
using System.Linq;
using System.Net.Http;
using System.Threading.Tasks;
```

```
namespace Connections {
  public static class ParallelWeb {
  public static async Task<Dictionary<Uri, string>>          ← ┐ 結果の型
    DownloadAll(IEnumerable<Uri> uris) {
      var runningTasks = new Dictionary<Uri, Task<string>>(); ←
      var client = new HttpClient();  ← ┐ 1つのインスタンスで十分
      foreach (var uri in uris) {
        var task = client.GetStringAsync(uri); ← タスクを開始するが、awaitせずに保持
        runningTasks.Add(uri, task); ← タスクを保持
      }
      await Task.WhenAll(runningTasks.Values); ← ┐ 全てのタスクが完了するまで待つ
      return runningTasks.ToDictionary(kp => kp.Key,
        kp => kp.Value.Result); ← 完了したタスクの結果から新しい結果の
                                   Dictionaryを作成
    }
  }
}
```

実行中のタスクを追跡するための一時的なストレージ

8.4.1　非同期コードの落とし穴

　コードを非同期に変換する際には、いくつか注意すべき点があります。「全部非同期にしてしまえ！」と単純に考えると、かえって状況を悪化させてしまうことがあります。いくつかの落とし穴を見ていきましょう。

● I/Oがないなら非同期も不要

　関数が非同期関数を呼び出さない場合、非同期にする必要はありません。非同期プログラミングは、I/Oに依存する操作で使用する場合のみに、スケーラビリティに役立ちます。CPUに依存する操作は、I/O操作とは違って並列実行するための別々のスレッドが必要であるため、非同期を使用してもスケーラビリティは向上しません。また、ほかの非同期操作を実行しない関数にasyncキーワードを使用しようとすると、コンパイラから警告されることもあります。これらの警告を無視すると、非同期処理のために余計なコードが追加されて、コードが無駄に肥大化し、動作も遅くなる可能性もあります。次のコードはasyncキーワードを不必要に使用した例です。

```
public async Task<int> Sum(int a, int b) {
  return a + b;
}
```

実際に、理由もなく関数にasyncを付けている例を現場で何度も見てきました。本当に、こうしたコードは存在するのです。関数を非同期にする理由は、常に明確にしましょう。

● 同期と非同期は混ぜるなキケン

同期コンテキストで非同期関数を安全に呼び出すのは非常に困難です。「Task.Wait()を呼べばいい」「Task.Resultを使えば問題ない」という人もいますが、そうではありません。そのコードはあなたの夢に出てきて、一番嫌なタイミングで問題を引き起こします。最後には、悪夢を見ずに安眠できる日々を願うようになるでしょう。

同期コードで非同期関数を待機する最大の問題は、非同期関数内の別の処理が、呼び出し元コードの完了に依存しているため、デッドロックが発生する可能性があることです。また、別のAggregateExceptionでラップされるため、例外処理が直感的ではない可能性もあります。

同期コンテキスト内に非同期コードを混在するのは避けるべきです。複雑な処理となるため、通常はフレームワーク内のみで行います。C# 7.1では非同期のMain関数がサポートされるようになったため、すぐに非同期コードを実行できますが、同期的なWebアクションから非同期関数を呼び出すことはできません。ただし、逆は可能です。非同期関数の中に同期コードを含めることができますし、全ての関数が非同期に適しているわけではないため、むしろ混在させることになるかもしれません。

8.4.2 非同期によるマルチスレッド化

非同期I/Oは、リソースの消費量が少ないため、I/O負荷の高いコードではマルチスレッドよりも優れたスケーラビリティを実現できます。しかし、マルチスレッドと非同期は、相互排他的なものではありません。両者を組み合わせて使用することが可能です。非同期プログラミングの構造を使用して、マルチスレッドのコードを書くこともできます。例えば、次のように、長時間実行されるCPU処理を非同期形式で処理できます。

```
await Task.Run(() => computeMeaningOfLifeUniverseAndEverything());
```

コードは依然として別スレッドで実行されますが、awaitの仕組みにより、処理の完了を待ち合わせることが簡単になります。従来のスレッドを使用した方法で同じコードを書く場合、もう少し複雑になります。この場合、イベントなどの同期プリミティブが必要です。

```
ManualResetEvent completionEvent = new(initialState: false);
```

新しい「new」に気付いてる?

長い間、(C#の)プログラマーは、オブジェクトを初期化するために「SomeLongTypeName something = new SomeLongTypeName();」と書かなければなりませんでした。同じ型を繰り返し書くのは、IDEの助けがあったとしても面倒な作業でした。この問題は言語にvarキーワードが導入されて少し改善されましたが、クラスのメンバーの宣言では機能しません。

C# 9.0は生活の質を大幅に向上させました。型がすでに宣言されていれば、newの後にクラスの型を書く必要がなくなり、「SomeLongTypeName something = new();」と書けば済みます。これは素晴らしいC#の設計チームによるものです!

イベントオブジェクトは、同期スコープからもアクセスできる必要があります。これが、さらなる複雑さを生み出しているのです。実際のコードも複雑になります。

```
ThreadPool.QueueUserWorkItem(state => {
  computeMeaningOfLifeUniverseAndEverything();
  completionEvent.Set();
});
```

このように、非同期プログラミングによって一部のマルチスレッド処理を書きやすくなりますが、マルチスレッドを完全に置き換えるものでも、スケーラビリティを向上させるものでもありません。非同期構文で書かれたマルチスレッドコードは、依然として通常のマルチスレッドコードであり、非同期コードのようにリソースを節約することはないのです。

8.5 モノリスを尊重せよ

「マイクロサービス禁止」と書いたメモをモニターに貼り付け、投資したスタートアップ株で儲けたときに初めて剥がすべきです[監訳注1]。

マイクロサービスの背景にあるアイデアはシンプルです。「コードをセルフホスト型の別々のプロジェクトに分割すれば、将来的に各プロジェクトを別々のサーバーにデプロイ

監訳注1 サービスが小さくシンプルな段階ではモノリスのほうが有利であり、大きくなると、マイクロサービスに移行しなければならないということ。

しやすくなり、スケーリングが自由になる！」というものです。しかし、ここでの問題は、これまで述べてきた多くのソフトウェア開発の問題と同様に、複雑さが増すことです。共有コードを全て分割するのでしょうか？　プロジェクト間では本当に何も共有しないのでしょうか？　依存関係はどうするのでしょうか？　データベースを変更するだけで、いくつのプロジェクトを更新する必要があるのでしょうか？　認証や認可などのコンテキストはどのように共有するのでしょうか？　セキュリティはどのように確保するのでしょうか？サーバー間のミリ秒単位の遅延によって、ラウンドトリップ[訳注10]の遅延が増加します。互換性をどのように保ちますか？　先に1つのプロジェクトをデプロイした際、新しい変更のせいでほかのプロジェクトが壊れたらどうしますか？　このレベルの複雑さに対処できる体制は整っていますか？

> 私は、**モノリス**という用語をマイクロサービスの対義語として使っています。モノリスでは、単一のプロジェクト、または少なくとも同じサーバー上にデプロイされる密結合した複数のプロジェクト内に、ソフトウェアのコンポーネントが存在します。コンポーネントは相互に依存しているため、アプリをスケーリングするためには、どのようにその一部を別のサーバーに移せばよいでしょうか？

　本章では、単一のサーバーはもちろんのこと、単一のCPUコアでも高いスケーラビリティを実現する方法を見てきました。モノリスはスケーリングできます。アプリを分割しなければならない状況に直面するまで、長い間問題なく動作します。そうした状況になる頃までに、スタートアップも成長し、より多くの開発者を雇用できる資金力を持っているはずです。認証、調整、同期が、プロダクトのライフサイクルの初期段階で問題になり得る場合、新しいプロジェクトをマイクロサービスを使用して複雑にしないでください。Ekşi Sözlükは20年以上経った今でも、モノリスなアーキテクチャ上で毎月4,000万人のユーザーにサービスを提供しています。モノリスは、ローカルのプロトタイプから切り替える自然な次のステップでもあります。まずは自然な流れに従い、マイクロサービスアーキテクチャの利点が欠点を上回るのであれば、採用を検討してください。

訳注10　リクエストを送信してから、返答を受け取るまでの経路やそれまでにかかる時間のこと。

まとめ

- スケーラビリティには段階的なダイエットプログラムのように取り組む。小さな改善の積み重ねが、最終的には優れたスケーラブルなシステムへと導く

- スケーラビリティの最大の障壁の1つはロックである。ロックは必要不可欠で、ロックなしでは生きられない。しかし、時には不要な場合もあることを理解しておくこと

- コードのスケーラビリティを向上させるには、手動でロックを取得するよりも、ロックフリーや並行処理に対応したデータ構造を優先して使用する

- 安全な場合は、常にダブルチェックロッキングを使用する

- スケーラビリティ向上のために、多少の不整合を受け入れることを学ぶ。ビジネスで許容できる不整合の種類を選択し、それを活かしてよりスケーラブルなコードを作成する

- ORMは面倒だと思われがちであるが、開発者が考え付かないような最適化を採用することで、よりスケーラブルなアプリを作成するのに役立つ可能性がある

- 使用可能なスレッドを節約し、CPU使用率を最適化するために、高いスケーラビリティが必要な全てのI/O依存のコードで非同期I/Oを使用する

- CPU依存の処理を並列化するためにマルチスレッドを使用するが、非同期プログラミングのコンテキストでマルチスレッドを使用しても、非同期I/Oほどのスケーラビリティの恩恵は期待できない

- モノリスアーキテクチャは、マイクロサービスアーキテクチャに関する設計の議論が終わる前に、世界一周旅行ができてしまうだろう

⟨Chapter⟩
9

バグとともに生きる

本章の内容

- エラーハンドリングのベストプラクティス
- バグとともに生きる
- 意図的なエラーハンドリング
- デバッグを避ける
- 高度なラバーダックデバッグ

　バグに関する最も深遠な文学作品は、フランツ・カフカの『変身』です。これは、ソフトウェア開発者のグレゴール・ザムザが、ある朝目覚めると、自分が一匹の虫（バグ）になっていることに気付くという物語です[訳注1]。まぁ、これは冗談で、物語の中の彼は、本当はソフトウェア開発者ではありません。というのも、1915年当時のプログラミングと呼ばれたものは、カフカがこの本を書く70年前にエイダ・ラブレス[訳注2]が書いた数ページのコードだけに過ぎなかったからです。しかし、グレゴール・ザムザの仕事は、ソフトウェア開発者に馴染みのあるもの、つまり巡回セールスマンでした。

訳注1　コンピュータに虫（Bug）が潜んで不具合を起こしたということが、バグの語源の1つとされている。グレゴール・ザムザは作中で、ある日起きたら突然大きな虫になっていた。

訳注2　世界最初のコンピュータプログラマーとして知られている。プログラミング言語「Ada」の由来にもなっている。

バグはソフトウェアの品質を決定づける基本的な指標です。ソフトウェア開発者は、あらゆるバグを自分の職人技の汚点と見なすため、通常はバグをゼロにすることを目指すか、「私のコンピュータでは動いている」「それはバグではなく仕様だ」[監訳注1]と主張して、バグの存在を積極的に否定します。

巡回セールスマン問題

巡回セールスマン問題[訳注3]は、コンピュータサイエンスの基礎的なテーマです。なぜなら、巡回セールスマンの最適なルートを計算することはNP完全問題だからです。NP完全は、「nondeterministic polynomial-time complete（非決定性多項式時間完全）」の頭文字を取ったものですが、私は違和感を覚えます。しかも、この頭字語には多くの単語が省略されていたため、長い間私は「非多項式完全（non-polynomial complete）」の略だと思い込んでおり、とても混乱していました。

多項式時間（P）問題は、全ての組み合わせを試すような方法と比べれば、速く解けます。組み合わせを全探索する方法であれば階乗の複雑さが生じますが、階乗は計算量の中で2番目に厄介なものです[訳注4]。P（多項式時間）はNPの一部で、NPは力任せでしか解決できない問題です。多項式問題は、NPと比べれば常に歓迎されます。NP問題において、それを解くための多項式時間で動作する既知のアルゴリズムは存在しませんが、解答が与えられれば、それが正しいかどうかを多項式時間で検証できます。その意味で、NP完全とは「効率的に解くことは難しいものの、提案された解答が正しいかどうかを効率的に検証できる」ということです。

ソフトウェア開発は、プログラムが本質的に予測不可能なため、非常に複雑です。これは、アラン・チューリングの功績で、全てのコンピュータとほとんどのプログラミング言語の基礎となっている理論的な構成概念である**チューリングマシン**の本質です。チューリングマシンに基づくプログラミング言語は、**チューリング完全**と呼ばれます。チューリングマシンは、ソフトウェアを使って無限のレベルの創造性を実現しますが、実際に実行しない限り、その正しさを検証することは不可能です。HTMLやXML、正規表現などの一部の言語は、チューリング完全な言語よりもはるかに機能が劣る、非チューリング完全のマシンに依存しています。チューリングマシンの本質上、バグは避けられません。そして、

監訳注1　非ソフトウエア開発者が、期待と異なる挙動を全て「バグ」と呼んでしまうことも多いため、ソフトウエア開発者との溝が深くなるという問題もある。

訳注3　複数の都市を一度ずつ訪問して、元の都市に戻る最短経路、つまり、全ての都市を一筆書きで結ぶ経路を求めるという問題。数学とコンピュータサイエンスの分野で、非常に重要な問題として知られている。

訳注4　1番目は指数時間で$O(2^n)$で表される。階乗は$O(n!)$。

バグのないプログラムを作ることは不可能です。ソフトウェア開発を始める前にこの事実を受け入れると、仕事が楽になるでしょう。

9.1 バグを修正しない

　開発チームは、ある程度の規模のプロジェクトになれば、どのバグを修正するかを決定するためのトリアージプロセスを設ける必要があります。**トリアージ**という用語は、第一次世界大戦中に、限られた資源を生き残る可能性がある患者に配分するために、医療従事者が治療すべき患者と放置する患者を決定しなければならなかったことから生まれました。トリアージは、限られた資源を効果的に活用する唯一の方法です。トリアージは、まず何を修正すべきか、あるいはそもそも修正すべきかを判断するのに役立ちます。

　どのようにバグの優先順位を決めるのでしょうか？　あなたがビジネスの判断を下す唯一の担当者でない限り、バグの優先順位を決定するための共通の基準がチームに必要です。MicrosoftのWindowsチームには、複数の技術専門家がどのバグを修正すべきかを決定するための複雑な評価基準がありました。そのため、毎日会議を開いてバグの優先順位を決定し、「ウォールーム（War Room）」と呼ばれる場所で、バグを修正する価値があるかどうかを議論していました。Windowsのように非常に大規模なプロダクトであればそれも理解できますが、ほとんどのソフトウェアプロジェクトでは不要でしょう。イスタンブールの公的な結婚センターの自動システムがアップデート後に故障し、全ての結婚式を中止せざるを得なくなり、私がバグの優先順位付けを依頼したことがあります。**適用範囲**、**影響**、**重大度**といった具体的な指標に分解し、結婚式ができない状況を説明しました。「イスタンブールでは1日に何組のカップルが結婚しますか？」と聞かれたときには、面接試験の意味のある質問のように思えてきました。

　優先順位を評価するための簡単な方法は、**重大度**と呼ばれる別の次元を使うことです。基本的には、単一の優先順位を決定することが目的ですが、2つの異なる問題が同じ優先順位を持つように見える場合、別の次元を設けると評価しやすくなります。優先度と重大度の二次元で捉えると、ビジネスと技術のバランスを取ることができ、便利だと私は考えています。**優先度**はバグがビジネスに与える影響で、**重大度**は顧客に与える影響です。例えば、プラットフォーム上のWebページが動作しない場合、顧客がそれを利用できないので機会損失となり、重大度の高い問題です。しかし、その優先度は、問題がホームページ上にあるのか、ごく少数の顧客しか訪れないページにあるのかによって全く異なります。同様に、ホームページ上の企業ロゴが消えてしまった場合、全く重大ではないかもしませんが、ビジネス上は最優先となる可能性があります。バグの優先度を正確に評価する指標を作るのは不可能なので、重大度の次元を取り入れることで、ビジネス上の優先順位付けの負担がいくらか軽減されます。

優先度という単一の次元で、同じレベルの粒度を実現できないでしょうか？　例えば、優先度と重大度をそれぞれ3段階に分ける代わりに、6段階の優先度だけで同じことができないでしょうか？　問題は、レベルが多くなるほど、それらを区別することが難しくなることです。一般に、二次元の指標のほうが、問題の重要性を正確に評価できます。

優先度と重大度には閾値を設け、その閾値以下のバグは**修正しない**（won't fix）に分類すべきです。例えば、優先度も重大度も低いバグは「修正しない」と見なし、追跡対象から外せます。表9.1は、優先度と重大度のレベルの本当の意味を示しています。

優先度	重大度	本当の意味
高	高	すぐに修正
高	低	上司は修正したい
低	高	インターンにでも修正させるか
低	低	修正対象外。ほかに作業が全くないのでもなければ、このバグは修正しない。修正するにしても、インターンにやらせよう

▲**表9.1**　優先度と重大度の本当の意味

バグの追跡にもコストがかかります。Microsoftでは、私たちのチームはバグの優先順位を評価するだけで、毎日少なくとも1時間を費やしていました。修正される見込みのないバグに再び着手するのを避けることは、チームにとって非常に重要です。プロセスの早い段階で優先順位を決定しましょう。そうすることで時間を節約でき、プロダクトの品質も適切に維持できます。

9.2　エラー恐怖症

コードのバグが全てエラーによって引き起こされるわけではなく、全てのエラーがコードにバグが存在することを示しているわけでもありません。**不明なエラー**というポップアップダイアログが表示されたとき、バグとエラーの関係が最も明らかになります。不明なエラーであるのなら、そもそも本当にエラーであると、どうして断言できるのでしょうか？　もしかしたら、それは不明な成功かもしれません！

このような状況は、単純にエラーとバグを結び付けて考えてしまうことに起因しています。開発者は本能的に全てのエラーをバグと見なし、一貫して執拗に排除しようとします。このような考え方は、開発者が、何かがうまくいかなかったとしても、それがエラーかどうかを理解しようとしないことが原因です。こうした認識のせいで、開発者はあらゆる種類のエラーを同じように扱ってしまいます。たいていは、ユーザーが見る必要があるかど

うかにかかわらず、全てのエラーを報告するか、全てのエラーを隠して誰も読まないサーバー上のログファイルに埋もれさせてしまうかのどちらかです。

エラーを全て同じように扱ってしまう強迫観念から脱け出す方法は、エラーを状態の一部と見なすことです。おそらく、**エラー**と呼ぶこと自体が間違いだったのでしょう。単に**普通ではない予期せぬ状態変化**または**例外**と呼ぶべきでした。おっと、待ってください、すでにそのような呼び名がありますね！

9.2.1 例外の嘘偽りのない真実

例外は、プログラミングの歴史の中で最も誤解されている構造かもしれません。失敗する可能性のあるコードをtryブロックで囲み、空のcatchブロックを付けて済ませている場面を、数え切れないほど見てきました。それはまるで、火事が起きている部屋のドアを閉めて、そのうち自然にどうにかなるだろうと考えるようなものです。間違っているとはいいませんが、とても大きな代償を伴うことがあります。

▼**リスト9.1** 人生におけるあらゆる問題の解決策

```
try {
  doSomethingMysterious();
}
catch {
  // きっとなんとかなる
}
```

私はプログラマーを責めているわけではありません。1966年にアブラハム・マズロー[訳注5]がいったように、「ハンマーしか持っていなければ、全てが釘に見える」ものです。ハンマーが発明された当時は画期的で、誰もがそれを解決策に取り入れようとしたに違いありません。新石器時代の人々であれば、ハンマーがどれほど革命的に問題を解決する手段になり得るかについて、洞窟の壁に手形でブログを投稿したかもしれません。後に、パンにバターを塗るためのよりよい道具が現れるとは知らずにね。

開発者がアプリ全体に汎用的な例外ハンドラを追加し、全ての例外を無視してクラッシュを防いでいる場面を見たことがあります。では、なぜバグはなくならないのでしょうか？　空のハンドラを追加するだけで問題が解決するなら、バグに関する問題はとうの昔に解決しているはずです。

訳注5　アメリカの心理学者。「マズローの欲求5段階説」などで知られている。これは、彼の著書『The Psychology of Science』に出てくる一節である。

例外は、未定義状態の問題に対する革新的な解決策です。かつてエラーハンドリングが戻り値のみで行われていた頃、エラー処理を省略し、成功と見なして処理を実行し続けることが可能でした。その結果、アプリは、プログラマーが予期しない状態に陥ることになります。未知の状態の問題は、その状態の影響や深刻さを知る術がない点です。これは、UNIXシステムのカーネルパニックや悪名高いWindowsのブルースクリーンなど、致命的なエラー画面が存在するほとんど唯一の理由です。これらの画面は、潜在的な被害の拡大を防ぐためにシステムを停止させます。**未知の状態**とは、次に何が起こるかわからないということです。そう、CPUが暴走して無限ループに入るかもしれないし、ハードディスクが全セクタにゼロを書き込むかもしれません。あるいは、あなたのTwitterアカウントが、突然、全て大文字でランダムな政治的意見を投稿するかもしれません。

　エラーコードと例外の違いは、例外は実行時に処理されなかった場合に検出できますが、エラーコードはできないという点です。未処理の例外に対する通常の対応は、予期しない状態に陥るため、アプリを終了させることです。OSも同様に、例外を処理できない場合はアプリを終了させます。しかし、デバイスドライバやカーネルレベルのコンポーネントに対しては、ユーザーモードのプロセスとは異なり、分離されたメモリ空間で実行されないため、同じように処理できません。そのため、システム全体を完全に停止させる必要があるのです。マイクロカーネルベースのOSでは、カーネルレベルのコンポーネントの数が少なく、デバイスドライバでさえもユーザー空間で実行されるため、この問題はそれほど深刻ではありませんが、いまだ解決策が見つかっていないわずかなパフォーマンスの低下が生じます。

　例外について見落としている最も重要なニュアンスは、例外は「例外的」であるということです。例外は通常の処理フローを制御するためのものではありません。フローには、専用の結果値と制御構文があります。例外は、関数の契約にはない何かが起こり、その契約を果たせなくなった場合に使われるものです。例えば「(a,b) => a/b」のような関数は割り算の実行を保証しますが、bの値が0の場合には実行できません。これは、予期しない未定義のケースです。

　デスクトップアプリのソフトウェアアップデートをダウンロードし、そのコピーをディスクに保存して、次にユーザーがアプリを起動したときに新しくダウンロードしたアプリに切り替えるとしましょう。これは、パッケージ管理エコシステム以外で自己更新するアプリでよく使われる手法です。アップデートの操作は図9.1のようになります。これは、更新が途中で終了した場合を考慮していないため少し素朴ですが、そこが重要なポイントです。

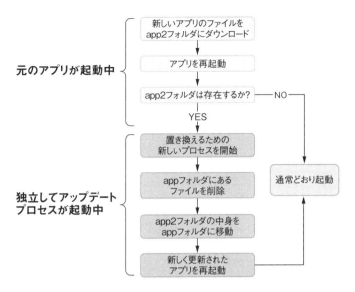

▲図9.1　自己更新アプリの素朴なロジック

　どの段階でも例外が発生する可能性があり、適切に処理されない場合、あるいは誤って処理される場合、全てが壊れる可能性があります。また、この図は、例外に対してプロセスの設計を堅牢にすることの重要性を示しています。いずれかの段階で障害が発生すると、アプリが壊れた状態のままになり、回復できなくなる可能性があります。例外が発生した場合でも、アプリを不正な状態のままにしてはいけません。

9.2.2　例外をcatchしない

　`try/catch`ブロックは、例外でクラッシュするコードに対する手っ取り早い簡単な応急措置と見なされています。例外を無視すればクラッシュはなくなりますが、根本的な原因は解決されたわけではありません。

　例外は、さらなる問題を引き起こすことなく問題を特定する最も簡単な方法であるため、クラッシュを引き起こすように設計されています。クラッシュを恐れてはいけません。明確にクラッシュを引き起こさず、問題の発生箇所を正確に特定するのに役立つスタックトレースも残さないバグを恐れるべきです。空の`catch`文によって隠蔽され、コードに潜伏してほぼ正しい状態を装い、長期間にわたって不正な状態を徐々に蓄積し、最終的には明らかにシステムが遅くなったり、`OutOfMemoryException`のような全く無関係に思えるクラッシュを引き起こす問題を恐れてください。不要な`catch`ブロックはクラッシュを防ぐことができますが、ログを読み解くのに何時間も費やすことになるかもしれません。例外は、問題が厄介になる前に捕捉できるため、優れています。

例外処理の第一のルールは、「例外をキャッチしないこと」です。第二のルールは、「本書の第9章ではIndexOutOfRangeException」です。

　ルールが1つしかない場合は、どうなるのでしょうか？　クラッシュするからといって、例外をキャッチしないでください。不正な動作が原因でクラッシュが引き起こされている場合、その原因となるバグを修正します。クラッシュが起こり得ることが想定済みの場合は、その特定のケースに対する明確な処理をコードに書いてください。

　コードのどこかで例外が発生する可能性がある場合は、常に「この例外に対して具体的な対処方法を考えているのか、それともただクラッシュを防ぎたいだけなのか？」と自問してください。後者の場合、その例外を盲目的に処理してしまうと、より深刻なコード内の問題を隠してしまう可能性があるため、むしろ有害であるかもしれません。

　「9.2.1　例外の嘘偽りのない真実」で述べた自己更新アプリについて考えてみましょう。リスト9.2に示すように、アプリの一連のファイルをフォルダにダウンロードする関数があるとします。最新バージョンであることを前提に、更新サーバーから2つのファイルをダウンロードする必要があります。明らかに、このアプローチには多くの問題があります。例えば、中央レジストリ[訳注6]を使用して最新バージョンを識別し、その特定のバージョンをダウンロードしていない点などです。開発者がリモートファイルを更新している最中に、ユーザーがアップデートのダウンロードを開始したらどうなるでしょうか？　前のバージョンのファイルと次のバージョンのファイルが半分ずつダウンロードされ、インストールが破損するでしょう。ここでは、開発者が更新前にWebサーバーをシャットダウンし、ファイルを更新し、完了後にサーバーを再起動することで、このような問題を防ぐと仮定しましょう。

▼**リスト9.2**　複数ファイルをダウンロードするためのコード

```
private const string updateServerUriPrefix =
  "https://streetcoder.org/selfupdate/";

private static readonly string[] updateFiles =
  new[] { "Exceptions.exe", "Exceptions.app.config" };  ◀── ダウンロードする
                                                              ファイルのリスト
private static bool downloadFiles(string directory,
  IEnumerable<string> files) {
  foreach (var filename in updateFiles) {
    string path = Path.Combine(directory, filename);
    var uri = new Uri(updateServerUriPrefix + filename);
    if (!downloadFile(uri, path)) {
```

訳注6　特定のソフトウェアやシステムのバージョン情報や設定を一元的に管理する場所を指す。似たような概念として、セントラルリポジトリというものがある（mavenやnpmなど）。

```
      return false;  ◄──────  ダウンロードに問題が発生した場合、検知して、
    }                          クリーンアップを行うためのシグナルを送信
  }
  return true;
}
private static bool downloadFile(Uri uri, string path) {
  using var client = new WebClient();
  client.DownloadFile(uri, path);  ◄────┐  個々のファイルをダウンロード
  return true;
}
```

　DownloadFileが、さまざまな理由で例外をスローする可能性があることはわかっています。実際に、Microsoftは、どういった例外がスローされる可能性があるかなど、.NET関数の動作に関する優れたドキュメントを提供しています。WebClientのDownloadFileメソッドがスローする可能性のある例外は、3つあります。

- 引数がnullの場合、ArgumentNullExceptionがスローされる
- インターネットの接続が切れるなど、ダウンロード中に予期しない事象が発生した場合、WebExceptionがスローされる
- 同じWebClientインスタンスが複数のスレッドから同時に呼び出された場合に、クラスがスレッドセーフではないことを示すNotSupportedExceptionがスローされる

　不快なクラッシュを防ぐため、開発者はDownloadFileの呼び出しをtry/catchで囲むことを選択するかもしれません。そうすることで、ダウンロードが継続されます。多くの開発者は、どの種類の例外をキャッチするかを気にしないため、型指定のないcatchブロックで処理するだけです。ここでは、エラーが発生したかどうかを検出できるように、結果を返すコードを導入します。

▼**リスト9.3**　バグを増やしてクラッシュを防ぐ

```
private static bool downloadFile(Uri uri, string path) {
  using var client = new WebClient();
  try {
    client.DownloadFile(uri, path);
    return true;
  }
  catch {
    return false;
  }
}
```

このアプローチの問題は、3つの例外全てをキャッチしてしまうことです。そのうち2つ
は、明らかにプログラマーによるエラーです。ArgumentNullExceptionは無効な引
数を渡した場合のみに発生し、呼び出し元がその責任を負います。つまり、コールスタッ
クのどこかに不正なデータや不適切な入力バリデーションがあるということです。同様
に、NotSupportedExceptionはクライアントを誤って使用した場合のみに発生します。
つまり、全ての例外をcatchすることで、簡単に修正できる可能性がある多くのバグを
隠してしまい、それがさらに深刻な結果につながる可能性があるということです。いやい
や、魔法の動物奴隷リング^{訳注7}で命令していたとしても、全部ゲットする（catch）必要
はありません。もし戻り値がなければ、単純な引数エラーであってもファイルがスキップ
され、ファイルが存在するかどうかさえわからなくなるでしょう。そうではなく、リスト9.4
に示しているように、プログラマーのエラーではない可能性が高い特定の例外のみを
キャッチするべきです。つまり、WebExceptionだけをキャッチします。これは、ダウン
ロードがあらゆる理由でいつでも失敗する可能性があることがわかっており、それをシス
テムの状態管理に組み込みたいため、実際に予想されている動作です。例外は、予想さ
れる場合のみにキャッチしてください。ほかの種類の例外は、私たちが愚かであり、より
深刻な問題が発生する前にその結果を真摯に受け入れて代償を払うべきであることを意
味するので、そのままクラッシュさせます。

▼**リスト9.4　正しい例外処理**

```
private static bool downloadFile(Uri uri, string path) {
  using var client = new WebClient();
  try {
    client.ÐownloadFile(uri, path);
    return true;
  }
  catch (WebException) {  ◄────────┐ コード上で例外図鑑を完成させる必要はない訳注8
    return false;
  }
}
```

訳注7　とある生き物採集ゲームをもじったネタである。詳細は読者の想像にお任せする。

訳注8　これも訳注7に同じく。

そのため、コード解析ツールは、型指定のないcatchブロックの使用を避けるように警告を出します。なぜなら、そのような広範なcatchブロックが意図しない例外までキャッチしてしまうからです。全ての例外をキャッチするブロックは、例外のログ記録のように、本当に世界の全ての例外をキャッチしたい場合のみで使用するべきです。

9.2.3 例外からの回復力

たとえ例外を処理せずにクラッシュしたとしても、コードは正しく動作するべきです。常に、例外が頻発しても正常に動作するフローを設計し、アプリが不正な状態に陥らないようにしなければなりません。例外は避けられないので、例外を許容した設計とすべきです。Mainメソッドに全てをキャッチするtry/catchを入れても、新しいアップデートが原因で再起動が発生した場合、アプリが予期せず終了する可能性があります。例外によってアプリの状態が壊れないようにするべきです。

Visual Studioがクラッシュしても、その時点で変更していたファイルは失われません。アプリを再起動すると、失われたファイルについての通知を受け取り、ファイルの復元オプションが提示されます。Visual Studioは、未保存のファイルのコピーを一時的な場所に常に保存し、ファイルが実際に保存された際に一時ファイルを削除するという管理を行っています。起動時に、こうした一時ファイルの存在を確認し、復元するかどうかを尋ねます。あなたのコードも、同様の問題が発生することを予測して設計する必要があります。

自己更新アプリの例においても、プロセスは例外の発生を許容し、アプリの再起動時に回復できるようにするべきです。自己更新プログラムを例外に強くした設計は、図9.2のようになります。個々のファイルをダウンロードする代わりに、単一のアトミックなパッケージをダウンロードすることで、ファイル間の不整合を防ぎます。同様に、新しいファイルに置き換える前に元のファイルをバックアップし、何か問題が発生した場合に復元できるようにします。

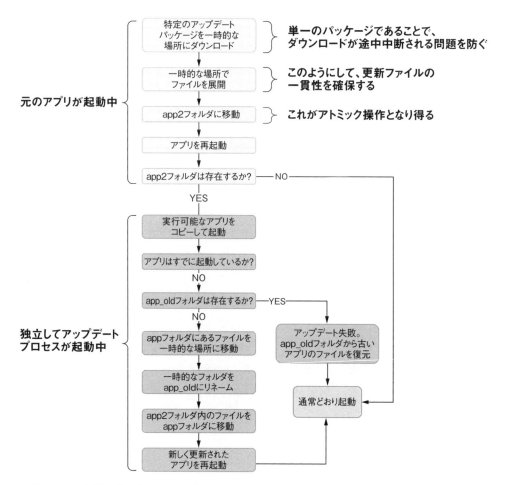

▲図9.2　より例外に強い自己更新アプリ

　デバイスにアップデートをインストールするのにかかる時間の長さは、ソフトウェアのアップデートが複雑であることを示しており、それは、この設計が失敗する多くの場所を見落としていることも意味しています。しかし、アプリの不具合を防ぐために、Visual Studioが備えているのと同様の技術を適用できます。

　例外に強い設計を実現するための第一歩は、冪等性です。関数やURLは、何度呼び出しても同じ結果を返す場合、冪等であるといいます。Sum()のような純粋関数では当たり前のように聞こえるかもしれませんが、外部状態を変更する関数では複雑になります。例えば、オンラインショッピングプラットフォームの決済処理です。[注文を確定する]ボタンを誤って2回クリックした場合、クレジットカードへの請求は2回行われるのでしょうか？　あってはなりません。一部のWebサイトは「ボタンを2回クリックしないでください！」という警告を表示して対処しようとしますが、ご存知のように、キーボードの上を歩く猫のほとんどは文字が読めません。

冪等性は、Webリクエストに対して「HTTP　GETリクエストは冪等であるべきで、冪等でないものは全てPOSTリクエストにすべき」と単純化して考えられることが一般的です。しかし、例えば動的に変化するコンテンツを含む場合、GETリクエストも冪等でないことがあります。また、例えば［いいね］ボタンのように、POSTリクエストが冪等である場合もあり、同じコンテンツに繰り返し「いいね」をしても実際のいいね数を増やすべきではありません。

　冪等性が例外への耐性を高めるのに、どのように役立つのでしょうか？　関数を何度呼び出しても一貫した副作用を持つように設計すると、予期しない中断が発生しても、ある程度の一貫性を維持できるという利点があります。その結果として、コードは問題を引き起こすことなく、安全に何度でも呼び出すことができるようになります。

　どのように冪等性を実現するのでしょうか？　図9.3に示しているように、この例では、一意の注文処理番号を使用し、注文処理を開始したら即座にデータベースにレコードを作成し、処理関数の開始時にその存在を確認できます。とても速く歩く猫もいるため、コードをスレッドセーフにする必要があります。

　データベーストランザクションは、例外が原因で途中で中断された場合にロールバックされるため、不正な状態を回避するのに役立ちますが、多くのシナリオでは必須ではありません。

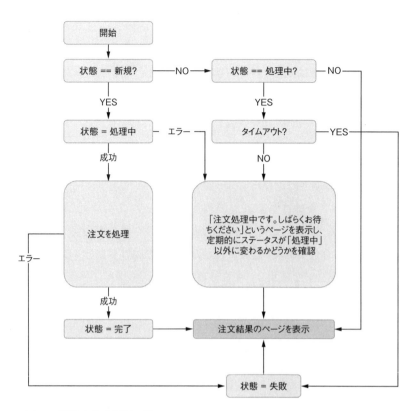

▲図9.3　冪等な注文送信の例

　図9.3では注文ステータスの変更操作を定義していますが、これをアトミックに行うには、どうすればよいでしょうか？　結果を読み取る前に、ほかの誰かがステータスを変更してしまったらどうなるでしょうか？　秘訣は、データベースに対して、ステータスが期待通りであることを確認する条件付きの更新操作の使用です。例えば、次のようになります。

```
UPDATE orders SET status=@NewState WHERE id=@OrderID status=@CurrentState
```

　UPDATEは影響を受けた行数を返すため、UPDATE操作中に状態が変更された場合、操作自体は失敗し、影響を受けた行数として0が返されます。状態の変更が成功した場合、1が返されます。図9.3に示しているように、この機能を使用してレコードの状態変更をアトミックに更新できます。

　実装例は、リスト9.5のようになります。注文処理全体を通じて、注文が取り得る各状態を定義し、処理のさまざまなレベルでの状況に対応できるようにします。すでに処理中の場合は、**処理中**のページを表示し、タイムアウトした場合は注文を期限切れにします。

▼リスト9.5　冪等な注文処理

```
public enum OrderStatus {
  New,
  Processing,
  Complete,
  Failed,
}


[HttpPost]
public IActionResult Submit(Guid orderId) {
  Order order = db.GetOrder(orderId);
  if (!db.TryChangeOrderStatus(order, from: OrderStatus.New,    ◄────  状態をアトミックに
    to: OrderStatus.Processing)) {                                     変更しようとする
    if (order.Status != OrderStatus.Processing) {
      return redirectToResultPage(order);
    }
    if (DateTimeOffset.Now - order.LastUpdate > orderTimeout) {  ◄───  タイムアウトを
      db.ChangeOrderStatus(order, OrderStatus.Failed);                 チエック
      return redirectToResultPage(order);
    }
    return orderStatusView(order);    ◄───  「処理中」ページを表示
  }
  if (!processOrder(order)) {
    db.ChangeOrderStatus(order, OrderStatus.Failed);
  } else {
    db.TryChangeOrderStatus(order,
    from: OrderStatus.Processing,           失敗したとしても、結果ページには
    to: OrderStatus.Complete);              仕様どおりの結果を表示
  }
  return redirectToResultPage(order);
}
```

　これはHTTP　POSTリクエストですが、この注文送信は、不要な副作用を引き起こすことなく何度も呼び出せるため、冪等です。Webアプリがクラッシュしてアプリを再起動した場合でも、処理の途中で中断するなど、正常ではない状態から回復できる可能性があります。注文処理はこれよりも複雑である可能性が高く、特定のケースでは外部から定期的なクリーンアップ作業が必要になるかもしれませんが、catch文を全く使用しなくても、例外に対して非常に高い回復力を持つことができます。

9.2.4 トランザクション抜きでの回復力

　冪等性だけでは例外から回復するのに十分ではないかもしれませんが、さまざまな状態で関数がどのように振る舞うのかを考えることを促すため、優れた基盤となります。先の例では、**注文処理**のステップで例外を引き起こし、特定の注文に関する処理が不正な状態のまま残る可能性があり、同じステップを再度呼び出せないかもしれません。通常、トランザクションは、不正なデータを残さずに、全ての変更をロールバックするため、このような状態を防ぎます。しかし、全てのストレージがトランザクションをサポートしているわけではありません。例えば、ファイルシステムです。

　トランザクションが利用できない場合でも、選択肢はあります。例えば、ユーザーがアルバムをアップロードして友人と共有できる画像共有アプリを作成したとしましょう。コンテンツ配信ネットワーク（Content Delivery Network：CDN。ファイルサーバーをカッコよくいった名前）には、アルバムごとに画像ファイルを含むフォルダがあり、データベースにはアルバムのレコードがあります。複数の技術にまたがるため、これらの操作をトランザクションで包むのは、ほとんど現実的ではありません。

　従来のアルバムの作成方法は、まずアルバムのレコードを作成し、次にフォルダを作成し、最後にこの情報に基づいて画像をフォルダにアップロードします。しかし、プロセスのどこかで例外が発生すると、一部の画像が欠けたアルバムのレコードが残ってしまいます。この問題は、ほぼ全ての種類の相互に依存するデータで発生します。

　この問題を回避するには、いくつもの選択肢があります。アルバムの例では、まず一時的な場所に画像用のフォルダを作成し、次にアルバム用に生成されたUUIDのフォルダを移動し、最後にアルバムのレコードを作成するという手順が考えられます。こうすることで、ユーザーは未完成のアルバムを閲覧することはありません。

　別の選択肢としては、まずレコードが非アクティブであることを示すステータス値を使用してアルバムのレコードを作成し、次に残りのデータを追加する方法があります。挿入操作が完了したら、アルバムのレコードのステータスを**アクティブ**に変更できます。こうすることで、例外によってアップロードプロセスが中断された場合でも、重複するアルバムのレコードが作成されることはありません。

　どちらの場合も、放棄されたレコードをデータベースから削除する定期的なクリーンアップルーチンを実行できます。従来の方法では、リソースが有効かどうか、途中で中断された操作の残骸かどうかを判断することは困難です。

9.2.5 例外 vs エラー

例外はエラーを示すものであると主張されることがあり、それは正しいかもしれませんが、全てのエラーが例外となるわけではありません。ほとんどの場面で呼び出し元自らがエラーを処理することを期待している場合には、例外を使用しないでください。よくある例は、.NETのParseとTryParseで、前者は無効な入力に対して例外をスローしますが、後者は単にfalseを返します。

かつてはParseしか存在しませんでした。その後、無効な入力はほとんどのシナリオで一般的かつ想定されるものであったため、.NET Framework 2.0でTryParseが登場しました。これらの場合、例外はオーバーヘッドとなります。なぜなら、例外はスタックトレースを伴う必要があり、その情報を集めるために、まずスタックを走査する必要があるからです。これは単にブール値を返すよりも非常に高コストです。また、例外は、全てのtry/catchの儀式が必要になるため、処理も困難です。一方、単純なresult値は、次のリストに示されているように、if文でチェックするだけで済みます。try/catchを使った実装では、入力量が増え、開発者がFormatExceptionに固有の例外ハンドラを忘れがちなので、正しく実装するのが難しく、コードもわかりにくくなっています。

▼リスト9.6　2つのParseの例

```
public static int ParseDefault(string input,  ◀── Parseを用いた実装
  int defaultValue) {
  try {
    return int.Parse(input);
  }
  catch (FormatException) {  ◀── ここで例外の型を省略したくなるかもしれない
    return defaultValue;
  }
}

public static int ParseDefault(string input,  ◀── TryParseを用いた実装
  int defaultValue) {
  if (!int.TryParse(input, out int result)) {
    return defaultValue;
  }
  return result;
}
```

Parseは、入力が常に正しいことが期待される場合には依然として有用です。入力値が常に正しくフォーマットされており、無効な値が実際にはバグであると確信している場合は、例外がスローされることを期待するでしょう。これは、無効な入力値がバグである

ことを確信しているからこそ採れる方法であるため、ある意味で挑戦です。「クラッシュできるもんならしてみやがれ！」

　通常のエラー値は、ほとんどの場合、レスポンスを返すのに十分です。戻り値を使用しないのであれば、何も返さなくても問題ありません。例えば、「いいね」操作が常に成功すると想定できるのであれば、戻り値を設定する必要はありません。関数が正常に終了すること自体が成功を示しています。

　呼び出し元が必要とする情報量に応じて、さまざまな種類のエラーの結果を設定できます。呼び出し元が成功か失敗かという点だけを気にして、詳細を気にしないのであれば、boolを返すだけで十分です。trueは成功を、falseは失敗を示します。第3の状態がある場合、またはboolをすでに別の目的で使用している場合は、別のアプローチが必要になるかもしれません。

　例えば、Redditには投票機能がありますが、これはコンテンツが最近のものである場合に限ります。半年以上前のコメントや投稿には投票できません。削除された投稿にも投票できません。つまり、投票はさまざまな理由で失敗する可能性があり、その違いをユーザーに伝える必要があります。ユーザーは一時的な問題だと思い込み、何度も試みる可能性があるため、**「投票失敗：不明なエラー」** と表示するだけでは不十分です。**「この投稿は古すぎます」** や **「この投稿は削除されました」** と表示する必要があります。そうすることで、ユーザーはそのプラットフォーム特有の挙動を理解し、投票をしようとしなくなるでしょう。よりよいUXを実現するには、投票ボタンを非表示にして、ユーザーがその投稿に投票できないことをすぐにわかるようにすべきですが、Redditはボタンを表示することにこだわっています。

　Redditの場合、enumを使用して、さまざまな失敗の状態を判別できます。Redditの投票結果のためのenumの例は、リスト9.7のようになります。これは網羅的ではないかもしれませんが、今のところ予定がないため、あり得そうな別の値を追加する必要はありません。例えば、投票がデータベースエラーが原因で失敗した場合、それは結果値ではなく、例外であるべきです。例外は、インフラの障害またはバグであることを示します。この場合、どこかに記録する必要があるため、コールスタックが必要です。

▼**リスト9.7**　Redditの投票結果

```
public enum VotingResult {
  Success,
  ContentTooOld,
  ContentDeleted,
}
```

enumの優れた点は、switch式を使用すると、コンパイラが未処理のケースについて警告してくれることです。網羅されていないと、処理していないケースに対して警告が表示されます。C#コンパイラは、switch文に対しては同じことができません。switch式が新たに言語に追加されたものであり、こうしたシナリオに対応できるように設計されているからです。「いいね」操作のための網羅的なenum処理のサンプルは、リスト9.8のようになります。C#言語の初期の設計上の決定により、論理的にはenumに無効な値を割り当てることが可能なため、switch文が網羅的ではないという別の警告が表示されることがあります。

▼**リスト9.8** 網羅的なenumの処理

```
[HttpPost]
public IActionResult Upvote(Guid contentId) {
  var result = db.Upvote(contentId);
  return result switch {
    VotingResult.Success => success(),
    VotingResult.ContentTooOld
      => warning("Content is too old. It can't be voted"),
    VotingResult.ContentDeleted
      => warning("Content is deleted. It can't be voted"),
  };
}
```

9.3 デバッグをしない

デバッグという用語は古く、プログラミングが生まれる前から存在していました。これは、1940年代にグレース・ホッパーがMark IIコンピュータのリレー[訳注9]の中に本物の蛾を発見し、この用語が広まるよりも以前のことです。元々は航空学において、航空機の故障を特定するプロセスで使用されていました。現在では、問題が発覚した後にCEOを解任するという、シリコンバレーの先進的な慣行に取って代わられつつあります。

現代におけるデバッグは、主にデバッガを使用してプログラムを実行し、ブレークポイントを設定し、コードをステップごとにトレースし、プログラムの状態を検査することを指します。デバッガは非常に便利ですが、常に最適な解決手段とは限りません。問題の根本原因を特定するのに、非常に時間がかかることもあります。また、状況によっては、プログラムをデバッグすることすらできなかったり、コードが実行されている環境にアクセスできなかったりすることもあるでしょう。

訳注9 リレー（継電器）という電磁石の動作によっていくつかのスイッチ接点を開閉させるパーツを使った計算機のこと。

9.3.1 printf() デバッグ

プログラム内にコンソール出力行を挿入して問題を見つけるのは、古くから存在する手法です。その後、開発者はステップ実行する機能を備えた高機能なデバッガを手に入れましたが、それが常に問題の根本原因を特定するための最も効率的なツールとは限りません。時には、より原始的なアプローチのほうが問題を特定するのに効果的なことがあります。printf()デバッグという名前は、Cプログラミング言語のprintf()関数に由来します。その名前は、**フォーマット付きで出力する**（print formatted）の略です。Console.WriteLine()と非常に似ていますが、フォーマットの構文が異なります。

アプリの状態を継続的に確認することは、おそらくプログラムをデバッグする最も古い方法でしょう。それはコンピュータモニタが登場するよりも前から行われていました。古いコンピュータの前面パネルには、CPUのレジスタのビット状態を示すライトが実際に搭載されており、プログラマーはなぜうまくいかないのかを理解できました。幸いなことに、私が生まれる前にコンピュータモニタが発明されました。

printf()デバッグは、同様に実行中のプログラムの状態を定期的に表示する方法であり、プログラマーは問題がどこで発生しているかを理解できます。一般的には初心者向けの手法として軽視されていますが、いくつかの理由でステップ実行のデバッグよりも優れている場合があります。 例えば、状態を報告する頻度は、プログラマーが細かく選択できます。ステップ実行のデバッグでは、特定の場所にブレークポイントを設定することしかできず、1行以上スキップできません。複雑なブレークポイントの設定が必要になるか、「ステップオーバー」キーを根気よく押し続ける必要があります。これは非常に時間がかかり、飽きてしまうでしょう。

さらに重要なのは、printf()やConsole.WriteLine()は、履歴を持つコンソールターミナルに状態を出力することです。これは、ターミナルの出力を見ながら異なる状態間をつなげて推論できるため重要です。ステップ実行によるデバッガにはできないことです。

全てのプログラムが、Webアプリやサービスのように、目に見えるコンソール出力を備えているわけではありません。.NETには、そうした環境に対する代替手段として、主にDebug.WriteLine()とTrace.WriteLine()があります。Debug.WriteLine()は、アプリ自体のコンソール出力ではなく、Visual Studioのデバッガ出力ウィンドウに表示されるデバッガ出力コンソールに書き込みます。Debug.WriteLineの最大の利点は、最適化された（リリース）バイナリからは呼び出しが完全に削除されるため、リリースされたコードのパフォーマンスに影響を与えないことです。

ただし、これは本番環境のコードをデバッグする際に問題となります。たとえデバッグ出力文がコードに残っていたとしても、それを実際に読み取る方法がないのです。`Trace.WriteLine()`は、.NETのトレース機能が、通常の出力以外にも実行時に構成可能なリスナーを持てるため、この点においては優れたツールといえます。適切なコンポーネントがインストールされていれば、トレース出力を、テキストファイルやイベントログ、XMLファイルなど、あらゆるものに出力できます。.NETの魔法のおかげで、アプリの実行中にトレースの設定を再構成することもできます。

トレースの設定は簡単で、コードの実行中でも有効にできます。Webアプリで問題を特定するために、実行中にトレースを有効にする必要がある場合を考えてみましょう。

9.3.2 ダンプの海へ

ステップ実行のデバッグのもう1つの代替手段は、クラッシュダンプを調べることです。クラッシュダンプは、クラッシュ後に必ず作成されるわけではなく、プログラムのメモリ空間のスナップショットの内容を含むファイルです。UNIXの世界では、**コアダンプ**とも呼ばれます。図9.4に示されているように、Windowsタスクマネージャーでプロセス名を右クリックし、［Create Dump File］訳注10を選択すると、手動でクラッシュダンプを作成できます。操作が完了するまでプロセスを一時停止するだけの影響のない操作であり、作成後もプロセスは実行され続けます。

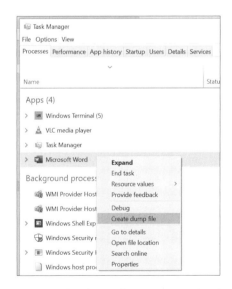

▲図9.4 実行中のアプリでクラッシュダンプを手動で生成する

訳注10 日本語版Windowsでは、「ダンプ ファイルの作成」「メモリ ダンプ ファイルの作成」(バージョンやエディションによって異なる)となっている。

UNIX系のシステムでも、アプリを終了させずに同様のスムーズなコアダンプを実行できますが、少し複雑です。次のように、dotnet dumpツールをインストールする必要があります。

```
$ dotnet tool install --global dotnet-dump
```

　このツールはクラッシュダンプを分析するのに優れているため、Windowsにもインストールしておくとよいでしょう。インストールコマンドはWindowsでも同じです。

　GitHubリポジトリの本章の例を集めたフォルダの中に、CPUを継続的に消費するInfiniteLoopというプロジェクトがあります。これは、本番環境サーバーで実行されているWebアプリやサービスを想定しており、このようなプロセスで問題を特定するためのよい演習になります。ダミーの錠前でピッキングのスキルを磨くようなものです。ピッキングのスキルなんて必要ないと思うかもしれませんが、まぁ、鍵屋の料金を聞くまでお待ちください。アプリのコード全体は、リスト9.9に示しています。基本的には、世界平和に全く貢献することなく、ループ内で掛け算の操作を継続的に実行しています。おそらく、それでもビットコインよりもエネルギーの無駄ははるかに少ないでしょう。ループがコンパイラによって偶然最適化されないように、実行時に決定されるランダムな値を使用しています。

▼リスト9.9　無駄にCPUを消費するInfiniteLoopアプリ

```csharp
using System;
namespace InfiniteLoop {
  class Program {
    public static void Main(string[] args) {
      Console.WriteLine("This app runs in an infinite loop");
      Console.WriteLine("It consumes a lot of CPU too!");
      Console.WriteLine("Press Ctrl-C to quit");
      var rnd = new Random();
      infiniteLoopAggressive(rnd.NextDouble());
    }

    private static void infiniteLoopAggressive(double x) {
      while (true) {
        x *= 13;
      }
    }
  }
}
```

InfiniteLoopアプリをコンパイルし、別のウィンドウで実行したままにします。これが本番環境のサービスであり、どこでスタックしているのか、またはどこでCPUを大量に消費しているのかを確認する必要があると仮定しましょう。コールスタックを見つけると非常に役立ちますが、クラッシュダンプを使用すれば、何もクラッシュさせることなく実行できます。

　全てのプロセスにはプロセス識別子（PID）があり、実行中のプロセス間で一意の数値です。アプリの実行後、まずはそのプロセスのPIDを見つけます。Windowsのタスクマネージャーを使用するか、PowerShellプロンプトで次のコマンドを実行するだけです。

```
> Get-Process InfiniteLoop | Select -ExpandProperty Id
```

　UNIXのシステムでは、次のように入力するだけです。

```
$ pgrep InfiniteLoop
```

　こうすると、プロセスのPIDが表示されます。そのPIDを使用して、dotnet dump コマンドを実行することで、ダンプファイルを作成できます。

```
> dotnet dump collect -p PID
```

　PIDが26190の場合、次のように入力します。

```
> dotnet dump collect -p 26190
```

　実行後、クラッシュダンプの保存先が表示されます。

```
Writing full to C:\Users\ssg\Downloads\dump_20210613_223334.dmp
Complete
```

　後で、dotnet dump コマンドを利用して、生成されたダンプファイルを分析できます。

```
> dotnet dump analyze .\dump_20210613_223334.dmp
Loading core dump: .\dump_20210613_223334.dmp ...
Ready to process analysis commands. Type 'help' to list available commands or
     'help [command]' to get detailed help on a command.
Type 'quit' or 'exit' to exit the session.
> _
```

UNIXのパス名には、Windowsのバックスラッシュではなくスラッシュを使用します。この違いには興味深い歴史があり、Microsoftが階層化ファイル構造（ディレクトリ）をMS-DOSに導入したのは、ver1.0からではなく、ver2.0だったことにまで遡ります。

analyzeプロンプトは、ヘルプで確認できる多くのコマンドを受け入れますが、プロセスが何をしているのかを特定するためには、そのうちのいくつかのコマンドを知るだけで十分です。1つは、プロセス内で実行されている全てのスレッドを表示するthreadsコマンドです。

```
> threads
* 0 0x2118 (8472)
  1 0x7348 (29512)
  2 0x5FF4 (24564)
  3 0x40F4 (16628)
  4 0x5DC4 (24004)
```

現在のスレッドにはアスタリスクが付いており、setthreadコマンドを使用して現在のスレッドを変更できます。例は次の通りです。

```
> setthread 1
> threads
  0 0x2118 (8472)
* 1 0x7348 (29512)
  2 0x5FF4 (24564)
  3 0x40F4 (16628)
  4 0x5DC4 (24004)
```

アクティブなスレッドが変更されました。 しかし、dotnet dumpコマンドが分析できるのはマネージドスレッドのみで、ネイティブスレッドには対応していません[訳注11]。ネイティブスレッドのコールスタックを表示しようとすると、エラーが発生します。

```
> clrstack
OS Thread Id: 0x7348 (1)
Unable to walk the managed stack. The current thread is likely not a managed
thread. You can run !threads to get a list of managed threads in the process
Failed to start stack walk: 80070057
```

訳注11　OSが提供するスレッドがネイティブスレッド。仮想スレッドがマネージドスレッド。

この種の分析を行うには、WinDbg、LLDB、GDBのようなネイティブデバッガが必要であり、これらはクラッシュダンプの分析と基本的には同じように機能します。ただし、今はネイティブスタックには関心がありません。通常、スレッド0はアプリに属しています。スレッド0に戻り、clrstackコマンドを再度実行できます。

```
> setthread 0
> clrstack
OS Thread Id: 0x2118 (0)
    Child SP IP Call Site
000000D850D7E678 00007FFB7E05B2EB
  InfiniteLoop.Program.infiniteLoopAggressive(Double)
  [C:\Users\ssg\src\book\CH09\InfiniteLoop\Program.cs @ 15]
000000D850D7E680 00007FFB7E055F49 InfiniteLoop.Program.Main(System.String[])
  [C:\Users\ssg\src\book\CH09\InfiniteLoop\Program.cs @ 10]
```

不快になるほど長いメモリアドレスを除けば、コールスタックは完全に理解できます。ダンプを取得した時点でのスレッドの動作が、対応する行番号（@の後の数字）とともに表示されます。実行中のプロセスを中断することもありません！　.NETの.pdb拡張子を持つデバッグ情報ファイルからこの情報を取得し、メモリアドレスをシンボルと行番号に一致させます。そのため、エラーを特定する必要がある場合に備えて、デバッグシンボルを本番環境サーバーにデプロイしておくことが重要です。

クラッシュダンプのデバッグは奥が深く、メモリリークや競合状態の特定など、ほかのさまざまなシナリオを網羅しています。その手法は、全てのOS、プログラミング言語、デバッグツールにおいて、ほぼ共通です。ファイルに保存されたメモリスナップショットを使用して、ファイルの内容、コールスタック、データを調査できます。これを、従来のステップ実行のデバッグの代替手段や出発点と考えてください。

9.3.3　ラバーダックデバッグ上級編

本書の冒頭で少し触れましたが、ラバーダックデバッグとは、机に置いたゴム製のアヒルに問題を説明することで解決策を見出す手法です。これは、問題を言語化することで、より明確に問題を捉え直し、魔法のように解決策を見つけることができるというアイデアです。

私はラバーダックデバッグのためにStack Overflowの下書き機能を使います。もしかしたらバカげているかもしれない私の質問で皆の時間を無駄にする代わりに、Stack Overflowで質問を投稿せずにWebサイトに質問を書くだけです。え、なんでStack Overflowなのかって？　このプラットフォームの仲間からのプレッシャーを意識すること

で、質問を組み立てる際に重要な「自分は何を試したのか?」という側面を何度も見直すことを余儀なくされるからです[監訳注2]。

この質問を自問することにはさまざまな利点がありますが、最も重要なのは、可能性のある全ての解決策をまだ試していないことに気付くのに役立つということです。私は、この質問について考えるだけで、考えもしなかった多くの可能性を思い付くことができました。

同様に、Stack Overflowのモデレーターは、具体的に質問するように求めます。あまりにも広範な質問は、トピックから外れていると見なされます。そのため、問題を1つの小さな問題に絞り込む必要があり、問題を分析的に分解するのに役立ちます。このようにWebサイトで練習を重ねれば、それが習慣となり、いずれ頭の中で同じことができるようになります。

まとめ

- 重要ではないバグの修正にリソースを浪費しないように、バグに優先順位を付ける
- 例外は、特定のケースに対して計画的かつ意図的なアクションがある場合のみにキャッチし、それ以外はキャッチしない
- クラッシュを後から回避しようとするのではなく、最初からクラッシュに耐え得る例外に強いコードを書く
- エラーが一般的または想定の範囲内の場合は、例外の代わりに結果を示す値やenumを使用する
- 面倒なステップ実行のデバッグよりも素早く問題を特定するために、フレームワークが提供するトレース機能を使用する
- ほかの方法が利用できない場合は、クラッシュダンプ分析を使用して、本番環境で実行されているコードの問題を特定する
- 下書きフォルダをラバーダックデバッグ用のツールとして利用し、「何を試したか?」と自問する

監訳注2　いわゆる「壁打ち」だが、最近では、生成AIとチャットするという手法も有効である。

訳者あとがき

この世に存在するソフトウェアプロダクトは、多くのものから成り立っています。たくさんの失敗や成功、それを元に形作られた（ベストともバッドとも呼べない）プラクティス、ペアプログラミングや上司との1on1コミュニケーション、深夜のオフィスビルで残業している間に考えに考え抜いた結果として誕生したコードやアーキテクチャ……。本書は、それらの実情を現場^{ストリート}から拾い集め、形にしたものだと思います。

それゆえに、皆さんの中には、本書を「わかる！」と頷きながら読み進めた人もいれば、「新発見！」と驚きながら読み進めた人もいるでしょう。ぜひ実践したいと思うものから、自分の現場^{ストリート}で活用してみてください。著者が目の当たりにした現場の感覚をよりリアルに感じられるかもしれません。逆に、本書の内容に「そうじゃない」と思った人は、それはそれでよい傾向だと思います、私は、書籍は知識を与えるだけではなく、議論を促す触媒のようなものだと考えています。ブログなどで自分の意見を述べ、ほかの読者を巻き込んでみてください。

私が頷きながら読んだ部分を少し深堀りしましょう。コンピュータサイエンスに関していえば、現場で考えることにフォーカスを当て、アルゴリズムやこれまで扱っていた配列やリスト、辞書を違った角度から見ることができるいい機会を本書は提供してくれました。ただし、本書を読むだけで終わらせず、さまざまな文献を読むことで知識や考え方を鍛えることが重要です。

また、本書に次のような文があったことを覚えているでしょうか？

面接で必ずしも正解を出す必要はありません。面接官は、特定の基本的な概念に対して情熱や知識を持ち、たとえ迷っても解決策を見出そうとする姿勢を重視しています。

……

面接は、適切な人材を見つけるだけでなく、一緒に働きたいと思う人材を見つけることでもあります。好奇心旺盛で、情熱的で、粘り強く、気さくで、本当に面接官の仕事に役立つ人材であることが重要です。

同僚とのコミュニケーションの中で、自分の書いてるコードが「何をやっているか」「どうしてこれがいいのか」を説明できるようにするためには、コンピュータサイエンスの視点や知識、それらを学ぶ姿勢が必須になると考えています。こうしたコミュニケーションを通じて、サービス的にもコード的にも、そしてチーム的にもよいプロダクトが生まれます。面接とは、候補者が同僚として、そういったコミュニケーションが可能かを見極める場でもあり、引用した部分はそのことを語っています。コンピュータサイエンスの章は、それらを考えるよいきっかけとなることでしょう。

少し長くなりましたが、結局のところ、いろんな意見があってよいと思います。いずれにせよ、最終的な答えは現場にあるはずなので、本書を読んでやってみたいと思った内容を実践したり、「あの本に書いてあることは違うと思う。こうすればどうだろうか?」とシミュレーションしながら仕事をすると、プラクティスやノウハウが積み上がります。それらをぜひ書き留めてください。最終的には、オリジナルの『ストリートコーダー改訂版』が完成するかもしれません。読者の皆さんの知識や経験が、本書と組み合わさり、どんな新しいプラクティスが生まれるか、これからも楽しみです。

2024年12月
秋 勇紀

索 引

◉記号・数字

.NET Compact Framework	161
.NET Core	035, 160, 161, 170, 175
.NET Framework	vii, 049, 151, 160 ～ 162, 167, 170, 230, 299
.NET Standard	161
.NET ランタイム	027, 064, 066
1TBS	043
2000 年問題	194
3-2-1ルール	193, 194
80/20の法則	144
99.9%信頼区間	223

◉A ～ C

Ada	283
AMD Ryzen 5950X	227
Amiga	235
API キー	187, 211
API トークン	184, 209, 260
Argon2	213
ARM	235, 241
ASIC	213
ASP.NET	162, 174, 203
ASP.NET Core	077, 111, 162, 164, 174, 205, 206, 214, 274 ～ 276
ASP.NET MVC	162, 174, 201, 202
async I/O	246
AWS KMS	210
Azure Key Vault	210
Base64	189
BASIC	xi, 001, 039, 040, 110, 161
Basic 認証	189
bcrypt	213
BDD	121, 135, 136
Behavior Driven Development	135
BenchmarkDotNet	221 ～ 223
Big-O 記法	018, 021 ～ 023
BIOS	033
Borrow Checker	065
C#	011, 013, 038 ～ 040, 043, 045, 046, 048, 054, 059, 061, 063, 064, 066, 067, 099, 110, 111, 113, 116, 128, 147, 148, 152, 161, 168, 192, 197, 203, 221, 230, 232, 233, 236, 240, 242, 249, 257, 259, 260, 264, 276, 279, 280, 301
CAPTCHA	206 ～ 208, 218
CDN	129, 204, 207, 298
CEO	161, 162, 185, 186, 188, 301
Clock Frequency	226
Cloudflare	207
code churn	070
Codecov	141
Content Delivery Network	129, 298
Content Security Policy	204
Controller	163, 174
Cookie	199, 208
Coverlet	141, 142
CPU	013. 016, 037, 038, 054, 084, 206, 219, 226, 227, 234 ～ 242, 244 ～ 247, 250, 251, 255 ～ 257, 259, 273 ～ 275, 278, 279, 281, 282, 288, 302, 304, 305

Cryptographically Secure Pseudo Random Number Generator	216
CSP	204
CSPRNG	216, 217
CSRF	179, 204 ～ 206
C ビーム	005

◉D ～ F

Dependency Injection	167
Dependency Inversion	098, 167
Dependency Inversion Principle	098
Dependency Reception	167
DevOps	181
DI	167
Direct Memory Access	246
DMA	246
DMV	036
DoS	187, 206, 207, 213, 218
dotCover	141
dotnet コマンド	211
DRY	010
E2E	122
EAX	256
EF Core	167, 170, 172, 173, 197, 198
Elasticsearch	082, 083
Emacs	177
End to End	122
ENIAC	227
Entity Framework	061, 167, 170, 172, 273
Entity Framework Core	167, 197, 277
F#	161
Facebook	124, 180
Forth	039, 157
FPGA	213
Future	012

◉G ～ I

GDB	307
Git	006, 228
GitHub	vii, 011, 035, 122, 210, 304
Globally Uunique IDentifiers	217
Google	vi, 160, 225
GOSUB	001
GOTO	001, 011
GPS	162
GPU	213, 244
GUID	217, 218
Hacker News	069
Haskell	002
Have I Been Pwned?	212
HD68HC000	235
HMAC-SHA1	216
HTML エンティティ	200
HTTP/2	189
HTTPS	189, 190
I/O	219, 234, 236, 244 ～ 251, 274, 275, 277 ～ 279, 282
IDE	044, 116, 158, 175, 176, 280
IDS	183

311

immutability	025
immutable	025
Integrated Development Environment	175
Interface Segregation Principle	098
Intrusion Detection System	183
Inversion of Control	167
IoC	167
IPv4	061, 062
IPv6	049, 061, 062
IPアドレス	047, 049, 050, 061, 062, 208

◉ J 〜 M

Java	012, 038, 040, 043, 063, 128, 161
Java Development Kit	161
JavaScript	010, 012, 038 〜 041, 054, 128, 198, 199, 205, 249
JavaScriptインジェクション	198
Javaランタイム	161
JDK	161
JITコンパイラ	241, 255
JITコンパイル	012
JSON	077, 083, 100, 116, 229
JUnit	128
JVM	012
Key Vault	210, 212
Kik	010
KITT	124
Language Integrated Query	151
Last In, First Out	036, 102
left-pad	009, 010
Let's Encrypt	190
LIFO	036, 102
LINQ	012, 029, 151, 230, 273
Linux	006
Liskov Substitution Principle	098
LLDB	307
Lorem ipsum	219
Macintosh	235
MACアドレス	217
Man In The Middle	189
Markdown	145
maven	290
MC68000	235
MD5	213
Memcached	251
Mercurial	228
Microsoft	ix, 004, 008, 032, 055, 116, 160, 161, 197, 217, 249, 251, 285, 286, 291, 306
Microsoft SQL Server	077, 151, 266, 268
MITM	189
Mocha	128
Model	163
modulus operator	221
MongoDB	181
Mono	161
Motorola	235
Move fast and break things	124
MS-DOS	033, 306
MVC	012, 077, 163, 203
MVP	012, 163
MVVM	012, 163
MySQL	266

◉ N 〜 P

National Weather Service	099
NCover	141
NCrunch	131, 141, 142
NDA	017
Netflix	184
Newtonsoft.Json	083, 099, 100
NIHシンドローム	093
Noda Time	051
Node.js	009, 128, 249
NOLOCK	266, 268
Non Disclosure Agreement	017
non-nullable参照	054
NoSQL	266
Not Invented Here	093
npm	009, 010, 290
NP完全	284
nullable参照	054
null許容型	053, 061, 198
null許容参照	054, 056, 067, 145, 149, 158
null参照例外	025, 061, 106
Nunit	133
NWS	099
N層アプリケーション	012
OAuth2	189
Object Oriented programming	012
Object Relational Mapping	172
OBOE	091
off-by-one error	091
One True Brace Style	043
OOP	012, 096
Open-Closed Principle	097
OR	035, 234
Oracle	161
ORM	172, 197, 273, 282
ORマッパー	167
Pascal	011, 012, 110
PBKDF2	213, 214, 216
Perl	011
PHP	007, 183
PID	305
PIN	212
PowerShell	305
print formatted	302
Promise	012
pwned	212
Python	011, 038 〜 040, 221, 249

◉ R 〜 T

Razor Pages	202, 203, 206, 276
RDB	167
Reddit	109, 300
Redis	181, 251
regression	070
remainder operator	221
RestSharp	099
REXX	039
RFC2898鍵導出関数	216
Rust	040, 065, 249
scrypt	213
Selenium	128

Separation of Concerns	071
SHA1	213
SHA2	190, 213
SHA3	213
sharplab.io	240
SIMD	242 ～ 244, 251, 255
Single Instruction Multiple Data	242
Single Responsibility Principle	097
SipHash	209
Slack	124
SoC	071
SOLID	097
SQLite	172 ～ 174
SQLインジェクション	042, 179, 191, 194, 196, 199, 218
SRP	097
SSL証明書	190
Stack Overflow	009, 017, 023, 083, 102, 239, 307, 308
struct	066, 099, 103, 105
Sun Microsystems	012
Swift	039, 040, 043
system status nominal	135
Tcl	039
TDD	121, 131, 135, 136
Telegram	189
Test Driven Development	131
TLS	189
Twitter	055, 093 ～ 095, 180, 205, 288

◉ U ～ Z

Universally Unique IDentifiers	217
UNIX	038, 288, 303 ～ 306
URL	047 ～ 049, 077, 094, 144, 149, 189, 199, 205, 276, 277, 294
UTC	173
UUID	217, 298
UX	189, 207, 208, 226, 300
VBScript	011, 040
vi	177
View	163
Visual Basic	040, 162
Visual Studio	053, 062, 085, 119, 129, 134, 141, 142, 158, 293, 294, 302
Visual Studio Code	053, 142
VPN	183, 185, 186
War Room	285
Webスクリプティング	012
WhatsApp	189
WinDbg	307
won't fix	286
X Æ A-12 Musk	088
X68000	235
x86	240, 241, 255
XOR	035
XSS	179, 199 ～ 201, 203, 204, 218
Yo	075
Z80	227, 235

◉ あ行

アキュムレータ	238
アキュムレータレジスタ	235
アクター	182
アクティベーショントークン	217

アスキーアート	119
アゼル・コジュル	010
アセンブリ	071, 082, 240, 241, 255
アダプターパターン	095
後入れ先出し	036, 102
アトミック	158, 256, 257, 259, 266, 293, 294, 296, 297
アブラハム・マズロー	287
アメリカ国立気象局	099, 100
アメリカ大統領選挙	180
アラム・サローヤン	147
アルゴリズム	vi, 003, 005, 009, 013, 015, 017 ～ 023, 030, 031, 061, 139, 193, 209, 213, 214, 216, 218, 228, 229, 234, 284, 309
アロー構文	045
暗号化	183, 189, 190
暗号通貨	208
暗号プリミティブ	216, 218
暗号論的擬似乱数生成器	216, 217
アンチパターン	vi, 016, 069, 070
イーロン・マスク	088
依存関係	015, 071 ～ 073, 078, 081, 083, 086, 096, 098, 099, 107, 119, 129, 130, 136, 159, 163, 164, 166 ～ 168, 172, 174, 178, 237 ～ 239, 281
依存関係の連鎖	071, 072
依存性逆転の原則	096, 098
依存性注入	099, 157, 159, 167 ～ 174, 178
依存性の受け入れ	167
依存性の逆転	167
イテレーションサイクル	127
イミュータビリティ	012
インシデント	180, 183, 184
インターフェイス分離の原則	098
インタプリタ方式	039
インテリジェントデザイン論	163
隠蔽によるセキュリティ	188 ～ 190, 218
ウィリアム・マクレディ	163
ウォールーム	285
ウムラウト	028
エイダ・ラブレス	283
エイミー・マン	254
エクスプロイト	180
エスケープ	194, 195, 197, 200
エドガー・ダイクストラ	110
エビクション	251
絵文字	075
エラーハンドリング	055, 118, 119, 283, 288
演算子のオーバーロード	043 ～ 046, 051
エンドツーエンド	122
エントロピー源	216
エンリコ・フェルミ	008
横断的関心事の原則	089
オーバーヘッド	009, 014, 030, 034 ～ 036, 062, 065, 098, 099, 102, 106, 191, 202, 204, 221, 224, 233, 237, 244, 269, 272, 274, 299
オーバーロード	028, 043 ～ 046, 051, 055, 277
オープン・クローズドの原則	097
オールマンスタイル	043
オビ＝ワン	048
オブジェクトヘッダ	061, 062, 102
オブジェクト指向プログラミング	012, 029, 096, 097, 107, 219

オブジェクトリレーショナルマッピング ……… 172, 197, 273
オプショナル ……………… 055, 057, 058, 061, 86,
オフ・バイ・ワンエラー ……………………… 091
オンラインリポジトリ ……………………… vii, 141

◉ か行

ガーデニング ……………………………… 081, 084
カーネル ……………………………… 032, 288
カーネルパニック ……………………… 288
カーネルモード ……………………… 245
開発環境 …………… 119, 124, 141, 148, 177
開発の摩擦 ……………………………… 039
外部ライブラリ ……………… 071, 120, 223
改良 K & R スタイル ……………………… 043
拡張メソッド ……………… 029, 128 〜 130
加算演算子 ……………………………… 026
カスタムデータ型 ……………………… 047
仮想関数 ……………………………… 030
仮想スレッド ……………………………… 306
仮想メソッドテーブル ……… 024, 025, 030, 102
仮想呼び出し ……………………… 029, 030
型なし ……………………………… 039, 041
型理論 ……………………………… 018
カプセル化 ………… 045, 047, 076, 100, 107, 203
ガベージコレクション …… 026, 038, 063 〜 065, 102, 106
神クラス ……………………………… 097
カルチャ ……………………… 027, 028, 089
カルチャセーフ ……………………… 028
カルマ ……………………………… 007
環境変数 ……………………… 211, 212
関心の分離 ……… 071, 075, 076, 089, 201
関数型プログラミング ……… 012, 107, 261
関数シグネチャ ……………………… 198, 276
キーバリュー形式 ……………………… 033
機械語 ……………………… iv, 148, 240
疑似コード ……………………………… 240
技術的欠陥 ……………………………… 078
技術的負債 …… 008, 078, 079, 119, 123, 181, 254
擬似乱数値 ……………………………… 216
キャッシュミス ……………………… 237
キャラクターデバイス ……………… 245
脅威モデル …… 179, 181, 182, 184 〜 187, 189, 209 〜 211, 218
境界条件 ……………… 140, 141, 143
競合状態 ……………… 247, 256, 259, 307
協定世界時 ……………………………… 173
共有辞書 ……………………………… 260
共有データ構造 ……………………… 260
許可リスト ……………………………… 197
銀行口座 ……………………………… 212
近似値 ……………………………… 008
銀の弾丸 ……………………………… 011
金曜日にデプロイするな ……………… 181
空間計算量 ……………………………… 022
クエリヒント ……………………… 266, 268
クエリプランキャッシュ ……… 195 〜 198
クラウドベース ……………………… 014
クラッシュダンプ …… 303 〜 305, 307, 308
グレース・ホッパー ……………………… 301
クレジットカード ……………… 181, 294
グローバル一意識別子 ……………… 217
クロスサイトスクリプティング ……… 198

クロスサイトリクエストフォージェリ ……… 204
クロックサイクル ……………………… 226
クロック周期 ……………………… 226, 227
クロック周波数 ……………… 226, 255
ケ・セラ・セラ ……………………… 254
継承 ………… 046, 096 〜 099, 102, 104, 107, 120, 174
結果主義 ……………………… 006, 007
結果整合性 ……………………… 267, 268
決定木 ……………………………… 080
原子力研究施設 ……………………… 183
現場の知恵 ……………………… xi, 001, 004
ケンブリッジ・アナリティカ ……………… 180
コアダンプ ……………………… 303, 304
構造化プログラミング ……… 011, 012, 096, 107, 239
構造体 … 027, 028. 042, 043. 058, 063, 066, 102 〜 107, 130, 149, 158, 236
コード解析ツール ……………… 085, 123, 293
コードカバレッジ ……………… 141 〜 145
コードカバレッジレポート ……… 133, 142
コードカバレッジレポート拡張機能 ……… 142
コードカルマ ……………………… 007
コードチャーン ……………………… 070
コードの硬直性 ……… 070, 071, 081, 178
コードレビュー …… 013, 122, 123, 155, 176, 250, 261
コールスタック ……… 037, 038, 063, 067, 102, 106, 292, 300, 305 〜 307
コールドストレージ ……………… 211
コールバック関数 ……………… 248, 249
コールバック地獄 ……………………… 249
コネクションプール ……… 269 〜 271, 273, 274
コメントアウト ……………… 142, 143, 202
ゴルーチン ……………………………… 259
コンテンツ配信ネットワーク ……… 129, 298
コンテントセキュリティポリシー ……… 204
コントローラ …… 077, 112, 162 〜 164, 174, 202, 203, 276
コンパートメント化 ……………… 209
コンパイラディレクティブ ……… 056, 132
コンパイラ方式 ……………………… 039
コンパイル時定数 ……………………… 050
コンポジション …… 097 〜 099, 107, 120, 166

◉ さ行

サービス拒否 ……………………… 187, 206
サイクル ……………………………… 226
最終段階 ……………………… 167, 174
最小権限の原則 ……………………… 187
サイバースペース ……………………… 160
サウンドカード ……………………… 013
サニタイズ ……………… 041, 197, 302
参照型 …… 038, 054, 063, 066, 067, 103, 104, 106
シークエルライト ……………………… 172
シェイクスピア ……………………… 023
ジェイミー・ザウィンスキー ……………… 147
ジェネリクス ……………………… 012
ジェネリック ……………………… 054
ジェネレータ ……………………… 013
時間計算量 ……………………… 022, 208
時間効率 ……………………… 014, 122
シグネチャ ……………………… 096
時限付き開示 ……………………… 180
辞書データ ……………………… 013
指数 ……………………………… 021
指数時間 ……………………………… 284

指数関数的 ……………………022, 030, 073, 154	セッションハイジャック ……………………199
システムステータス正常 ……………………135	セッター ……………………029
シャーロック ……………………115, 136	ゼノンのパラドックス ……………………007
社会保障番号 ……………………182	線形検索 ……………………023
借用チェッカー ……………………065	セントラルリポジトリ ……………………290
車輪の再発明 ……………………047, 093, 144	ゾーン ……………………126, 127
周期 ……………………226	測定誤差 ……………………221
修正しない ……………………286	空飛ぶスパゲッティ・モンスター教 ……………163
巡回セールスマン問題 ……………………284	ソルト ……………………216, 217
循環参照 ……………………065	ゾンビプロセス ……………………038
純粋関数 ……………………261, 294	
乗算演算子 ……………………022	**◉ た行**
衝突 ……………………035, 209, 212, 213	ターゲット広告 ……………………180
情報スーパーハイウェイ ……………………160	ダーティデータ ……………………268
剰余演算子 ……………………221	代替アプローチ ……………………006
ジョージ・ルーカス ……………………191	対数 ……………………021
書記素 ……………………028	タイポ ……………………052, 053
食事する開発者の問題 ……………………009	タイムスライス ……………………274, 275
食事する哲学者の問題 ……………………009	タイムゾーン ……………………051, 139, 173
序数に基づく比較 ……………………028	ダイヤモンド継承問題 ……………………096
ジョン・スキート ……………………051	ダイレクトメモリアクセス ……………………246
シリアライズ ……………………077, 083	多項式計算量 ……………………018
進化論 ……………………163	多重継承 ……………………096
シンクライアント ……………………012	タブ ……………………012, 043
シングルインストラクションマルチプルデータ ……242	タプル ……………………202
人事用語 ……………………006	ダブルチェックロッキング ……………263 〜 267, 282
シンタックスシュガー ……………………198	単一スレッド ……………………277
信頼境界の分析 ……………………182	単一責任の原則 ……………………097
信頼グループ ……………………210	探索的プログラミング ……………………220
スイートスポット ……………………125, 127	チェックサム ……………………238, 239, 266
スィナン ……………………114, 119	チャールズ・ディケンズ ……………………253
スーパーカリフラジリスティックエクスピアリドーシャス …… 048	チャネル ……………………259
スキャフォールディング ……………………133, 275	チャンク ……………095, 117, 242, 243, 245, 246
スクルージおじさん ……………………051	中央レジストリ ……………………290
スコープ ……………029, 065, 098, 217, 261	中間者攻撃 ……………………189
スタック ……………036 〜 038, 067, 102 〜 106, 289, 299, 305	抽象境界 ……………………073
スタックトレース ……………………055, 289, 299	チューリング完全 ……………………284
スタックポインタ ……………………038	チューリングマシン ……………………284
スティーヴン・コール・クリーネ ……………147	強い依存関係 ……………………096, 166
ステージング環境 ……………………124	デアロケート ……………………065
スナップショット ……………………266, 303	ディシジョンツリー ……………………080
砂時計カーソル ……………………014	定数時間 ……………………022
スパゲッティ ……………………090, 163	デイブ・グルーバー ……………………145
素早く動いて壊せ ……………………124	データ競合 ……………………171
スピナー ……………………014	データ構造 ……………vi, 009, 017, 018, 022 〜 025, 030 〜 033,
スペース ……………vii, 009 〜 012, 026, 043, 057, 062	036, 037, 061, 067, 102, 195, 209, 235,
スモークテスト ……………………145	245, 251, 254, 260 〜 262, 264, 282
スラヴォイ・ジジェク ……………………006	データフロー ……………………182
スループット ……………003, 004, 006, 008, 078, 156, 229	テキストエディタ ……………………057, 148, 177
スレッド……………037, 038, 133, 171, 247, 249, 251, 255 〜 260, 263,	デザインパターン ……………x, xii, 003, 009, 012, 069, 070
264, 267, 273 〜 275, 278, 279, 291, 306, 307	デシリアライズ ……………………083
スレッドセーフ ……………209, 255 〜 257, 259 〜 262,	テスト駆動開発 ……………………131, 135, 156
264 〜 266, 273, 277, 291, 295	テストスイート ……………128, 133, 136, 145
スレッドプール ……………………274, 275	テストフレームワーク ……………074, 128, 132 〜 136, 145, 156
スロットリング ……………………190, 208, 218	テストランナー ……………057, 132 〜 134
成果主義 ……………………006	デッドロック ……………………009, 258, 259, 279
制御の反転 ……………………167	デバッグ ……013, 041, 044, 049, 050, 133, 135, 283, 301 〜 303, 307, 308
脆弱性 ……………180, 181, 184, 190, 194, 213, 218	デバッグ構成 ……………………132
静的アセット ……………………162 〜 164	デバッグ時間 ……………………067
責任ある開示 ……………………180	デバッグシンボル ……………………307
セキュリティインシデント ……………180, 183, 184	デビッド・ウォルパート ……………………163

デプロイ	005, 126, 127, 145, 166, 177, 181, 280, 281, 307
ドイツ工学	040
同期スコープ	280
統計誤差	221, 223
統合開発環境	175
統合テスト	123, 126
頭字語	097, 116, 135, 284
動的型付け	038 ～ 040
トークン	205, 217, 261, 263
ドグマ	069, 070
ドナルド・クヌース	v, 219
トニー・ホーア	053
ドメイン知識	012
トランランザクション	193, 266 ～ 269, 295, 298
トランザクションログ	266
トリアージ	285
ドリス・デイ	254
トルコの刑務所	184
トレードオフ	011, 018, 065, 067, 125, 189, 220, 268
トロイア人	179
トロイの木馬	180

◉ な行

ナイトライダー	124
名前重要	158
二都物語	253
人月の神話	007, 254
認知バイアス	017
ヌルポインタ	038
ネイティブスレッド	306
ネイティブメソッド	128
ネスト	023, 108, 109, 113, 147, 229, 230, 232, 249, 251
ネットサーフィン	160
ネットワークアダプタ	217, 244
熱力学の法則	152
ノーフリーランチ定理	163

◉ は行

ハードコーディング	099, 176
バーバラ・リスコフ	098
バイナリコード	009
バイナリサーチ	020, 021, 023, 228, 229, 232
パイプライン処理	238, 251
バインドリダイレクト	082
バズワード	012
パスワードスキミングアプリ	189
パスワードハッシュ	212 ～ 216, 218
パスワードマネージャー	211, 212
パターンマッチング	012, 061, 197, 264
バックアップ	005, 085, 193, 194, 293
パッケージエコシステム	010, 013, 081
ハッシュ	033, 044, 190, 209, 212, 214 ～ 217, 232
ハッシュアルゴリズム	190, 212 ～ 214, 216
ハッシュ化	033, 180, 214
ハッシュ関数	209, 213
ハッシュ衝突	209
ハッシュ生成関数	216

ハッシュ生成器	217
ハッシュセット	036
ハッシュソルト	216
ハッシュ値	033, 035, 214 ～ 218
ハッシュマップ	033
ハッシュライブラリ	216
バッドコード	107
バッドプラクティス	069, 070, 107
ハッピーパス	110, 111
パブリックリポジトリ	210
パラダイム	vi, x, 009 ～ 012, 096, 135, 156
パラドックス	007, 210
パラメタライズドテスト	133, 141
パレートの法則	144
ハワード・フィリップス・ラヴクラフト	138
汎用一意識別子	217
非 null 許容参照	054, 158
ピーター・ノーヴィグ	225
ヒープ	063, 102, 104 ～ 106
ビジネス層	073, 075, 076
日立製作所	235
ビットコイン	304
非同期 I/O	246 ～ 250, 275, 279, 282
非同期プログラミング	012, 247, 251, 278 ～ 280, 282
秘密鍵	184, 209
秘密保持契約	017
ビュー	162 ～ 164, 202, 203
標準誤差	223
標準ライブラリ	161
費用対効果	014, 178
平文	180, 183
ビルドプロセス	075
ファイアウォール	183
ファットクライアント	012
フィッシングサイト	186
フィル・カールトン	091
ブール式	233, 234, 251
フェルミ推定	008
フォーマット付きで出力する	302
フォルクスワーゲン	040
副作用	260, 261, 297
プッシュ	037, 038, 122, 131, 166, 210
不変	025
不変クラス	045, 058, 059
不変性	025, 027, 058, 066
不明なエラー	286, 300
フライングハイ	184
フラッド	206
フランツ・カフカ	283
プリエンプション	274
プリミティブ型	046, 047, 063, 064, 099
プリンター	244
ブルースクリーン	288
ブルートフォース攻撃	213
プルーフ・オブ・ワーク	208
振る舞い駆動開発	135
ブレードランナー	005

フレームワーク	vi, 002, 005, 009, 012 ～ 014, 018, 026, 043, 047, 071, 133, 134, 161, 164, 167, 200, 205, 206, 209, 214, 275, 279, 308
プレーンテキスト	017, 200, 201
フレッド・ブルックス	254
フレデリック・ブルックス	011
プログラミングパラダイム	011
ブロックデバイス	245
プロトタイプ	011, 015, 047, 061, 078, 136, 137, 145, 281
分岐予測	239, 241, 242, 255
分散特性	209
分析的思考	032
ペアプログラミング	123, 309
冪等性	294, 295, 298
ベストプラクティス	iv, vi, vii, x, xii, 006, 009, 012, 015, 016, 039, 069, 070, 107, 173, 181, 187, 283
ヘルツ	227
ベンジャミン・フランクリン	188
ボイラープレート	067, 146, 147, 162, 163, 178
ポインタ	024, 025, 031, 040, 062 ～ 064, 102 ～ 104, 106, 240
ポケットモンスター	216
ポストアポカリプス	177
ポストモーテムのブログ記事	179, 180
ポストモダンアートプロジェクト	167
ボット	184, 186, 207, 210
ホットパス	145
ポップ	037
ホメロス	179
ポリモーフィズム	029
本番環境	005, 011, 056, 078, 112, 119, 123, 124, 126, 131, 132, 145, 156, 185, 190, 209 ～ 211, 303 ～ 305, 307, 308

◉ ま行

マークアンドスイープ方式	065
マーティン・ファウラー	157
マイクロカーネル	288
マイクロサービス	012, 280 ～ 282
埋没費用効果	079, 081, 136, 137
マネージドスレッド	306
マネージドプログラミング言語	012
マネージドランタイム	038
マルチスレッド	037, 246, 247, 249, 279, 280, 282
未知の状態	288
密結合	096, 098, 178, 281
ミッドナイト・エクスプレス	184
無限の猿定理	023
無責任な情報開示	179
明確な名前の原則	097
メカニカルキーボード	008
メモリスナップショット	307
メモリリーク	065, 251, 307
モジュロ演算子	221
モデル	163, 164
モノリス	253, 280 ～ 282
問題解決能力	032

◉ や行・ら行・わ行

ユースケース	014, 026, 051, 070, 090, 148, 150, 151, 153, 246
優先順位	004 ～ 006, 016, 163, 164, 178, 182, 190, 218, 285, 286, 308
優先度	285, 286
ユニットテスト	vi, 099, 123, 126 ～ 128, 132, 135
ヨハン・パウル・フリードリヒ・リヒター	137
ライブラリ	002, 009, 012 ～ 015, 017, 018, 043, 051, 055, 061, 082, 083, 093 ～ 095, 099, 129, 178, 188, 190, 197, 216, 221, 229, 273
ラウンドトリップ	281
ラスベガス	216
ラテン語	028, 088, 219
ラバーダック	002
ラバーダックデバッグ	002, 283, 307, 308
ランタイム	002, 012, 065, 066, 161, 209
ランボー	206
リアクティブプログラミング	012
リーナス・トーバルズ	006
リグレッション	070, 193
離散	099
リスコフの置換原則	098
リチャード・ヒップ	172
リチャード・ファインマン	159
リバースエンジニアリング	009
リファクタリング	vii, xi, 005, 074, 075, 086, 117, 154, 157 ～ 160, 162 ～ 166, 171, 174 ～ 178, 254
リポジトリ	003, 035, 122, 165
量子コンピュータ	023, 188
リレーショナルデータベース	167, 266
リンクリスト	031, 032, 034, 035, 067, 237
リンター	123
レイテンシー	225, 226
レイマニエ・モスク	114
レーシングタイヤを使え	097
レオ・ブローディー	157
レオン・バンブリック	v, 091
レコード型	059, 203, 217
レゴブロック	097
列挙型	053, 099, 101, 102, 154
ローカルスコープ	029, 030, 260
ロケール	027
ロジック層	075
ロック	171, 253, 255 ～ 268, 282
ロック競合	193, 264
ロックフリー	260, 262, 282
論理式	108
ワードサイズ	235
割り込み	246

317

訳者プロフィール

高田 新山（たかた しんざん）

福岡在住のiOSエンジニア。異業種からソフトウェアエンジニアへと転職後、受託開発でのさまざまな案件やベンチャー企業での新規自社サービス開発を経験し、現在はLINEヤフー株式会社でLINEメッセージングアプリの開発に携わっている。Java、PHP、C#、JavaScriptなどを用いたフロントエンド、バックエンドの開発経験もあり。カンファレンスでの登壇や書籍の執筆、翻訳なども行っている。訳書に『Good Code, Bad Code ～持続可能な開発のためのソフトウェアエンジニア的思考』『セキュアなソフトウェアの設計と開発』『クリエイティブプログラマー』（すべて秀和システム）などがある。

秋 勇紀（あき ゆうき）

2019年3月、九州工業大学情報工学部を卒業後、LINE Fukuoka株式会社に入社。2022年、LINE株式会社に転籍。現LINEヤフー株式会社。専門は、iOSアプリケーション開発、ビルド環境の改善といったモバイル関連のDevOpsなど。さまざまなオープンソースソフトウェアへのコントリビュート、国内外のカンファレンス登壇を行う。高田 新山氏との共訳書に『Good Code, Bad Code ～持続可能な開発のためのソフトウェアエンジニア的思考』『セキュアなソフトウェアの設計と開発』『クリエイティブプログラマー』（すべて秀和システム）がある。

監訳者プロフィール

水野 貴明（みずの たかあき）

ソフトウェア開発者／技術投資家。Baidu、DeNAなどでソフトウェア開発やマネジメントを経験したのち、現在は英AI企業Nexus FrontierTechのCTO/Co-Founderとして、多国籍開発チームを率いている。その傍ら、日本、東南アジアのスタートアップを中心に開発支援や開発チーム構築などの支援、書籍の執筆や翻訳なども行っている。主な訳書に『JavaScript: The Good Parts』（オライリー・ジャパン）、『プログラマー脳 ～優れたプログラマーになるための認知科学に基づくアプローチ』『ストレンジコード』『システム設計面接の傾向と対策』（秀和システム）、著書に『Web API: The Good Parts』（オライリー・ジャパン）などがある。

カバーデザイン：spaicy hani-cabbage

ストリートコーダー

発行日	2025年 3月20日　第1版第1刷
著　者	Sedat Kapanoglu（セダット カパノール）
訳　者	高田 新山（たかた しんざん）／秋 勇紀（あき ゆうき）
監訳者	水野 貴明（みずの たかあき）

発行者	斉藤 和邦
発行所	株式会社　秀和システム
	〒135-0016
	東京都江東区東陽2-4-2　新宮ビル2F
	Tel 03-6264-3105（販売）Fax 03-6264-3094
印刷所	三松堂印刷株式会社　　　　Printed in Japan

ISBN978-4-7980-7345-3 C3055

定価はカバーに表示してあります。
乱丁本・落丁本はお取りかえいたします。
本書に関するご質問については、ご質問の内容と住所、氏名、電話番号を明記のうえ、当社編集部宛FAXまたは書面にてお送りください。お電話によるご質問は受け付けておりませんのであらかじめご了承ください。